Bildatlas

MOTORRÄDER

Stephan Fennel (Hrsg.)

Bildatlas

MOTORRÄDER

VORWORT

Die Ursprünge der motorisierten Mobilität lassen sich auf den Beginn des 19. Jahrhunderts zurückverfolgen, als Karl Drais ein Laufrad konzipierte, das als Ersatz für Pferde gelten sollte. Visionär, der er war, traute er seiner Laufmaschine schon bald andere Antriebsformen zu – vor allem die Dampfmaschine als Motor. Er sollte Recht behalten, auch wenn es noch über 50 Jahre dauerte, bis 1868 das erste Dampfrad in Frankreich zum Patent angemeldet wurde. Auch in den USA entstanden solche dampfbetriebenen Zweiräder, die aber nie über die Verwendung bei Schauläufen hinauskamen.

Gemeinhin gilt Gottlieb Daimlers Reitwagen von 1885 als die Geburtsstunde des Motorrads. Für den Erfinder selbst war es aber nie mehr als ein mit Verbrennungsmotor bestückter Versuchsträger. Die Erkenntnisse aus seinem Betrieb nutzten Daimler und sein Mitarbeiter Wilhelm Maybach zur Entwicklung des Automobils. Und dennoch rollte das erste serienmäßig gefertigte und von einem Benzinmotor angetriebene Zweirad in Deutschland auf die Straße. 1894 läuteten Hildebrand & Wolfmüller die Produktion ihres auch erstmals „Motorrad" genannten Modells ein. Fast zeitgleich entstanden in Belgien, Frankreich, England, Italien und vor allem in den USA Firmen, die sich an die Produktion eigener Motorradentwicklungen machten. Damit war die Basis für einen unvergleichlichen Siegeszug individueller Mobilität geschaffen.

Das Motorrad sorgte sicher auch wegen seines günstigen Preises noch vor dem Automobil für eine Mobilisierung der Massen – vor allem in den USA. Mit zunehmender Kaufkraft wurde es aber von seinem vierrädrigen Pendant abgelöst. Doch in Zeiten wirtschaftlicher Not und materiellen Mangels wie nach dem „Schwarzen Freitag" 1929 oder in den Jahren nach dem Zweiten Weltkrieg besannen sich die Menschen gerne auf das Motorrad zurück. Erst in unseren moderneren Zeiten ist das Motorrad in neue Rollen hingewachsen. Als Lifestyle-Objekt dient es dem Ausbruch aus einem hektischen Alltag. Eines hat das Motorrad aber nie verloren: die Aura von Freiheit und Abenteuer als individuellstes unter allen Fortbewegungsmitteln.

Hunderte Marken kamen und gingen in den knapp 120 Jahren, in denen Motorräder in Serie produziert werden. Viele von ihnen hinterließen bleibende Eindrücke bei Motorradfans. Für diesen Bildatlas haben wir einige – aber längst nicht alle – ausgewählt. Vollständigkeit ist bei diesem Thema nicht zu erreichen. So sind es weniger technische, sondern vielmehr zeitgeschichtliche Aspekte, die unsere Wahl bestimmten. Motorräder und Marken, die gesellschaftliche und wirtschaftliche Entwicklungen widerspiegeln, finden sich daher in diesem Band in besonderem Umfang gewürdigt.

INHALT

1817 – 1913

Die Anfänge einer Erfolgsgeschichte

Vom Laufrad zum Reitwagen

 Einzelne Menschen bewegten sich bis ins 19. Jahrhundert nur auf Pferden flott fort. Dann erfand Karl Drais 1817 in Mannheim einen Wagen, der statt auf vier nur auf zwei hintereinanderliegenden Rädern stand und rollte. Eine einzigartige Erfolgsgeschichte nahm ihren Anfang.

Der 1785 in Karlsruhe geborene Karl Freiherr von Drais gilt als einer der bedeutendsten Erfinder der Goethezeit. Er entwickelte spektakuläre Geräte wie den Klavierrekorder, der die Tastendrücke auf einem Papierband aufzeichnete, oder auch die erste Tastenschreibmaschine, damals mit 25 Buchstaben ausgestattet.

Ein Zweirad lernt laufen

Besonders eine Erfindung aber hat Drais bis heute berühmt gemacht: die Draisine, ein Laufrad, das den individuellen Fortbewegungsdrang des Menschen unterstützte und ihm so zu neuer Geschwindigkeit verhalf. Wenngleich es freilich bis zum Motorrad noch ein weiter Weg war, so war es doch die nach ihrem Erfinder benannte Draisine, bei der erstmals das Zweiradprinzip Anwendung fand: Sie verwirklichte die Bewegung eines Fahrzeugs mit lediglich zwei Rädern in einer Spur, wo es doch bisher nur mindestens zwei Räder nebeneinander waren, die der Menschheit ein schnelleres Fortkommen als zu Fuß oder hoch zu Ross ermöglichten.

Am 12. Juni 1817 fiel der Vorhang für das auch Veloziped genannte Gefährt. Karl Drais rollte mit seiner Erfindung von Mannheim zum Schwetzinger Relaishaus. Sechs Wochen später überwand er damit den Berg zwischen Gernsbach und Baden-Baden. Dabei erwies sich Drais frühzeitig auch als eine Art Marketing-Genie: Er ließ seine Fahrten öffentlich ankündigen, um seine Erfindung damit bekannter zu machen. Ende August 1817 brachte er die Strecke von Karlsruhe nach Kehl hinter sich, was immerhin rund 72 Kilome-

Bei dem von Karl Freiherr von Drais entwickelten **Laufrad** (hier ein Modell aus der Zeit um 1820) saß der Fahrer auf einem Sattel und stieß sein Gefährt mit den Füßen vorwärts. Die Kombination aus Schub- und Laufkraft ließ die menschliche Fortbewegung in neue Dimensionen vorstoßen. «

ter Laufarbeit auf zwei Rädern bedeutete. Da es im Badischen noch keine Patente gab, erhielt er für seine Erfindung ein Großherzogliches Privileg. Genutzt hat es ihm wenig, ebenso wie das spätere preußische Patent oder ein französisches Brevet. Die Wagenbauer jener Zeit nutzten die von Drais selbst hervorgerufene Popularität des Laufrads und bauten Kopien in aller Herren Länder.

Europas Herrschenden allerdings war die wachsende Mobilität ihrer Untertanen zunächst suspekt. Die Nutzung des Laufrads auf Bürgersteigen wurde untersagt, nicht nur in Drais' Heimat, sondern auch in England, den USA und sogar im fernen Indien. Damit war die Weiterentwicklung dieses doch revolutionären Konzepts für die nächsten Jahrzehnte auf Eis gelegt.

Die schöpferische Pause, die das Zweirad zum Beginn der industriellen Revolution nahm, wurde von Erfindern dennoch genutzt, um dem einmal erzeugten Interesse der Massen an anderen Arten der Fortbewegung als den bisher bekannten gerecht zu werden. Die bis zu diesem Zeitpunkt gebräuchlichen Ochsenkarren, Pferdewagen oder die – gerne auch als herrschaftliche Statussymbole angesehenen – Kutschen bekamen allmählich Konkur-

Mit der nach ihrem Erfinder benannten Laufmaschine (Draisine) hatte **Karl Drais** (1785–1851) im Jahr 1817 die Urform des Fahr- und schließlich auch des Motorrads auf die Räder gestellt.

Wie so viele innovative Erfindungen war auch das **Laufrad** nicht gegen Angriffe und beißenden Spott gefeit, wie diese frühe Karikatur zeigt (kolorierte Lithographie, um 1845).

Dampfmaschine auf Rädern – die auch **Lokomobilen** genannten Maschinen wurden vor allem in der Landwirtschaft eingesetzt, beispielsweise zum Antrieb von Getreidemühlen oder Dreschmaschinen (hier eine 1862 von der Maschinenfabrik R. Wolf in Magdeburg-Buckau gebaute Lokomobile).

renz von immer wieder neuen, teilweise recht abenteuerlichen Konstruktionen. Diese setzten nicht mehr auf Mensch oder Tier als antreibende Kraft, sondern auf die in der sich entwickelnden Produktionsgesellschaft massiv aufkommenden Maschinen.

Das Hauptaugenmerk der Entwickler lag dabei zunächst auf der bereits seit dem frühen 18. Jahrhundert bekannten und im Einsatz befindlichen Dampfmaschine. Deren Prinzip wurde binnen recht kurzer Zeit von den großen Ausmaßen der stationären Industriemaschinen auf einen deutlich kleineren Maßstab angepasst und war somit nun auch für mobile Einsatzzwecke geeignet.

Mit Volldampf voraus

Bevor die Dampfmaschine Einzug in Fahrzeuge – oder gar Zweiräder – halten konnte, musste ihr also erst einmal „die Luft rausgelassen" werden. Bekannt geworden waren die

fauchenden und zischenden Ungetüme zunächst in Bergwerken, wo sie das Wasser aus den Gruben und Schächten pumpten. Dann fanden sie Einzug in der Textilindustrie, die sie gleichsam revolutionierten.

Bereits seit dem 16. Jahrhundert versuchten sich Erfinder an der maschinellen Nutzung der Kraft, die in jeder Form von Wärme steckt. So ist denn auch die Dampfmaschine nichts anderes als eine „Kolben-Wärmekraftmaschine" und damit ein direkter Vorläufer des Verbrennungsmotors. Das Grundprinzip entspricht einem Zweitakt-Motor.

Bereits im 18. Jahrhundert nahm die Entwicklung Fahrt auf. Ein weit verbreitetes Missverständnis ist die Annahme, der Brite James Watt sei der Erfinder der Dampfmaschine. Seinem Landsmann Thomas Newcomen gebührt diese Ehre. Ihm gelang bereits 1712 der Einsatz einer atmosphärischen Dampfmaschine. Bei dieser Bauart wird der Zylinderraum unter dem Kolben mit Wasserdampf gefüllt. Dann wird Wasser in den Zylinder eingedüst. Der Wasserdampf kühlt ab und kondensiert. So wird ein Unterdruck erzeugt und der Kolben durch den äußeren Atmosphärendruck in den Zylinder gedrückt.

James Watt war es allerdings, dem der nächste Entwicklungssprung gelang. Er konnte den Wirkungsgrad der Dampfmaschine entscheidend verbessern, indem er den Dampf mit leichtem Überdruck aufgab. Das Grundproblem blieb aber zu Watts Zeiten und danach noch erhalten: Dampfmaschinen waren aufgrund ihrer bauartbedingten Größe nur für den stationären Einsatz geeignet.

Erst die Entwicklung der Hochdruckdampfmaschine brachte den nötigen Effekt mit sich. Bei dieser Variante kann auf eine Abkühlung des Dampfes in einem Kon-

Der schottische Erfinder **James Watt** (1736–1819) hat die Dampfmaschine zwar nicht erfunden, jedoch ihren Wirkungsgrad erheblich verbessert.

Dampfmaschinen, wie auf diesem österreichischen Aquarell von 1870 zu sehen, eigneten sich bauartbedingt wegen ihrer Größe vornehmlich für den stationären Einsatz.

densator verzichtet werden – ein Bauteil weniger. Stattdessen gibt es eine Art „Auspuffbetrieb". Erste Maschinen dieser Art kamen schon bald als Antrieb für Lokomotiven zum Einsatz.

Mitte des 19. Jahrhunderts war die Miniaturisierung dieser Maschinen so weit fortgeschritten, dass der Dampfbetrieb auch für kleinere Fahrzeuge infrage kam. Vierrädrige Modelle waren bereits binnen kürzester Frist in großer Zahl unterwegs. Die Ehre, aus Dampf auch Kraft für den Antrieb von Zweirädern zu schöpfen, gebührt unabhängig voneinander dem Franzosen Louis Perreaux und dem Amerikaner Sylvester Roper. Beide stellten um 1870 ihre Konstruktionen der staunenden Öffentlichkeit vor – und so dürfen beide auch als die eigentlichen Erfinder des Motorrads gelten.

Von Perreaux' Arbeit ist wenig bekannt. Man kann nicht einmal mit Gewissheit sagen, ob er jemals die Produktion eines Dampfvelos aufnahm, auch wenn es in einem Verkaufskatalog aus dem Jahr 1878 einen Hinweis darauf gibt.

Roper hingegen arbeitete in den USA munter an seinen Entwicklungen weiter. Zeit seines Lebens war er ein besessener Erfinder, dem die Welt unter anderem Nähmaschinen und Schusswaffen, automatische Feuerleitern und eben auch Dampf getriebene Fahrzeuge verdankt. Sein erstes Modell war ein zweizylindriger Antrieb, der in einen Holzrahmen eingelassen wurde. Die Kraftübertragung erfolgte mittels Stangen auf das Hinterrad. Beide Räder des Dampfvelozipeds bestanden ebenfalls aus Holz, waren aber mit Eisen beschlagen.

Fast ein Vierteljahrhundert lang tingelte Roper mit seiner Erfindung in diversen Ausbaustadien als Attraktion über Jahrmärkte und Straßenfeste. Und obwohl sich die Öffentlichkeit an Amerikas Ostküste für seine Zweiräder begeisterte, wurden auch sie nicht in Serie gebaut. Der Durchbruch schien möglich, als sich eine große Fahrradmanufaktur für seine Dampfräder interessierte. Ab 1895 entwickelte Roper sein Konzept mit Mitteln der Pope Manufacturing Company weiter. Der Firmenchef sah schon goldene Zeiten für sein Fahrrad-Imperium anbrechen.

Im letzten Ausbaustadium konnte Roper die Reichweite seiner Gefährte auf über ein Dutzend Kilometer steigern.

Zeitgeschehen

Das 19. Jahrhundert gilt als das Zeitalter des wohl größten Auf- und Umbruchs in Europa und Nordamerika. Parlamentarische Nationalstaaten lösen die bisherigen feudalistischen Strukturen ab. Das Bürgertum und der Kapitalismus erfahren ihre erste Blütezeit, parallel entwickelt sich mit der Arbeiterbewegung und dem Kommunismus ein gesellschaftliches Gegenmodell. Schrittmacher des Umbruchs ist die Industrialisierung. Maschinen beschleunigen die Produktion, Eisenbahnen und Dampfschiffe befördern Menschen und Güter gleichermaßen. Die Nachfrage auch nach individueller Mobilität nimmt zu und führt zu den Erfindungen des Motorrads und des Automobils. Während Frankreich und Großbritannien bereits zu Beginn des Jahrhunderts eine klare nationale Identität und einen Nationalstaat entwickelt haben, hinkt Deutschland hinterher. Erst mit dem Sieg über Frankreich 1870 formiert sich die nationale Einigung Deutschlands. Die noch jungen USA hingegen verlieren sich bis 1865 in einem blutigen Bürgerkrieg, von dem sich das Land nur langsam erholt. Die europäischen Nationalstaaten dominieren derweil auch die globalen Handelsbeziehungen, wobei der Kolonialmacht Großbritannien die führende Weltmachtrolle zukommt.

Der Nachbau eines von dem Franzosen Louis Perraux entwickelten und um 1870 vorgestellten **Dampf-Fahrrads**. ➤➤

Die Detailaufnahme zeigt die **Stangen,** mit denen die Kraft eines Kolbens ans Hinterrad geleitet wurde. Der Antrieb ähnelt dem von Dampflokomotiven her bekannten Prinzip.

Dazu genügte eine Gallone Wasser. Die Holzkohle nahm der Erfinder bei Fahrpausen aus der Maschine und füllte sie in einen verschließbaren Metalleimer. So brauchte er bei Rückkehr nur wieder umzufüllen, die Glut anzufachen und schon bald konnte es wieder losgehen mit der nun doch auch schon recht flotten Fahrt.

Der 1. Juni 1896 wurde dann zu Ropers Schicksalstag. Er war zu Testfahrten in einem Velodrom aufgebrochen, wo er beweisen wollte, dass sein Gefährt hervorragend als „Schrittmacher" eingesetzt werden könnte. Die Radsportler nahmen ihn nicht ernst, konnten seinem Speed aber schon nach wenigen Runden nicht mehr folgen. Er hatte eine Meile in zwei Minuten und zwölf Sekunden zurückgelegt, das bedeutete eine Geschwindigkeit von 43,6 Kilometer pro Stunde. Gerade

als er sich aufgemacht hatte, diese Zeit erneut zu unterbieten, verunglückte er auf der Strecke. Es konnte nur noch sein Tod festgestellt werden. Doch war Sylvester Roper nicht das erste Unfallopfer eines Motorrads geworden – der 73-Jährige hatte schlicht einen Herzinfarkt erlitten und der Crash war nur die Folge seines Todes.

Auch wenn Ropers Erfindung nie einen kommerziellen Erfolg zeitigte, so war sie doch Inspiration genug für Erfinder in Europa, die mittlerweile mit Verbrennungsmotoren experimentierten. Sie machten sich nun daran, sein Konzept eines motorgetriebenen Zweirads fortzuführen. Seine beiden letzten Maschinen sind übrigens bis heute erhalten. Eines davon steht gar auf einem Ehrenplatz im National Museum of American History, dem „Smithsonian" in Washington, D. C., der Hauptstadt der USA.

Nachdem Daimler 1882 die Deutz AG nach einem Zerwürfnis mit Nicolaus Otto verließ, gründete er im schwäbischen Cannstatt in einem ehemaligen Gartenhaus einer nicht mehr erhaltenen Villa eine **Versuchswerkstatt.** »

Viele Erfinder, ein Ziel

Die zweite Hälfte des 19. Jahrhunderts sah einen immer schnelleren Entwicklungszyklus bei Motoren und Antrieben. In Europa, vor allem in Frankreich und Deutschland, arbeiteten fähige Ingenieure und besessene Autodidakten gleicher-

1883 meldeten Daimler und Maybach einen **„Gasmotor mit Glührohrzündung"** zum Patent an. Es war der erste schnell laufende Viertaktbenzinmotor der Welt.

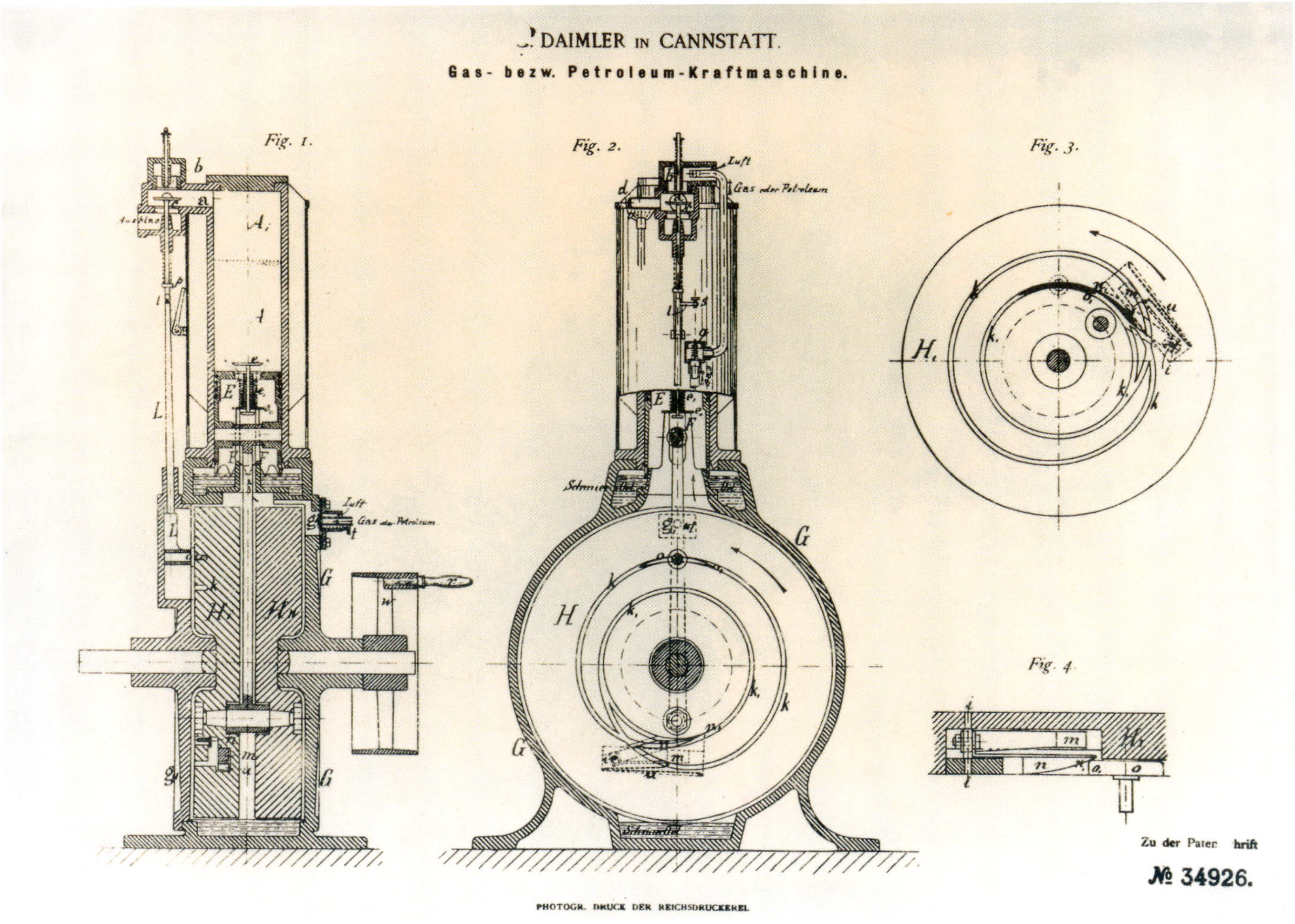

C. DAIMLER IN CANNSTATT.
Gas- bezw. Petroleum-Kraftmaschine.

Fig. 1. *Fig. 2.* *Fig. 3.*

Fig. 4.

Zu der Patentschrift
№ 34926.

PHOTOGR. DRUCK DER REICHSDRUCKEREI.

Spritzdüsenvergaser

Der von Wilhelm Maybach entwickelte Spritzdüsen- bzw. „Schwimmer"-Vergaser kommt erstmals im legendären Standuhr-Motor zum Einsatz. Es handelte sich dabei um einen Oberflächenvergaser, der den problemlosen Betrieb eines Verbrennungsmotors mit Benzin erst ermöglichte. In diesem Vergasertyp sorgt der Schwimmer für eine konstante Treibstoffmenge. Der Luftstrom wird so durch eine stets gleich hohe Treibstoffschicht geführt, wobei ein gleichbleibendes Kraftstoff-Luft-Gemisch erzeugt wird. Das macht diesen Vergaser zu einer wesentlichen und grundsätzlichen Erfindung für einen gleichmäßigen Motorbetrieb. In der Patentschrift von 1893 gibt es einen interessanten Nebensatz, der auf eine große Voraussicht des Konstrukteurs verweist: „Anstelle des Verdunstungsapparats kann auch eine Zerstäuberpumpe verwendet werden." Tatsächlich entstand aus dieser Idee später die Einspritzpumpe.

Blick in die ehemalige **Werkstatt** von Gottlieb Daimler im Kurpark von Bad Cannstatt, die heute als Museum dient. Hier entwickelte Daimler zusammen mit Wilhelm Maybach den ersten schnelllaufenden Motor. »

17

Zwei mit Metall beschlagene Räder aus Holz, zwei Stützräder, ein Pferdesattel und vor allem ein nagelneu entwickelter Petroleummotor mit Auspuff direkt unter dem Sattel stellten Gottlieb Daimler und Wilhelm Maybach als **„Reitwagen"** vor.

maßen an stationären Motoren wie an leichteren Varianten für den mobilen Einsatz. Grundlage dieser Entwicklung waren zunächst die Gasmotoren, mit denen die Kölner Gasmotoren-Fabrik Deutz AG unter Nicolaus Otto Weltruf erlangte.

Die aussichtsreichste Erfindung war dabei der Viertaktmotor, eine Weiterentwicklung des Zweitaktprinzips, das der Franzose Jean Joseph Étienne Lenoir nicht nur zur Serienreife gebracht, sondern auch bereits zum Antrieb von Fahrzeugen genutzt hatte. Er entwickelte 1859 den ersten brauchbaren Gasmotor und führte ihn am 23. Januar 1860 einem kleinen, ausgewählten Publikum vor. 1863 konstruierte er das erste damit angetriebene Straßenfahrzeug, das Hippomobile, und 1866 ein gasbetriebenes Motorboot. Mit seinem „Gasmotorwagen" legte er eigenen Aufzeichnungen zufolge die neun Kilometer lange Strecke von Paris nach Joinville-le-Pont in etwa drei Stunden zurück.

In jenen Zeiten, in denen an verschiedenen Orten und von verschiedenen Personen an der Erfindung und Weiterentwicklung motorischer Antriebe gearbeitet wurde, waren Patentstreitigkeiten an der Tagesordnung. Gerade Nicolas Otto, aber auch die immer wieder als Erfinder des Motorrads oder des Automobils genannten Carl Benz, Wilhelm Maybach und natürlich Gottlieb Daimler sahen sich in solche Auseinandersetzungen verstrickt.

Es wird wohl nie endgültig zu klären sein, wo der erste Funke zündete, der erste Kolbenschlag erklang, der erste

Meter mit einem Verbrennungsmotor betriebenen Fahrzeug zurückgelegt wurde (und letztendlich ist das eine, wenn auch mitunter leidenschaftlich diskutierte Nebensache). Fakt ist und bleibt, dass in halb Europa findige Tüftler ein und dasselbe Ziel verfolgten: den Traum von individueller Mobilität zu verwirklichen.

Der um 1860 entwickelte Viertakter erschien den Ingenieuren trotz des höheren konstruktiven Aufwands als bessere Ausgangsbasis für die weitere Entwicklung als der bereits weit verbreitete Zweitakter. Besonders die erzielte Leistung wurde durch die vier Takte schnell erhöht. Als Takt versteht man die Bewegung des Kolbens vom Stillstand (zum Beispiel oberer Totpunkt) in eine Richtung bis zum erneuten Stillstand (zum Beispiel unterer Totpunkt):

Im ersten Takt wird angesaugt, entweder ein Gasgemisch oder Luft. Dazu bleibt das Auslassventil geschlossen, das Einlassventil hingegen öffnet sich. Hat der Kolben den unteren Totpunkt erreicht, wird der Einlass wieder geschlossen. Im zweiten Takt folgt die Verdichtung des Gemischs. Der Kolben strebt wieder aufwärts zum oberen Totpunkt und komprimiert dabei das in die Brennkammer eingeführte Gemisch, im Ottomotor um das Verhältnis zehn zu eins. Dann wird die Zündung ausgelöst. Im folgenden dritten Takt, dem Arbeitstakt, verbrennt das gezündete Gemisch selbstständig weiter, während sich der Kolben wieder auf dem Weg zum unteren Totpunkt befindet. Von den

Der in München ansässige Österreicher **Christian Reithmann** meldete bereits 1860 ein Patent für einen Viertakt-Verbrennungsmotor an, wurde aber später in einen jahrelangen Patentstreit verwickelt.

120 Bar Spitzendruck im Brennraum verbleiben noch knapp vier Bar. Außerdem kühlt sich das nun wieder ausgedehnte Brenngas spürbar ab. Jetzt öffnet sich bereits das Auslassventil, durch das im vierten Takt die Abgase entweichen, sanft hinausbefördert von dem wieder zum oberen Totpunkt strebenden Kolben. Und dann beginnt das ganze Prozedere aufs Neue.

Dem langjährigen Weggefährten Daimlers, Wilhelm Maybach, gebührt die Ehre, den Verbrennungsmotor mit Fremdzündung – den „Ottomotor" – zur Serienreife entwickelt zu haben. Das tat er als Angestellter der Deutz AG in Köln, an der Seite Daimlers und unter der Leitung des namengebenden Nicolaus Otto. Auch dieser hatte sich schon bei den Werken anderer bedient, war das Viertaktprinzip doch – wie wir heute wissen – ursprünglich ein Patent des in München ansässigen Österreichers und Uhrmachers Christian Reithmann. Bereits 1860 hatte er dieses eingereicht. Des Weiteren darf sich der Franzose Alphonse Beau de Rochas als Vater des Viertakters feiern lassen, weil er ebenfalls ein gültiges Patent anmeldete – jedoch erst 1862.

Gottlieb Daimler hatte sich zwischenzeitlich mit seinem Arbeitgeber Nicolaus Otto überworfen und 1882 eine Versuchswerkstatt in Cannstatt gegründet. Wohl wissend, über welche Fähigkeiten Wilhelm Maybach verfügte, warb Daimler ihn bei Deutz ab und band ihn mit einer für die Zeit außergewöhnlich guten Bezahlung an sein junges Unternehmen. Ein Glücksgriff, wie sich herausstellen sollte. Denn es war Maybach, dem es gelang, den Zündproblemen des Verbrennungsmotors Herr zu werden. 1883 meldeten Daimler und Maybach einen „Gasmotor mit Glührohrzündung" zum Patent an. Es war der erste schnell laufende Viertaktbenzinmotor der Welt.

Der Daimler Motor von 1885: Der zunächst liegend gebaute Motor wurde stehend unter dem griffigen Namen **Standuhr** bekannt. Die Standuhr bildete die Basis der Patentanmeldung, die schließlich am 3. April 1885 unter der DRP-Nummer 34926 Daimlers Vision publik machte. ▶▶

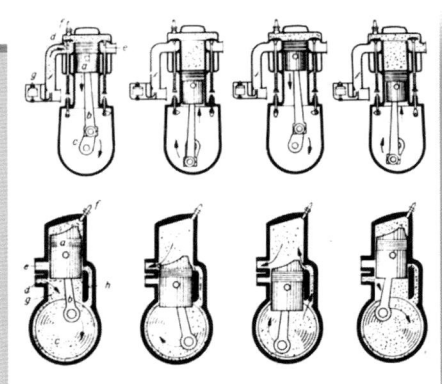

Verbrennungsmotoren

Trotz allen Wirrwarrs um die Entstehungsgeschichte
des Verbrennungsmotors, steht Eines fest: Grundlage
der technischen Entwicklung waren die stationären
Gasmotoren, die ab Mitte des 19. Jahrhunderts die
Industrialisierung Europas und der USA vorantrieben.
Sie arbeiteten nach dem Zweitaktprinzip, hatten aber mit Ausnahme
des Grundverfahrens sonst wenig mit den Zweitaktern zu tun, die
wir später aus dem Fahrzeugbau kennen.
Die ersten, heute als verdichtungslose bezeichneten Zweitaktmotoren heißen nur deshalb so, weil sie bei jeder Kurbelwellenumdre-
hung zünden. Im ersten Takt wird angesaugt und unverdichtet
gezündet, im zweiten Takt ausgestoßen. Für den mobilen Einsatz
waren diese Motoren jedoch denkbar ungeeignet.
Weil sich das Gros der Ingenieure und Tüftler deshalb vom Zweitaktprinzip ab- und dem Viertaktprinzip zuwandte, blieb das Potenzial
des Zweitakters über Jahrzehnte ungenutzt: Da die Motoren ohne
Ventile und die damit verbundene Ventilsteuerung auskommen, verfügen sie über deutlich geringere Masse, ermöglichen höhere Dreh-
zahlen und benötigen gleichzeitig einen geringeren Hubraum für die
gleiche Leistungsausbeute. Die damals für den Einbau in die ersten
Fahrzeuge notwendige Miniaturisierung des Zweitakters sollte aber
zunächst nicht gelingen.

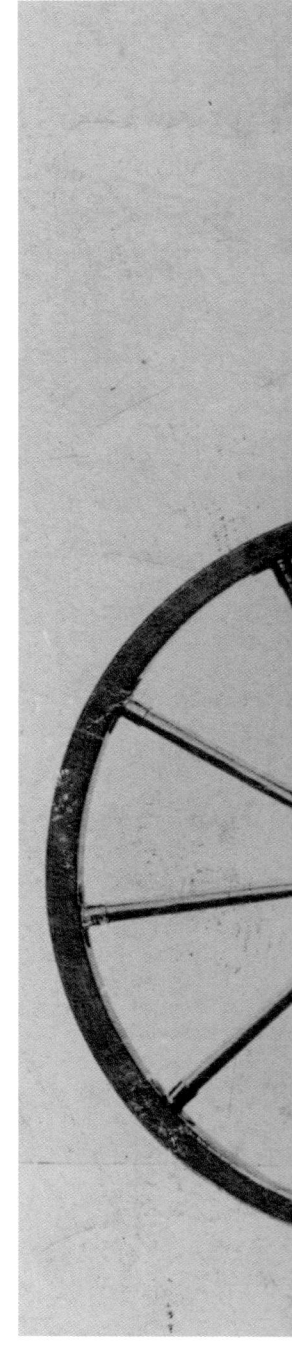

Das Patent ist ein Meisterwerk der Formulierungskunst, entspricht es doch
streng genommen dem Viertaktprinzip von Otto. Natürlich wird auch dies zum
Gegenstand erbitterter Patentprozesse. Doch Ottos Viertaktpatent ist als DRP 532
gekoppelt an die von ihm angenommene schichtenförmige Ladung des Zylinders
und eine langsame Verbrennung des Gasgemischs. Daimler hingegen begründet
seinen Anspruch in der Patentschrift zum DRP 28022, erteilt am 16. Dezember
1883 für den ungekühlten, wärmeisolierten Motor mit ungesteuerter Glührohrzündung, vor allem mit einer Explosion und rascher Verbrennung.

Maybach und Daimler haben es jedenfalls geschafft, den bis dahin mit maximal
150 Umdrehungen pro Minute arbeitenden Otto-Viertakter neues Leben einzu-
hauchen. Ihre Versuchsmotoren erreichten zunächst 600, später bis zu 900 Umdrehungen pro Minute und wurden so das Maß der Dinge – für die nächsten zwei
Jahrzehnte, bis die Hochspannungszündung ihr Glührohrprinzip ablöste.

Mit der Benzinverbrennung experimentierte zur gleichen Zeit auch Carl Benz in
Mannheim. Der entschied sich aber für den Einsatz seiner Motorenentwicklung in
einem dreirädrigen „Motorwagen" und erfand damit nichts anderes als das Auto-

mobil. Daimler und Maybach hingegen verkleinerten ihren Verbrenner weiter und erschufen 1885 den Standuhr-Motor – so genannt wegen seiner markanten Form.

Gerade mal 60 Kilogramm wog der Einzylinder-Viertakter. Aus seinen 264 Kubikzentimetern Hubraum entwickelte er exakt eine Pferdestärke, also 0,74 Kilowatt, und machte dabei 650 Umdrehungen pro Minute. Damit war er geradezu prädestiniert für den Einbau in ein Zweirad.

Doch Daimler konnte sich nicht dazu überwinden, die noch jungen Fahrräder als Basis für ein Fahrzeug zu nehmen. Er traute wohl vor allem den Stahlrahmen nicht die notwendige Stabilität zu. Sich an ihnen orientierend, ersann er stattdessen einen Holzrahmen, in dem die „Standuhr" Platz fand – unter dem Sattel des Treibers. Doch selbst von dieser Konstruktion schien Daimler wenig überzeugt. Das belegen die Stützräder an seinem Reitwagen.

Der **Reitwagen** von Gottlieb Daimler bestand aus einem Holzrahmen, der um den Standuhr-Motor herumgebaut wurde. Das erste Zweirad mit Viertakt-Verbrennungsmotor rollte auf mit Eisen beschlagenen Holzspeichenrädern, hatte aber auch noch Stützräder an den Seiten montiert.

Jedenfalls machte sich am 10. November 1885 Daimlers Sohn Adolf auf die Jungfernfahrt von Cannstatt ins drei Kilometer entfernte Untertürkheim – angesichts der miserablen Wege zu jener Zeit war dies sicher kein reines Vergnügen. Das ungefederte Gefährt rollte zudem auf Holzrädern mit Metallummantelung. Angetrieben wurde es von einem Standuhr-Motor mit 265 Kubikzentimetern Hubraum, der lediglich 0,4 Kilowatt bei 600 Umdrehungen pro Minute leistete. Der Auspuff mit seinen Abgasen, direkt unter dem Ledersattel angebracht, dürfte als erste serienmäßige Sitzheizung gelten.

Eine technologische Besonderheit des Reitwagens stellt zudem die Möglichkeit dar, zwischen zwei Gängen zu wählen. Maybach hatte zur Kraftübertragung auf das Hinterrad eine Riemenscheibe und einen Treibriemen gewählt. Die Scheibe verfügte über zwei unterschiedliche Durchmesser – und damit eine abweichende Übersetzung. Zwei Geschwindigkeiten waren möglich: je nach gewählter Riemenscheibe – das „Schalten" musste im Stand geschehen – sechs oder zwölf Kilometer pro Stunde.

Zeitgenossen beschrieben die Funktionsweise des Reitwagens wie folgt: „Wenn der Motor in Gang gesetzt werden soll, so wird unter dem Glührohr die kleine Flamme angezündet und der Motor mittels der Kurbel einmal angedreht; diese Vorbereitung ist in einer Minute geschehen. Der Motor arbeitet ruhig, da zur Dämpfung des Auspuffes in die Auspuffleitung ein Auspufftopf eingeschaltet ist. Soll das Fahrzeug in Bewegung gesetzt werden, so besteigt der Fahrer dasselbe, ergreift das Steuer und bringt den Motor mit dem Fahrrad in Verbindung. Dies geschieht durch den Hebel, die Schnur und die Spannrolle; durch diese wird nämlich der Treibriemen gegen die Scheibe angezogen. Die Riemenscheiben dienen zur Erzielung verschiedener Geschwindigkeiten; wird der Treibriemen in die obere Lage gebracht, so fährt das Fahrrad langsam, von der unteren Lage aus erzielt man ein schnelleres Fahren. Die Bremse wird durch eine Schnur angezogen, die für den Fahrer bequem erreichbar ist; will man das Fahrrad zum Stillstand bringen, so schaltet man durch einen Hebel zwischen Sitz und Lenkrad den Treibriemen aus und alle Bewegung hat ein Ende."

Nach dem Patent vom 29. August 1885 führte die erste Probefahrt des **Reitwagens**, dieses 0,5 PS starken ersten Motorrads (hier ein Nachbau in Aktion), am 10. November 1885 über drei Kilometer von Cannstatt nach Untertürkheim.

Das erste „Verbrennungs-Motorrad" verfügte folglich auch schon über einen rudimentären Bremsmechanismus. Damit stellt es die Möglichkeiten des von Daimler und Maybach erdachten Motors unter Beweis, ein Fahrzeug anzutreiben. Zum anderen dokumentiert es aber auch, dass der Mensch eine solche Maschine vollständig kontrollieren kann.

Wenn auch der Reitwagen nicht das erste Motorrad war – diese Ehre gebührt, wie gesehen, dem Dampfveloziped des Franzosen Louis Perreaux und des Amerikaners Sylvester Roper –, so ist und bleibt er das erste Zweirad, das von einem Verbrennungsmotor angetrieben wurde. Die Holzkonstruktion Daimlers erwies sich leider als nicht besonders resistent. So wurde der Original-Reitwagen 1904 ein Raub der Flammen bei einem Brand der Daimler'schen Versuchswerkstätten. Zwei originalgetreue Nachbauten sind heute dennoch zu bestaunen. Sie stehen im Mercedes-Benz-Museum in Stuttgart sowie im Deutschen Museum in München.

Übrigens: Nachdem sich wenig später der Begriff Motorrad als Bezeichnung für derlei Fahrzeuge durchsetzte, verschwand das Wort Reitwagen fast ein Jahrhundert lang in der Versenkung. Zumindest zu regionalen Ehren kommt es aber seit gut 25 Jahren wieder als Titel des manchmal recht schräg-humorigen österreichischen Motorradmagazins „Der Reitwagen", das 1986 aus der Taufe gehoben wurde.

Sylvester Roper entwickelte in den 1870er-Jahren sein **Dampfrad** stetig weiter und brachte es sogar zur Serienreife. Im letzten Ausbaustadium konnte der Entwickler die Reichweite seiner Gefährte auf über ein Dutzend Kilometer steigern.

Am 1. Juni 1896 erlitt **Roper** während einer Testfahrt in einem Velodrom einen Herzinfarkt und verunglückte mit seinem Dampfrad.

Im **Mercedes-Benz-Museum** in Stuttgart ist heute ein originalgetreuer Nachbau des Reitwagens von Daimler und Maybach zu bewundern. »

Das amerikanische Zeitalter

 Die Entwicklung des Motorrads wurde zunächst in Europa vorangetrieben. Die Serienfertigung begann sogar in München. Dennoch übernahmen amerikanische Produzenten erst einmal die Marktführerschaft, allen voran die Indian Motocycle Company, die 1901 in Springfield (Massachusetts) gegründet wurde.

Als motorbetriebene Zweiräder noch in den Kinderschuhen steckten, waren es vor allem Techniker und Tüftler, denen es gelang, die Entwicklung entscheidend voranzutreiben. Sie alle waren angetrieben vom Geist einer industriellen Aufbruchstimmung, die sich im 19. Jahrhundert manifestierte.

Was ihnen aber völlig fehlte, war der Blick auf die Vermarktungs- und Verkaufsmöglichkeiten ihrer Ideen und Konzepte. Sie befassten sich eingehend mit den technischen Details, probierten, bauten, verwarfen, verbesserten. Aber sie waren weder Hersteller noch Händler.

Die neue, individuelle Mobilität, das Entdecken ferner Ziele – es war kein Traum mehr, es wurde Wirklichkeit. Entsprechend setzte die Werbung schon früh auf das **Fernweh als Verkaufsargument** für Motorräder.

Das erste in Serie gefertigte motorbetriebene Zweirad stammt von **Hildebrand & Wolfmüller** aus München. Für dieses Fahrzeug wurde von seinen Erfindern auch der Begriff Motorrad geprägt.

So viele interessante und spannende Entwürfe wurden entwickelt und gefertigt zu einer Zeit, in der die Welt auf die Jahrhundertwende zusteuerte – in Deutschland, aber auch in Frankreich, Großbritannien und den USA. Aber diese Zweiräder kamen kaum über das Stadium des Prototypen hinaus. Die meisten der im vorherigen Kapitel beschriebenen Modelle waren zudem für eine Serienfertigung wenig geeignet. Der mobile Dampfmaschinenantrieb etwa, den Sylvester Roper zu leidlicher Perfektion brachte, erwies sich als zu aufwendig für den Alltagseinsatz. Erst der Verbrennungsmotor, den Daimler und Maybach im Reitwagen einsetzten, versprach Aussichten auf Erfolg.

Doch die schwäbischen Tüftler selbst konnten sich mit dem Prinzip eines motorbetriebenen Zweirads nicht anfreunden. Schnell schwenkten sie auf drei und schließlich vier Räder um. Und wurden so, wie Carl Benz in Mannheim, schließlich zu überaus erfolgreichen Automobilproduzenten.

Schon die ersten Motorräder, wie diese frühe NSU, wurden gerne genutzt, um die neue Antriebskraft auch für einen **komfortablen Passagiertransport** einzusetzen. Noch vor den ersten Beiwagen waren es vor allem Anhänger wie dieser, die für Aufsehen sorgten.

Ein anderer Faktor, der sich zunehmend als Stolperstein bei der Weiterentwicklung des motorisierten Zweirads erwies, war die Verwendung von Fahrradrahmen. Die meisten Modelle des Aufbruchzeitalters basierten darauf, dass bestehende Produkte (Fahrräder) verknüpft wurden mit den rasanten Neuentwicklungen (Motoren). Doch diese Fahrwerke erwiesen sich als zu instabil, um die in kürzester Zeit möglichen Fahrleistungen auch nur einigermaßen sicher zu bewältigen.

Die Initiatoren der ersten Serienfertigung eines Motorrads versuchten zwar noch, diese Idee umzusetzen – aber nach einer atemberaubenden Blitzkarriere folgte ein ebenso schnelles Ende.

Dennoch wurden dann hunderte Motorradfabriken weltweit gegründet. Nicht wenige von ihnen, wie NSU, gingen aus Fahrradfabriken hervor. In Deutschland etablierten sich zwischen 1900 und 1914 mehr als 50 Hersteller benzinbetriebener Zweiräder. So gründete Heinrich Kleyer in Frankfurt die Adler-Werke, der Motorradbau begann bereits 1901, im gleichen Jahr wie bei NSU. Allright, in Köln-Lindenthal ansässig, fertigte Motorräder zwischen 1901 und 1927.

Das Motorrad geht in Serie

Als Chefredakteur der Zeitschriften Radfahr-Humor und Radfahr-Chronik war der Münchner Heinrich Hildebrandt

1893 produzierte **Hildebrand & Wolfmüller** das erste Motorrad in Serienfertigung. Das Unternehmen wuchs binnen Monaten auf über 1000 Mitarbeiter an. Doch technische Probleme verdarben den Ruf, und bereits 1895 musste die Produktion wieder eingestellt werden.

Zeitgeschehen

Die fortschreitende Industrialisierung und ein ausgeprägter „Hunger" nach Mobilität prägten das Zeitalter der Jahrhundertwende, den Übergang vom 19. zum 20. Jahrhundert. Dabei konkurrierten in Europa gegensätzliche politische Systeme. Während etwa in Großbritannien und Frankreich bereits plurale, bürgerliche Demokratien zur Blüte kamen, wurde in Deutschland als Kaiserreich noch mit Repression und militärischer Doktrin regiert. Eine weitgehend aufgeteilte Weltkarte brachte politische und zunehmend kriegerische Auseinandersetzungen mit sich. Dabei waren die Konflikte weniger vom Aufeinandertreffen unterschiedlicher politischer Systeme als vielmehr von einer ersten globalen Suche nach neuen Absatzmärkten für die explosionsartig steigende Zahl industriell gefertigter Produkte geprägt.

Die dominierenden Großmächte waren bis zum Ausbruch des Ersten Weltkriegs Großbritannien, Frankreich und Deutschland. Die noch jungen USA waren zu jener Zeit eher damit beschäftigt, ihr eigenes Land zu strukturieren und neben einer funktionierenden Verwaltung auch eine passende Infrastruktur aufzubauen. So waren Straßen nur im engeren Umfeld größerer Städte anzutreffen, der Wegebau hatte damit höchste Priorität.

bestens vertraut im Umgang mit zwei Rädern. Aufmerksam geworden durch die fast täglichen Schlagzeilen, die rund um die Verwendung von Motoren in Fahrzeugen die Medien jener Zeit beherrschten, entwickelte er die Idee, selbst ein solches Fahrzeug auf die bisher mittels Pedalen angetriebenen Räder zu stellen. Bereits 1889 unternahm er zusammen mit seinem Bruder einen ersten Versuch, scheiterte aber zunächst. Auch seine Versuche, die zu jener Zeit führenden Fahrrad- und Motorproduzenten von dieser Idee zu überzeugen, blieben erfolglos.

Einzig der Ingenieur Alois Wolfmüller war auf Hildebrands Idee aufmerksam geworden und überzeugt, dass die Implantation eines Verbrennungsmotors in ein Fahrrad ein zukunftsträchtiger Schritt sei. Zwar galt Wolfmüllers eigentliche Ambition der Entwicklung eines motorisierten Fluggeräts. Er erkannte aber, dass die technischen Möglichkeiten noch nicht weit genug gediehen waren und sattelte zunächst auf die Umsetzung der Hildebrand'schen Idee um.

Zuvor hatten beide bei Carl Benz in Mannheim gearbeitet und waren mit Aufbau und Wirkung eines Verbrennungsmotors bestens vertraut. Wolfmüller hatte zudem auch bei Dürkopp in Bielefeld in Lohn und Brot gestanden. Dort wurden neben Nähmaschinen bereits seit 1876 auch Fahrräder in Serie gefertigt, Wolfmüller wusste also, im Gegensatz zu vielen seiner Technikkollegen, wie so etwas vonstatten ging. Zu Anfang des 20. Jahrhunderts sprang

Dieser **NSU-Bahnrennmaschine** aus dem Jahr 1907 sieht man durchaus die Ähnlichkeit mit einem Fahrrad noch an, der 9 PS starke Motor war im Rahmen integriert. NSU ging denn auch aus einer ehemaligen Fahrradfabrik hervor. ➤➤

Die in den 1890er-Jahren einzig verfügbare **Zündung** mittels eines noch dazu sehr störungsanfälligen Glührohrs führte an der Hildebrand & Wolfmüller zu reichlich unrundem Motorlauf.

übrigens auch Dürkopp auf den Zug der Motorisierung auf und produzierte Automobile, Lkw – und Motorräder.

Im November 1893 begannen Wolfmüller und sein Schulfreund Geisenhof in Landsberg am Lech die von Hildebrand finanzierten Arbeiten an einem Fahrzeug, das bereits Anfang 1894 zu ersten Probefahrten rund um Bamberg ausrollte. Gleich im Anschluss wurde es als „Zweirad mit Petroleum- oder Verbrennungsmotor" zum Patent angemeldet. Nur wenig später prägte Wolfmüller auch den Begriff „Motorrad" und ließ diesen ebenfalls umgehend patentrechtlich schützen.

Hildebrand war als Geldgeber unterdessen damit beschäftigt, eine Fertigungsstätte einzurichten, in der das neuartige Motorfahrzeug erstmals in der Geschichte in Serie montiert werden sollte. Innerhalb weniger Monate wuchs das junge Unternehmen Hildebrand & Wolfmüller auf 1000 Beschäftigte an. Bis zu zehn Maschinen pro Tag verließen die Werkshalle. Das erste Serienmotorrad der Welt, die Hildebrand & Wolfmüller wurde angetrieben von einem 1,5-Liter-

Zweizylindermotor, der maximal 2,5 PS leistete. Den noch reichlich unrunden Motorlauf unterstützte die zu diesem Zeitpunkt einzig verfügbare Glührohrzündung. Im Gegensatz zu späteren Zündmechanismen handelte es sich dabei um einen „Dauerglüher". Mittels Spiritus wurde ein Röhrchen erhitzt und zum Glühen gebracht. An ihm entzündete sich dann das Gemisch des Viertakters. Diese Zündung war jedoch sehr anfällig und stellte sich auf Dauer als wenig sinnvoll heraus.

Nicht zuletzt dieser Umstand verhinderte einen größeren Erfolg der Hildebrand & Wolfmüller, die ansonsten einige sehr interessante konstruktive Details aufwies. So befand sich im Zentrum des hartgelöteten Vierfach-Rohrrahmens der Tank, in dem nach dem ursprünglichen Patent aber zugleich die Gemischaufbereitung stattfand. Letztlich diente die ungewöhnliche Rahmenkonstruktion noch zu einigem mehr: Die beiden Oberzüge enthielten das Schmiermittel für den Motor, ein Unterzug leitete die Ansaugluft zum Motor, der andere die Abgase der Zündlampe ab. Mangels Vergaser wurde das Gemisch aufbereitet, in dem sich erwärmte Ansaugluft im Tank mit flüchtigen Dämpfen ver-

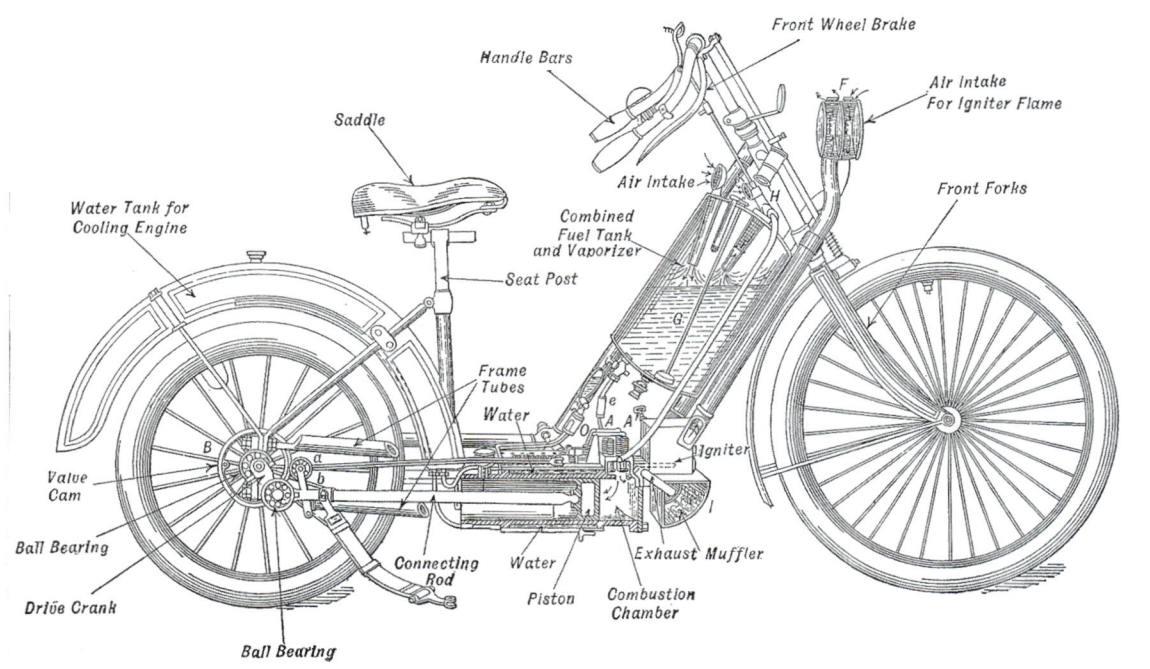

Front Wheel Brake

Handle Bars

Saddle

Air Intake
For Igniter Flame

Water Tank for
Cooling Engine

Air Intake

Combined
Fuel Tank
and Vaporizer

Front Forks

Seat Post

Frame
Tubes

Water

Igniter

Valve
Cam

Ball Bearing

Drive Crank

Connecting
Rod

Water

Piston

Exhaust Muffler

Combustion
Chamber

Ball Bearing

Im flach liegenden Brennraum einer **Hildebrand & Wolfmüller** wurde die erzeugte Kraft per Pleuelstangen, ähnlich einer Lokomotive, zum Hinterrad übertragen.

mischte – ebenfalls eine noch recht unzuverlässige Methode, da viele Einflüsse die Zusammensetzung des Gemischs im Fahrbetrieb verändern konnten.

Im flach liegenden Brennraum bewegten sich die Kolben horizontal, die Pleuelstangen führten auf direktem Wege zum Hinterrad und trieben dieses ähnlich wie bei einer Lokomotive an. Das Scheibenrad im Heck des Fahrzeugs war damit gleichzeitig die Kurbelwelle des Motors. Getriebe und Kupplung wurden dadurch nicht benötigt.

Der Motor wiederum wurde sogar schon ganz fortschrittlich mit Wasser gekühlt, indem Wasser aus dem zum Vorratsbehälter umfunktionierten hinteren Schutzblech die Brennkammer umspülte.

Dennoch: Die Nachteile der mit 1200 Reichsmark auch nicht eben günstigen Maschine überwogen. Einige waren hausgemacht, die meisten aber schlicht zeitenbedingt. Ohne Magnetzündung und Vergaser war es schon ein größerer Akt, das Gefährt überhaupt zu starten. Hatte die Glühzündung den richtigen Wert erreicht, hieß es Schieben und Aufspringen. Die erste Zündung führte mangels Kupplung zu erhöhtem Gummiabrieb. Die beiden Bremsbacken, die direkt auf das Profil des Vorderreifens – der übrigens wie auch sein Gegenstück im Heck ein Luft befüllter Gummipneu und damit eine weitere wichtige Innovation war – wirken sollten, waren nutzlos. Kaum jemand konnte mit der Leistung des Motorrads umgehen. Es kam zu folgenschweren Stürzen, in Folge zu schlechter Mundpropaganda – und schließlich zur Pleite des jungen Unternehmens. Bereits am 18. Oktober 1895 war der Hildebrand'sche Traum ausgeträumt.

Alois Wolfmüller ließ sich nicht entmutigen und stellte selbst danach einen weiteren technischen Meilenstein auf die Räder, eine völlige Neuentwicklung mit Kurbelwelle, Schwungrad und Kardanantrieb. Nur fand er nach dem ersten Reinfall leider keinen weiteren Gönner, der sich zur Produktion dieses ebenfalls meis-

Mit großem Stolz zeigte Indian 1918 auch in der Werbung, wer der offizielle **Ausstatter der amerikanischen Truppen** mit Motorrädern war.

terlichen Werks hinreißen ließ. Und so endete die kurze Geschichte des ersten Serienmotorrads mit dem Schicksal, das schon so manchen Visionär ereilte: Hildebrand und Wolfmüller waren ihrer Zeit einfach voraus. Nicht viel, aber entscheidend für den eigenen Niedergang.

Da niemand sagen kann, wie viele Exemplare die Werkshallen insgesamt verließen oder wie viele davon noch übrig sind, erzielen die bekannten Reststücke auf Auktionen enorme Summen. So fiel der Hammer bei Bonhams anlässlicher einer Auktion im Rahmen der International Classic MotorCycle Show am 25. April 2010 in Stafford bei 86 200 Pfund, seinerzeit rund 105 000 Euro.

Das Auktionshaus konnte selbst dieses Ergebnis ein dreiviertel Jahr später nochmals deutlich toppen. Am 6. Januar

Frühe Seitenwagen-Modelle setzten schon an den **Powerplus-Indians** an. Deren Rahmen erwiesen sich aber für den „Dreirad"-Betrieb unterdimensioniert.

35

2011 erzielte die Hildebrand & Wolfmüller No. 47 bei der Las Vegas Motorcycle Sale sogar einen Rekordpreis von 161 000 Dollar (knapp 122 000 Euro)!

Doch es geht auch günstiger – wenn auch nicht ganz so original. Die schwäbischen Brüder Thomas und Michael Leibfritz aus Balingen stellen seit einiger Zeit auf der Basis von gut 400 Produktionszeichnungen in über 1000 Arbeits-

stunden exakte und vor allem hochwertige Repliken dieses revolutionären Motorrads her. Dabei verarbeiten sie zeitgemäße Werkstoffe wie etwa Chrom-Molybdän-Stahl für die Rahmenrohre oder rostfreies V2A und V4A für Kleinteile wie die Hebel, Speichen, Schellen und andere Befestigungselemente. So lässt sich über 115 Jahre nach dem ersten Serienmotorrad noch das Gefühl nachempfinden, das die Men-

Die in den 1920er-Jahren gebauten **Indian Chief** verfügten über einen ausreichend stabilen Rahmen für den Seitenwagenbetrieb und mit dem neuen V2-Motor über Leistung satt.

schen seinerzeit gehabt haben müssen, wenn sie auf einer Hildebrand & Wolfmüller Platz nahmen.

Amerika greift ein

🏍 Auch wenn heutzutage Harley-Davidson als Inbegriff amerikanischer Motorräder gilt, so waren es doch ursprünglich die Indian-Modelle, die den Grundstein für einen lang anhaltenden Welterfolg der US-Motorradindustrie legten. Zu Beginn des letzten Jahrhunderts, im Januar 1901, gründeten George

Die Magnetzündung

Beim ersten Serienmotorrad der Welt, der bayerischen Hildebrand & Wolfmüller, war noch eine klassische Glührohrzündung verbaut. Ein kleiner Brenner erhitzte dabei ein Platinrohr, das in den Verbrennungsraum hineinragte. Kam dieser „Dauerglüher" mit dem komprimierten Gasgemisch in Berührung, kam es zu einer explosionsartigen Entzündung. Der große Nachteil: Die Glührohrzündung konnte nicht reguliert und damit veränderten Bedingungen angepasst werden. Zudem erwies sie sich als überaus störanfällig. Ganz anders die Magnetzündung. Bereits 1882 wurde die erste Niederspannungs-Magnetzündung von Siegfried Marcus zum Patent angemeldet. Der Österreicher hatte sich als Erfinder bereits einen Namen gemacht. Einige Quellen sehen in ihm bis heute den Schöpfer des ersten Automobils – was aber aufgrund einer Fehldatierung nicht zutrifft. Doch ein Zeitgenosse von Maybach, Daimler und Benz ist Marcus allemal. Es mangelte ihm aber an den Mitteln und vielleicht auch am Können, um seine Erfindungen entscheidend voranzutreiben. In der Werkstatt von Robert Bosch waren die Arbeiten da schon fortgeschritten, stationäre Gasmotoren wurden ab 1887 mit der Weiterentwicklung ausgestattet. Einziges Limit war auch hier die mangelnde Anpassungsfähigkeit an höher drehende Motoren, da für sie der Zündzeitpunkt angepasst werden musste.

Das gelang Bosch und seinem Mitarbeiter Arnold Zähringer 1897 mittels einer Pendelhülse. Anfang 1902 hatte Boschs Ingenieur Gottlob Honold dann die „zündende" Idee: den Hochspannungs-Magnetzünder, der den mobilen Einsatz an Motorrädern revolutionieren und sich bis in die 1960er-Jahre als Standard halten sollte.

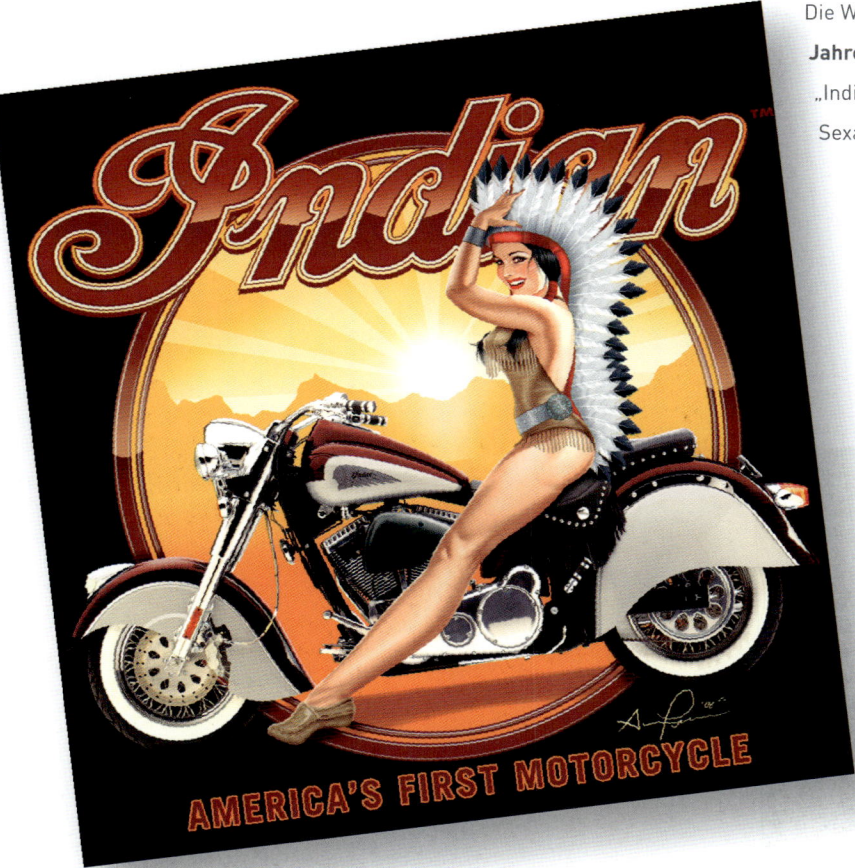

AMERICA'S FIRST MOTORCYCLE

Die Werbung der **1940er- und 1950er- Jahre** wusste geschickt markante „Indianer"-Klischees mit Pinup-Sexappeal zu verbinden.

M. Hendee und Carl Oscar Hedström zunächst die Hendee Manufacturing Company, aus der später die Indian Moto-cycle Co. hervorging. Die beiden ehemaligen Radrennfahrer hatten sich zusammengetan, um ein Motorrad mit einem Einzylinder-Antrieb, der nicht ganz 2 PS leistete, zu produzieren. Firmensitz war Springfield im US-Bundesstaat Massachusetts. Ein Prototyp und zwei seriennahe Maschinen entstanden. Nach erfolgreichen Tests ging dieses Modell 1902 in Serie. Angetrieben wurde es zunächst von einem Lizenz-motor, der bei Aurora in Illinois gefertigt wurde. 1903 erzielte Hedström, auch als Chefingenieur des Unternehmens tätig, mit einer Indian Single den Geschwindigkeits-weltrekord mit knapp 90 Kilometer pro Stunde.

Die schlanken Bikes, die noch sehr wie die damaligen Fahrräder designt waren, wurden per Kette angetrieben und besaßen noch auf Jahre hinaus Pedale. Vielleicht war es ja gerade die Nähe zu etwas Bekanntem, die den Käufern die Gewissheit vermittelte, ein modernes – weil motorisiertes – und dennoch klassisches Fahrzeug zu erstehen. Jedenfalls

Auch bei Indian, der 1901 gegründeten und damit ältesten Motorradmarke der USA, war aller Anfang ein Einzylinder in einen **schlanken Fahrradrahmen**.

wurde Indian zum ersten Weltmarktführer der Motorradgeschichte. Von zunächst 500 Einheiten pro Jahr wuchs die Produktion bis 1913 rasant auf 32 000 Stück an. Das brachte der Firma in einem hart umkämpften Markt, in dem über 20 Marken ihr Glück beim Käufer versuchten, einen sagenhaften Anteil von gut 40 Prozent.

Nicht immer konnte das Werk die Nachfrage der Indian-Fans befriedigen. Produktionsengpässe wusste die Firmenleitung aber auszugleichen, indem sie Lizenzen zum Bau

Zahlreiche Manufakturen nutzten die beliebten und bewährten **Indian-Motorräder** als „Zugpferde" für ihre Beiwagen-Anbauten. »

von Indians an andere Hersteller vergab. Die blieben aber weitgehend glücklos, weil die Marke selbst natürlich in der Zwischenzeit ihre Kapazitäten wieder ausbaute und die Käufer dann lieber zum Original als zu einem Nachbau

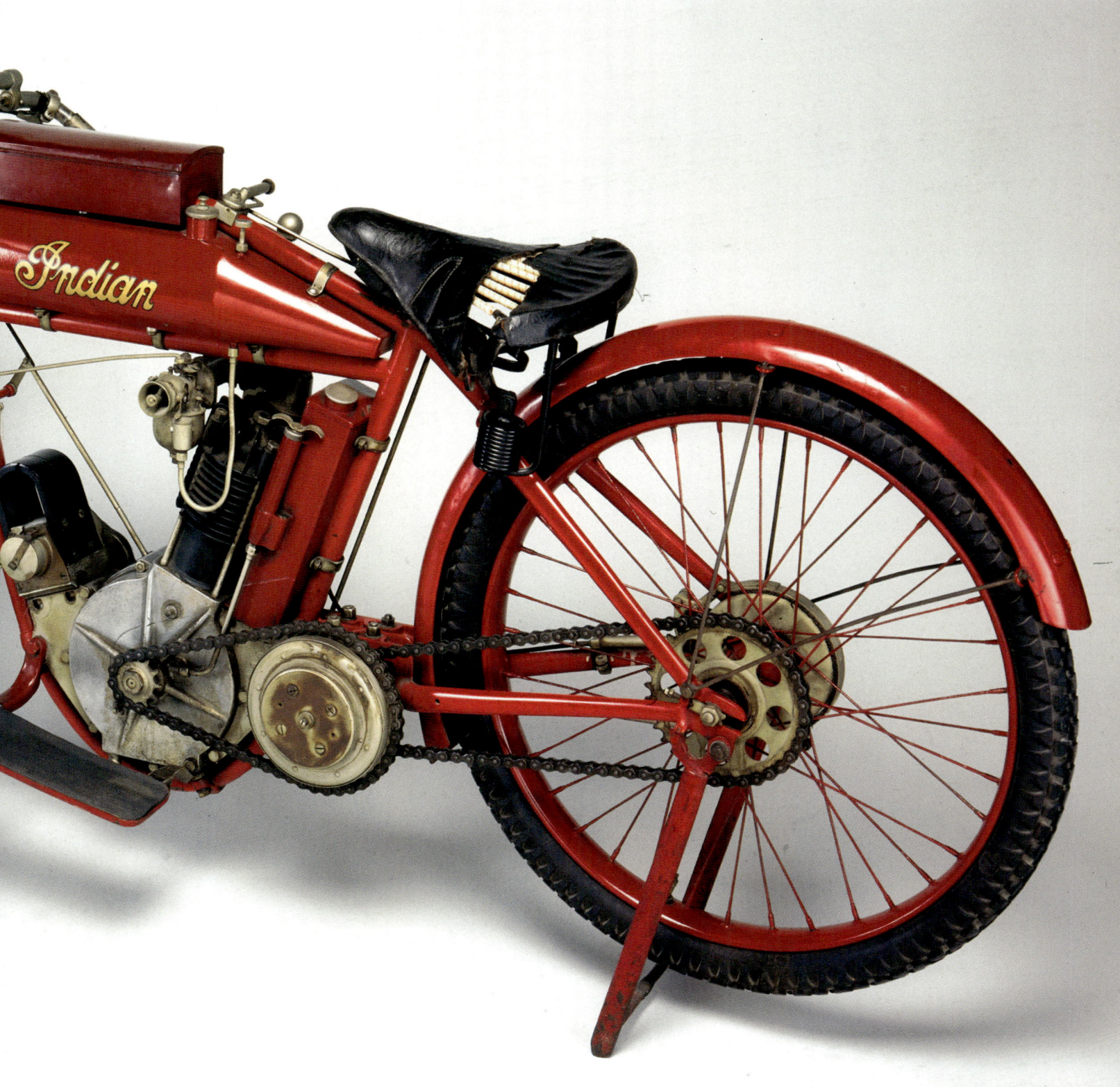

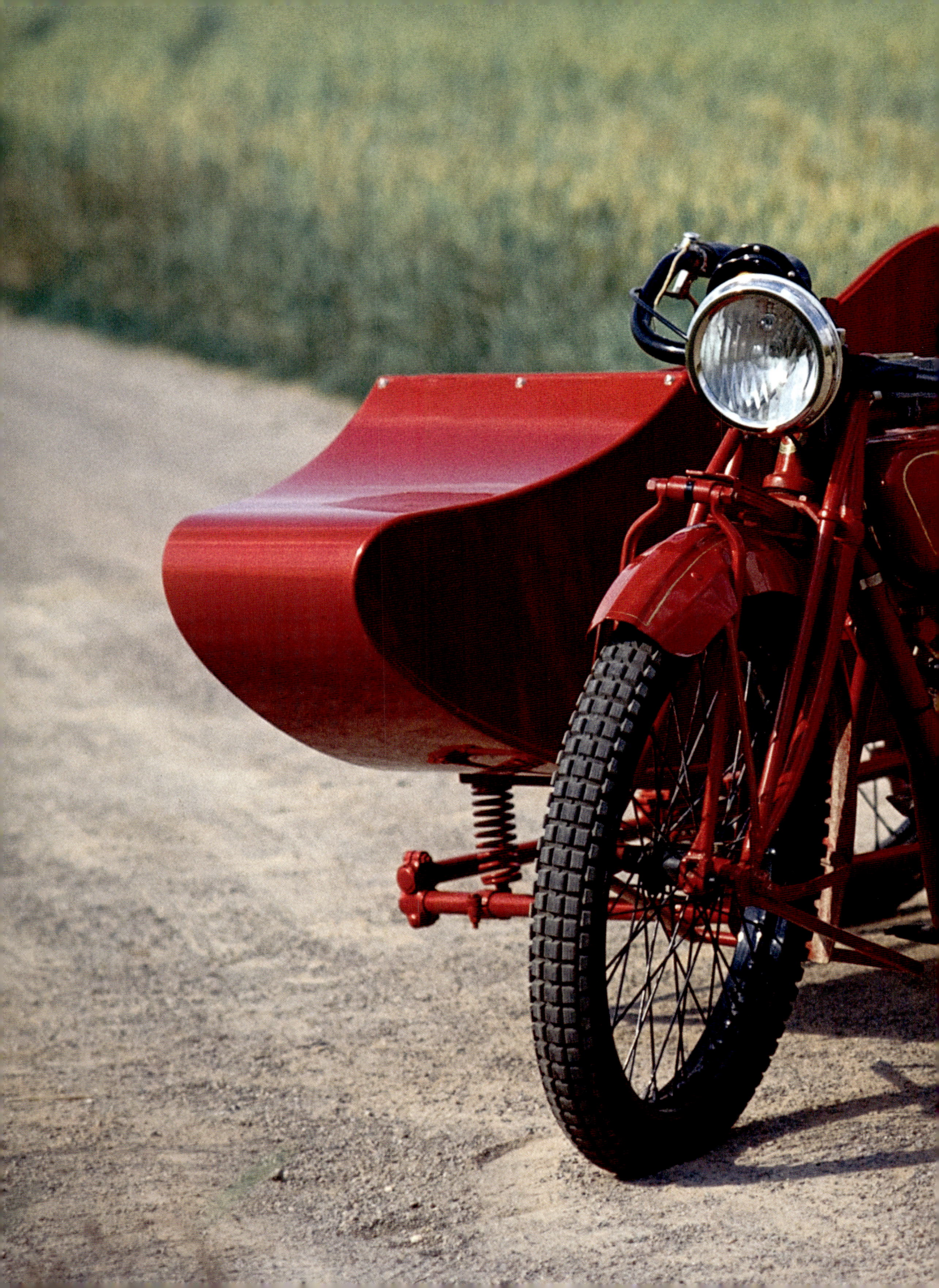

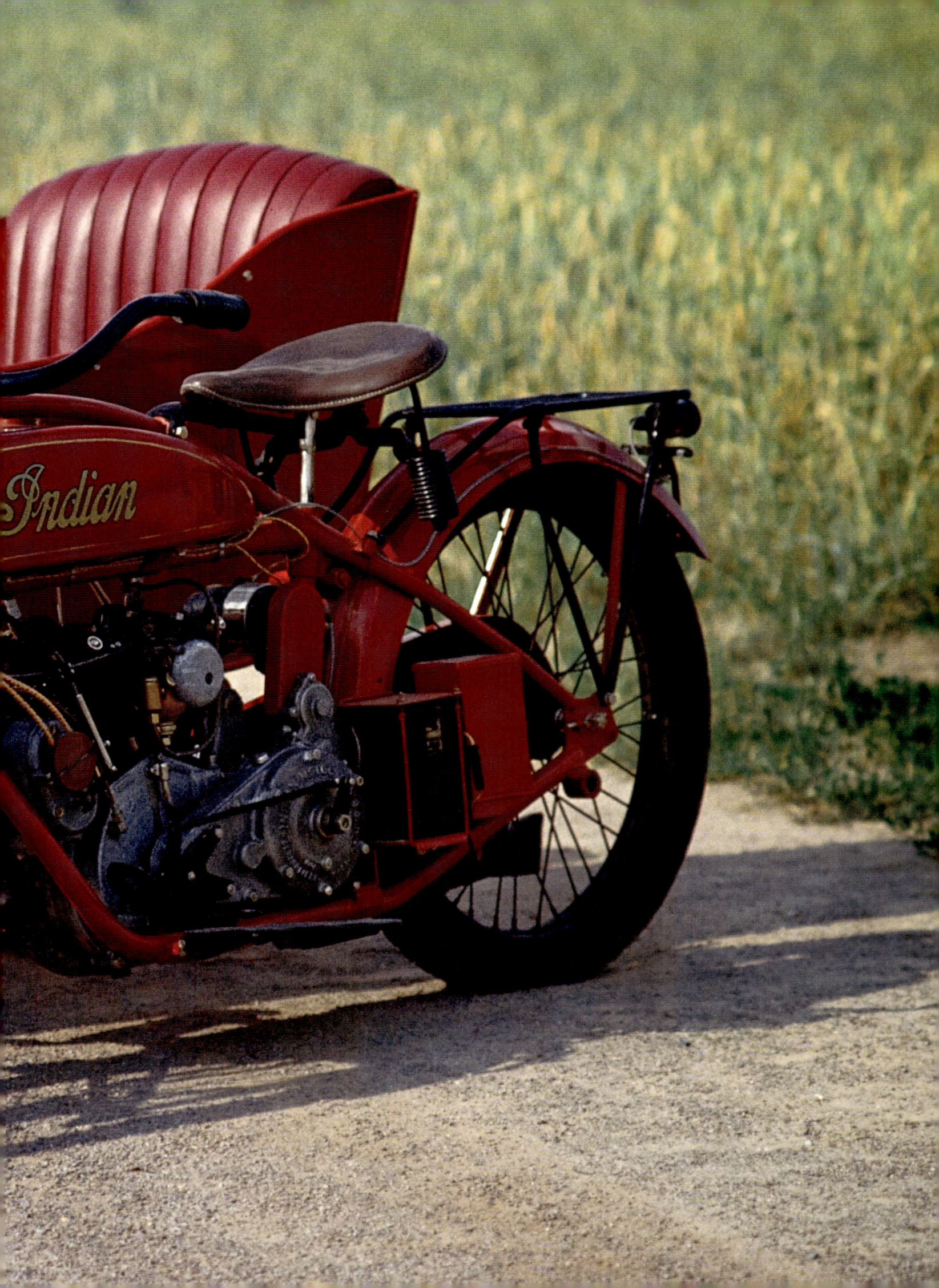

griffen. Dennoch konnte mit diesem Kniff so mancher Nachschub-Engpass überwunden werden.

1904 brachte Hendee Farbe ins Spiel. Das markante Dunkelrot, in dem die Motorräder nun das Werk verließen, wurde mit zum Markenzeichen und sorgte unter den frühen Motorradfahrern für Aufsehen. Schließlich kamen die Produkte der Konkurrenz meist in Schwarz oder einem wenig attraktiven Grau daher – auch die von Harley-Davidson.

Ein Jahr später entstand ein völlig neuer Antrieb, ein Motor, der bis heute die amerikanische Motorradszene prägt wie kein anderer: der V2. Wieder hatte Indian einen technologischen Vorsprung gegenüber der Konkurrenz. Und mittlerweile baute das Unternehmen in einer modernen Fabrikationsanlage, die ebenfalls auf Entwürfe des Multitalents Hedström zurückging, alle Teile seiner Produkte selbst, auch den Motor.

Der hubraum- und durchzugsstarke Twin kam zunächst aber nur in Rennmaschinen zum Einsatz und beherrschte in den folgenden zwei Jahren die Szene. Auf Basis dieser Erfolge erschien Ende 1906 der erste Serien-V2 des Unternehmens – immer noch rechtzeitig, um dem 1903 in Milwaukee gegründeten Rivalen Harley-Davidson mehr als nur eine Nasenlänge voraus zu sein.

Es gab aber noch viel mehr Merkmale in der noch jungen Motorradindustrie, die Indian von anderen Marken abhoben. Hendee und Hedström waren so sehr von der Qualität ihrer Produkte überzeugt, dass sie eine Art Mobilitätsgarantie aussprachen. Angesichts der zurückzulegenden Entfernungen auf dem nordamerikanischen Kontinent und des miserablen Zustands des Wegenetzes war das ein überaus mutiger Schritt. Doch die „Chiefs" von Indian, die ihren Firmensitz auch gerne „Wigwam" nannten, ließen den Worten Taten folgen. Noch vor Ausbruch des Ersten Weltkriegs durchquerte einer der bekanntesten Werksfahrer, Erwin „Cannonball" Baker, die USA von San Diego nach New York in „nur" elf Tagen, zwölf Stunden und zehn Minuten! Das war mehr als respektabel, musste er über weite Strecken doch mit tief zerfurchten Kutschenpfaden Vorlieb nehmen, die zu jener Zeit noch immer Standard auf den Überlandrouten waren.

Überhaupt waren die Werksfahrer ein wesentlicher Teil der Indian-Strategie. Da sowohl Hendee als auch Hedström aus dem Radsport kamen, wussten sie um die Anziehungskraft, die sportliche Erfolge auf die Massen ausübten. Entsprechend hielt sich die Firma ein schlagkräftiges Rennfahrerteam, mit dem auf Dirt-Tracks, bei Langstreckenrennen

Die **Indian Scout** wurde von 1920 bis 1948 in verschiedenen Versionen mit Motorisierungen zwischen 500 und 750 Kubikzentimetern gebaut.

42

Walter Davidson präsentiert eine der ersten **Harley-Davidson-Maschinen**, wahrscheinlich die Nummer 3. Augenfällig ist, dass hier noch ein Einzylinder-Motor als Antrieb zum Einsatz kam.

und sogar internationalen Top-Veranstaltungen wie etwa der Tourist Trophy auf der Isle of Man große Erfolge eingefahren werden konnten. 1911 gab es beim TT-Rennen auf der kleinen britischen Insel in der irischen See sogar einen legendären Dreifachsieg für die „Indianer". Hedström war der unangefochtene Impulsgeber des Unternehmens. Auf seine Anregung ging auch die erste Schwinge und die erste Hinterradfederung bei einem Motorrad zurück. Umsetzen konnte seine Ideen ein exzellentes Team von Ingenieuren, die Indian mittlerweile in den „Wigwam" gelockt hatte. Entsprechend fiel auch das Ausscheiden der Gründer beim Unternehmen kaum ins Gewicht. Hedström ging 1913 seine eigenen Wege, nachdem er sich mit dem Vorstand der Firma, unter anderem bestückt mit einigen windigen Investoren, einen Kleinkrieg über diverse fragwürdige Finanzgeschäfte geliefert hatte. Hendee focht diesen Kampf noch länger aus, strich aber 1916 ebenfalls die Segel – just, als Indian mit dem Powerplus eine neue Motorengeneration präsentierte, die den Bikes des US-Herstellers über viele Jahre geradezu mythischen Charakter verleihen sollte.

Einer der Grundsteine für weitere Verkaufserfolge war schon Jahre zuvor gelegt worden. Indian-Motorräder wurden unter der nach Mobilität – und gleichzeitig Zuverlässigkeit – lechzenden Exekutive, der Polizei, zur ersten Wahl. 1907 wurde in New York die erste Motorrad-Polizeieinheit des Landes auf die „Indianer"-Räder gestellt. Indian entwickelte sich fortan zum Top-Ausrüster vieler weiterer „berittener" Einheiten im ganzen Land.

Harley-Davidson & Co.

Indian war zwar der weltweit führende Motorradhersteller zu Beginn des 20. Jahrhunderts – aber beileibe nicht die einzige amerikanische Marke, die größere Verkaufserfolge vor-

Die vier **Gründer von Harley-Davidson** vor ihrem Bürogebäude: Arthur Davidson,
Walter Davidson, William Harley und William Davidson (v.l.).

weisen konnte. Auch wenn die Erfindung des Motorrads
und die ersten nennenswerten sowie Erfolg versprechenden
Entwicklungen von Europa ausgingen, so setzten die amerikanischen Hersteller doch in einer geradezu atemberaubenden Geschwindigkeit technische Neuerungen gekonnt um
und ließen sie in die Serienfertigung einfließen. Denn die
hatten sie ebenfalls perfektioniert, was es ihnen leicht
machte, einen homogenen Heimatmarkt zu bedienen,
der natürlich ungleich größer war als die im Vergleich
höchstens regionalen Märkte, die sich europäischen Produzenten boten.

Gleich drei Marken konnten sich im Windschatten von
Indian etablieren: Excelsior, Henderson und die 1903
gegründete Harley-Davidson Motor Co. aus Milwaukee im
US-Bundesstaat Wisconsin. Allerdings benötigte die zu
Beginn in einer „Bretterbude" hausende Firma um die
Gründer Bill Harley und Arthur und Walter Davidson doch
ein paar Jahre, bis aus ihren Ideen eine Motorrad-Produk-
tion in nennenswerten Stückzahlen wurde. Im Gründungs-
jahr 1903 jedenfalls waren es gerade mal drei Bikes, die das
Trio an Wochenenden und nach Feierabend in ihren normalen Jobs zusammengeschraubt hatten.

2003 beging **Harley-Davidson** als einziger ununterbrochen produzierender Motorradhersteller der USA sein 100-jähriges Firmenjubiläum. Dazu wurde eigens ein neues Logo gestaltet.

1905 bezog das Unternehmen ein größeres Holzgebäude. Die Gründer kündigten bei ihren bisherigen Arbeitgebern, der technische Zeichner Bill Harley begann sogar noch ein Ingenieurstudium. Anstatt die Produktion hochzuschrauben, konzentrierten sich die Tüftler auf technische und konstruktive Verbesserungen. Als Indian bereits vierstellige Stückzahlen pro Jahr erreichte, bezifferte sich der Ausstoß bei Harley-Davidson noch auf 50 Exemplare, also etwa eines pro Woche. Damit wenigstens etwas Umsatz in die Firma floss, bot Harley-Davidson die Motoren, die sie bereits in größeren Stückzahlen herstellen konnten, einzeln an – für Bastler, die sich ihr Motorrad selbst bauen wollten.

Die Unternehmensführung zeigt sich bei einem Besuch in der **Harley-Davidson Produktion** von der Qualität ihrer Produkte überzeugt.

Anfang 1906 lassen Bill Harley und die Gebrüder Davidson eine erste Fabrik an der Chestnut Street in Milwaukee errichten. Hier wurde nicht nur der Grundstein für die Massenfertigung gelegt, sondern auch gleichzeitig einer für die Geschichtsbücher. Denn Harley-Davidson ist heute der älteste, ununterbrochen existente Motorradhersteller der Welt und hat seinen Sitz noch immer dort, wo – fast – alles begann: an der heute Juneau Avenue genannten Adresse in Wisconsins Metropole.

Seit 1906 residiert Harley-Davidson dort, wo schon die erste Fabrik gebaut wurde: an der Chestnut Street, heute Juneau Avenue, in Milwaukee. Hier befindet sich auch das sehenswerte **Museum**, Anziehungspunkt für hunderttausende Besucher pro Jahr. »

Innovationen

In den ersten zwei Jahrzehnten des 20. Jahrhunderts gab es viele Erfindungen und Weiterentwicklungen im Motorradbau. Im kleinen Belgien hob die Firma FN das erste Vierzylinder-Bike aus der Taufe. Der Reihenmotor mit einem Hubraum von 362 Kubikzentimetern gab seine Kraft ohne Kupplung direkt mittels der ebenfalls jungfräulichen Kardanwelle ans Hinterrad ab. Letztere ist in Motorrädern anders gestaltet als in Autos. Sie verläuft in einem starren Teil zwischen Antriebsblock und Hinterrad. Das Kardangelenk – im Auto als Verbindung zweier Wellen genutzt – übernimmt am Motorrad die Verbindung zum Getriebe. Am Hinterrad arbeitet ein Kegelrad und setzt die Leistung in Fortbewegung um. So kann die Welle frei schwingen und erlaubt damit den Einsatz einer Hinterradfederung – auch eine Erfindung jener Zeit. Bis dato waren Motorradsitze ungemütlich, ohne Dämpfung, und das bei den vielerorts widrigen Straßenverhältnissen.
Um die Motoren in den ersten Bikes überhaupt zum Laufen zu bringen, musste oft noch geschoben werden. Der fliegende Start war nicht nur mühsam, er war auch nicht ungefährlich. Die Erfindung des Kickstarters brachte Abhilfe. Ein Klapphebel mit kleinem Pedal ist entweder an der Kurbelwelle (Primärkickstarter) oder der Getriebevorgelegewelle (Sekundärkickstarter) angebracht. Ein Tritt auf das Pedal bringt die Innereien des Motors in den zum Anlassen nötigen Schwung. Die Nachteile dieser Erfindung: Bei Zweitaktern, die dazu neigen, beim Start in die falsche Richtung anzulaufen, kann der Hebel gegen den Fuß, der ihn trat, zurückschlagen. Bei Viertaktern, vor allem großvolumigen, herrscht ein enormer Kompressionsdruck – und damit geradezu störrischer Widerstand gegen das Anlassen. Um diesen Druck zu verringern, wird mechanisch, meist über Seilzug, ein Auslassventil geöffnet: der Choke.

Fig. 6.
Le Kick-Starter Peugeot.

Auch wenn es heute kaum noch jemand weiß oder glauben mag: Den Anfang machte bei Harley-Davidson – wie bei vielen anderen Herstellern jener Zeit ebenfalls – ein schlichtes Einzylindermodell. Der Motor saß in einem fahrradähnlichen Rahmen und trieb das Hinterrad ohne Getriebe und Kupplung direkt über einen Riemen an. Die Tüfteleien der Gründer flossen in zahlreiche Verbesserungen des Grundmodells ein. So schafften sie es, der Ur-Harley recht schnell einen Ruf von Zuverlässigkeit und Alltagstauglichkeit zu verpassen. Und obwohl man Harleys seit ewigen Zeiten vor allem wegen ihrer großvolumigen V2-Motoren mit kernigem Motorgeräusch kennt und schätzt, war die erste Maschine ein Meisterstück in Sachen Lärmschutz. Die Schalldämpfung

am Auspuff arbeitete so gut, dass dem seit 1906 grau lackierten Motorrad von Kunden der Spitzname „silent grey fellow" – leiser, grauer Kamerad – verpasst wurde.

Als dritter der Davidson-Brüder schloss sich 1907 auch der Werkzeugmacher William Davidson dem Unternehmen an, das fortan als Harley-Davidson Motor Company Inc. firmiert. Mittlerweile verließen schon stolze 150 Motorräder pro Jahr das kleine Werk.

Was später zum Markenzeichen des Unternehmens und zum kulthaften Mythos werden sollte – der V2-Motor –, verdankte seine kompakte Form ganz profanen Zwängen. Die Entwicklung des Antriebs kam die Company teuer

genug, ein neuer Rahmen war da nicht mehr drin. Also musste das geplante Triebwerk so konstruiert werden, dass es zumindest zunächst noch in den „Fahrrad"-Rahmen des Urmodells passte.

Das tat dem Interesse, dass dieser Motor erregte, keinen Abbruch. Nachdem der V2 auf mehreren Messen präsentiert worden war, überzeugte er die Kundschaft schnell zusätzlich mit seinen Eckdaten. Knapp 880 Kubikzentimeter Hubraum produzierten eine Leistung von rund sieben PS. Als Höchstgeschwindigkeit des ersten Twins wurden 60 Meilen pro Stunde, knapp 100 Kilometer die Stunde, angegeben. Die Verdopplung der Zylinderzahl ging bei Harley-Davidson einher mit einer Verdopplung der Leistung – und sogar mehr als einer Verdopplung der Produktion, die von 450 Maschinen 1908 auf 1149 ausgelieferte Exemplare im darauf folgenden Jahr sprang.

1911 tummelten sich bereits gut 150 verschiedene Marken allein auf dem amerikanischen Markt. Indian war noch immer der unangefochtene Platzhirsch, aber andere schlossen allmählich auf. Neben dem Konkurrenten aus Milwau-

Das **Harley-Davidson Modell No. 3** von 1907 mit dem für die Zeit typischen Einzylinder und in der von der Kundschaft wenig geliebten grauen Farbgebung

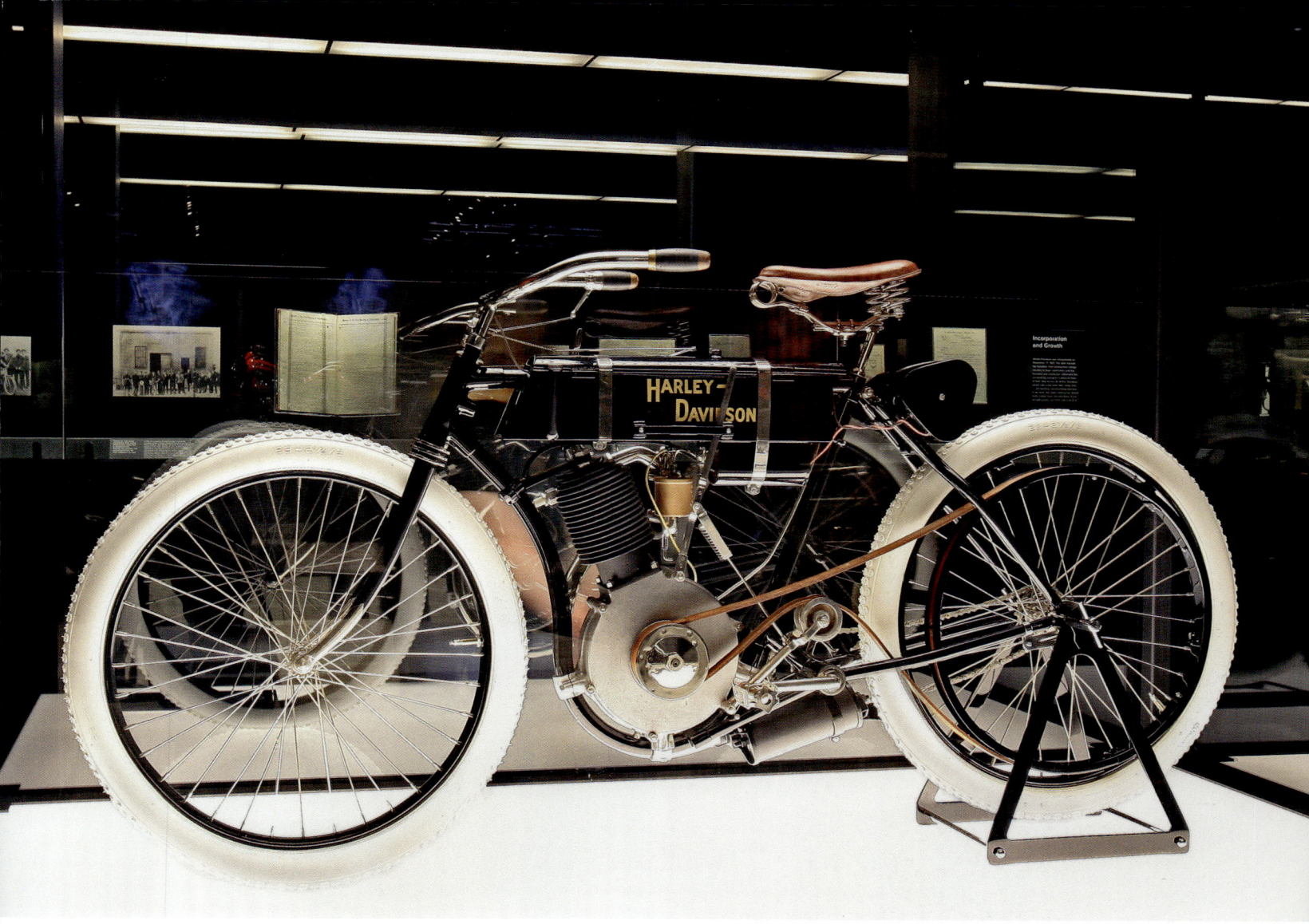

kee waren es vor allem Excelsior und Henderson, die sich einen Namen machen konnten. Beide Unternehmen haben eine so verwobene Historie, dass es sinnvoll ist, ihre Geschichte gemeinsam zu betrachten. Außerdem gibt es weiterführende Verbindungen zu Indian sowie einen großen Sprung über den Atlantik.

Die meisten Motorräder, die zu Beginn des 20. Jahrhunderts über amerikanische Straßen – die es asphaltiert allerdings nur innerhalb größerer Städte gab – rollten, waren nichts anderes als Fahrradrahmen mit „Hilfsmotoren". Leistungsfähiger zwar als unsere heutigen „Mofas", die Motorfahrräder, aber basierend auf der gleichen Grundidee. Das hatte in Amerika allerdings einen völlig anderen Hintergrund als in Europa. In den USA war Radfahren nämlich Volkssport Nummer Eins! Zwischen New York und Los Angeles war man absolut „bike crazy". Vor allem der sportliche Aspekt des Radfahrens hatte es den Amerikanern angetan. Es wurde in Arenen, auf Holzbahnen, an Hügeln oder auch auf Lang-

strecken um die Wette in die Pedale getreten. Da ist es nicht verwunderlich, dass viele Fahrradhersteller auf den Zug aufsprangen und sich der Konstruktion und Fertigung motorisierter Zweiräder zuwandten. Es darf auch nicht vergessen werden, dass etliche der ersten Motorradmodelle für den Bahnradsport konstruiert und in größeren Stückzahlen produziert wurden. Sie dienten den Radrennfahrern als Tempomacher und Windschattenspender.

Excelsior ist das perfekte Beispiel für diese Art der Industriekarriere. Als das Unternehmen 1905 in Chicago sein erstes Motorrad baute, hatte es schon fast 30 Jahre Erfahrung in der Konstruktion und Fertigung beliebter Fahrräder hinter sich. Dieser Erfahrungsvorsprung vor den meisten der Konkurrenten machte sich schnell bezahlt. Die Motorräder von Excelsior waren schnell vor allem für ihre Robustheit bekannt.

Die Konzepte von Indian, Excelsior und auch Harley-Davidson glichen sich sehr. Alle fingen mit dem Einbau schlichter Einzylindermotoren an, die ohne Kupplung und

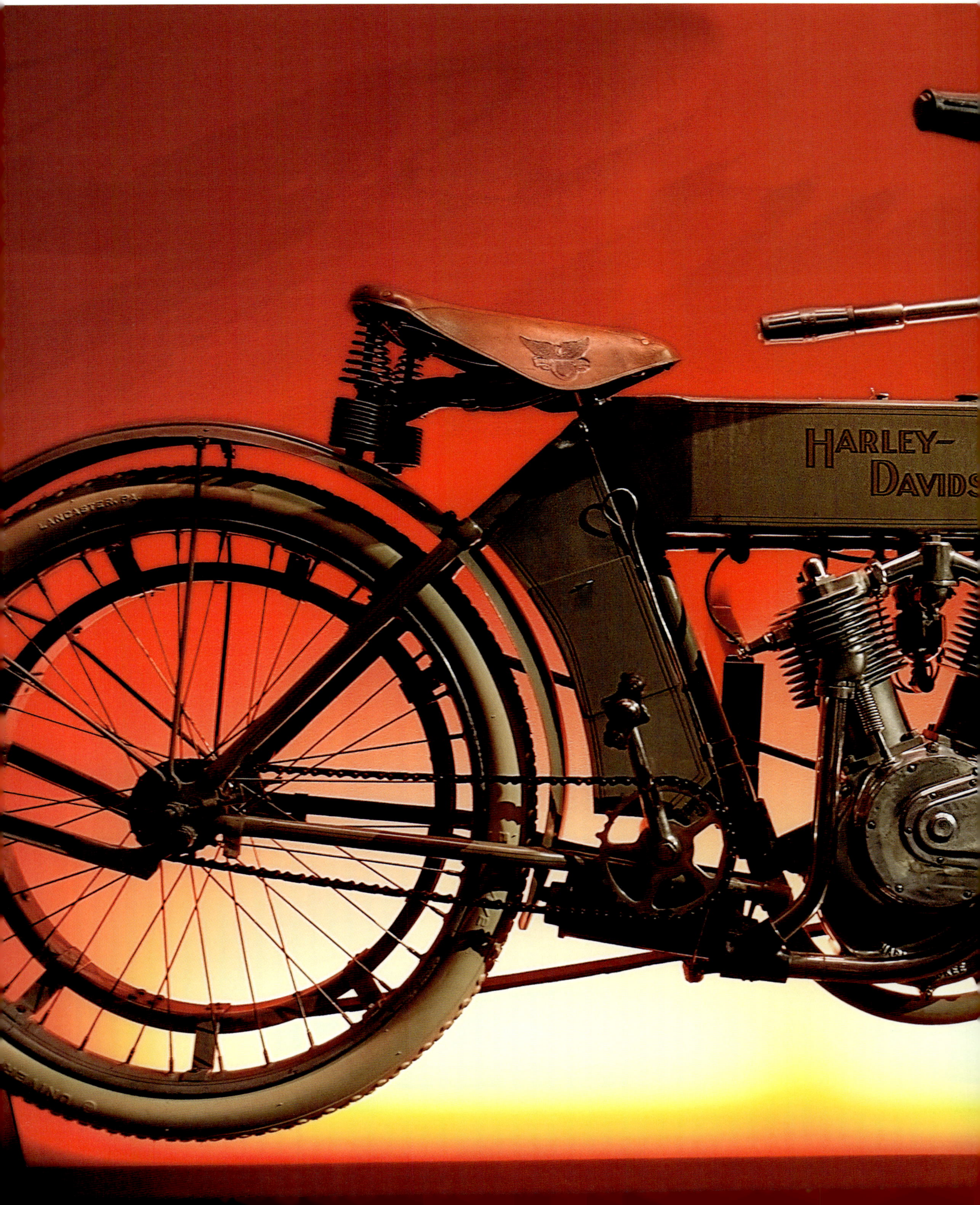
HARLEY-
DAVIDS
LANCASTER, PA.

Diese **Harley-Davidson 5-D** von 1909 trägt schon das Motorenkonzept, das bis heute die Produkte des Unternehmens antreibt, den klassischen, amerikanischen V2. Vorgestellt wurde er 1907, aber bis 1910 in nur wenigen Motorrädern verbaut.

Die **Excelsior-Motorräder** erfreuten sich in den USA großer Beliebtheit. Überall im Land gründeten Fans der Marke Clubs, die sich, wie hier in Seattle, regelmäßig zu Ausfahrten und Wettbewerben trafen.

Getriebe oder viele andere Feinheiten auskommen mussten. Schnell wurden diese rudimentären „Motor Cycles" aufgerüstet und mit den wichtigsten technischen Errungenschaften ihrer Zeit versehen. Dabei konnte Modellpflege auch schon mal im Wochentakt vonstatten gehen – ohne, dass es an die große Glocke gehängt wurde. Federgabeln, Luftbereifung (die auf die erreichbaren Geschwindigkeiten ausgelegt war) und Komfortsättel mit Federung waren nur einige dieser neuen Elemente.

1910 brachte Excelsior dann seinen ersten Zweizylinder auf den Markt, der fortan die Geschicke der Marke bestimmen sollte. Mit satten 1000 Kubikzentimetern Hubraum – und einer entsprechenden Leistung, reihte sich Excelsior gleich in der Oberliga der amerikanischen Motorradproduzenten ein.

Excelsior etabliert sich

Darauf war auch ein deutscher Auswanderer aufmerksam geworden, der in unmittelbarer Nachbarschaft zu Excelsior ebenfalls Fahrräder fertigte: Ignaz Schwinn. 1860 in Hardheim geboren, hatte der gelernte Maschinenbauer sich 1891 gen Westen aufgemacht und war wie so viele seiner Zeitgenossen ins vermeintlich gelobte Land ausgewandert. Seine noch in Deutschland gewonnenen Erfahrungen als Fahrradkonstrukteur kamen ihm auch in der neuen Heimat zugute.

Schnell hatte er in Chicago einen Job gefunden. Nur vier Jahre nach seiner Ankunft gründete er 1895 zusammen mit Adolf Arnold, ebenfalls ein Auswanderer, die „Arnold, Schwinn & Company". 13 Jahre später gehörte ihm das Unternehmen ganz, und er führte es bis zu seinem Tode 1945 weiter.

Ignaz Schwinn hatte sich zunächst selbst daran gemacht, Motorräder zu konstruieren. Durch und durch Realist gestand er sich und seinen Mitstreitern aber ein, dass sie die Qualität und Leistungsfähigkeit von Excelsior kaum erreichen würden. Im November 1911 übernahm er daher den Mitbewerber mit allen Gütern – auch den zahlreichen Patenten und geschützten Warenbezeichnungen.

Schnell zeichneten sich für Excelsior die Vorteile dieser Übernahme ab: Schwinn ging in Sachen Werbung in die Vollen. Außerdem nutzte er seine Marktmacht im Fahrradbereich und bot vielen seiner zahlreichen Händler auch die Vertretung für die neuen Motorräder an. Und dann ging es ans Sportliche.

Am 30. Dezember 1912 erreichte Werksfahrer Lee Humiston bei Rekordfahrten im kalifornischen Playa del Ray als erster Mensch die 100 Meilen pro Stunde mit einem Motorrad. Und nur eine Woche später pulverisierte er mit der gleichen Maschine so ziemlich jeden Zweiradrekord, der zu diesem Zeitpunkt gehalten wurde. Damit hatte sich die Marke Excelsior fest in die Köpfe der potenziellen Kund-

Die vom deutschen Auswanderer Ignaz Schwinn geleitete **Excelsior Motor Manufacturing & Supply Company** gewährte in ihren Verkaufsprospekten auch gerne Einblicke in die Produktion.

Excelsior-Chef Ignaz Schwinn setzte in der Werbung für seine Motorräder schon früh auf „Sex sells". Hier wurde eine **Big X** werbewirksam als Staffage bei Aufnahmen zu Bademoden eingesetzt.

schaft eingebrannt und sollte sich in den kommenden Jahren als Nummer Drei im US-Markt hinter den beiden großen Kontrahenten Indian und Harley-Davidson etablieren.

Und dann gesellte sich noch eine weitere Marke hinzu, die bereits eine kurze, aber bewegte Geschichte hinter sich hatte: Henderson. Nach Milwaukee und Chicago kam mit Detroit, dem Sitz der Henderson Company, eine weitere Stadt an den Great Lakes zu Motorradruhm. Gründer William Henderson träumte bereits seit seiner Kindheit davon, einmal Motorräder zu konstruieren. Obwohl als Geschäftsmann und Designer gleichermaßen begabt, hatte sein Vater, Vize-Direktor der renommierten Automobilschmiede Winton Motors, Zweifel, dass sein Sohn seine Ziele je erreichen würde. Dennoch unterstützte er schließlich dessen Pläne, sich selbständig zu machen – nicht zuletzt in der Hoffnung, William würde angesichts der vor ihm liegenden Schwierigkeiten kapitulieren.

Da hatte er sich aber getäuscht. Zusammen mit seinem Bruder Tom stellte der enthusiastische William 1911 binnen weniger Wochen einen revolutionären Prototypen auf die Räder. Dieser hob sich deutlich von den „Fahrrad"-Abbildungen anderer Motorradhersteller ab. Zunächst einmal gab es da diesen endlos langen Radstand. In dem derart gestreckten Rahmen, über dem auch noch ein Ungetüm von Lenker thronte, steckte ein großvolumiger Reihen-Vierzylinder mit 934 Kubik und gute sieben PS Leistung. Die Werbung offerierte solchen Luxus für angemessene 325 Dollar. Die Kraftübertragung erfolgte per Kette, nicht per Lederriemen wie sonst weit verbreitet.

Eine ganz andere Art der Werbung für dieses Produkt warf die Rückkehr des Carl Stearns Clancy von seiner Weltumrundung auf einem Motorrad – nein, *diesem* Motorrad. Wo immer er auftauchte, konnte man einen Blick auf jede Menge Fotos von überall auf der Welt ergattern, natürlich häufig genug mit der Henderson als Motiv.

Dann brach 1914 der Erste Weltkrieg aus, und die Motorradproduzenten mussten sich der Mangelwirtschaft stellen. Die Top-Marken hatten Glück, gehörten sie doch wegen der guten Erfahrungen, die der Polizeiapparat mit den Produkten dieser Hersteller gemacht hatte, zu den bevorzugten Lieferanten von Motorrädern mit und ohne Beiwagen, aber immer für den Kriegseinsatz. Viele der Kleineren blieben aber auf der Strecke. Und fast hätte es sogar Indian erwischt …

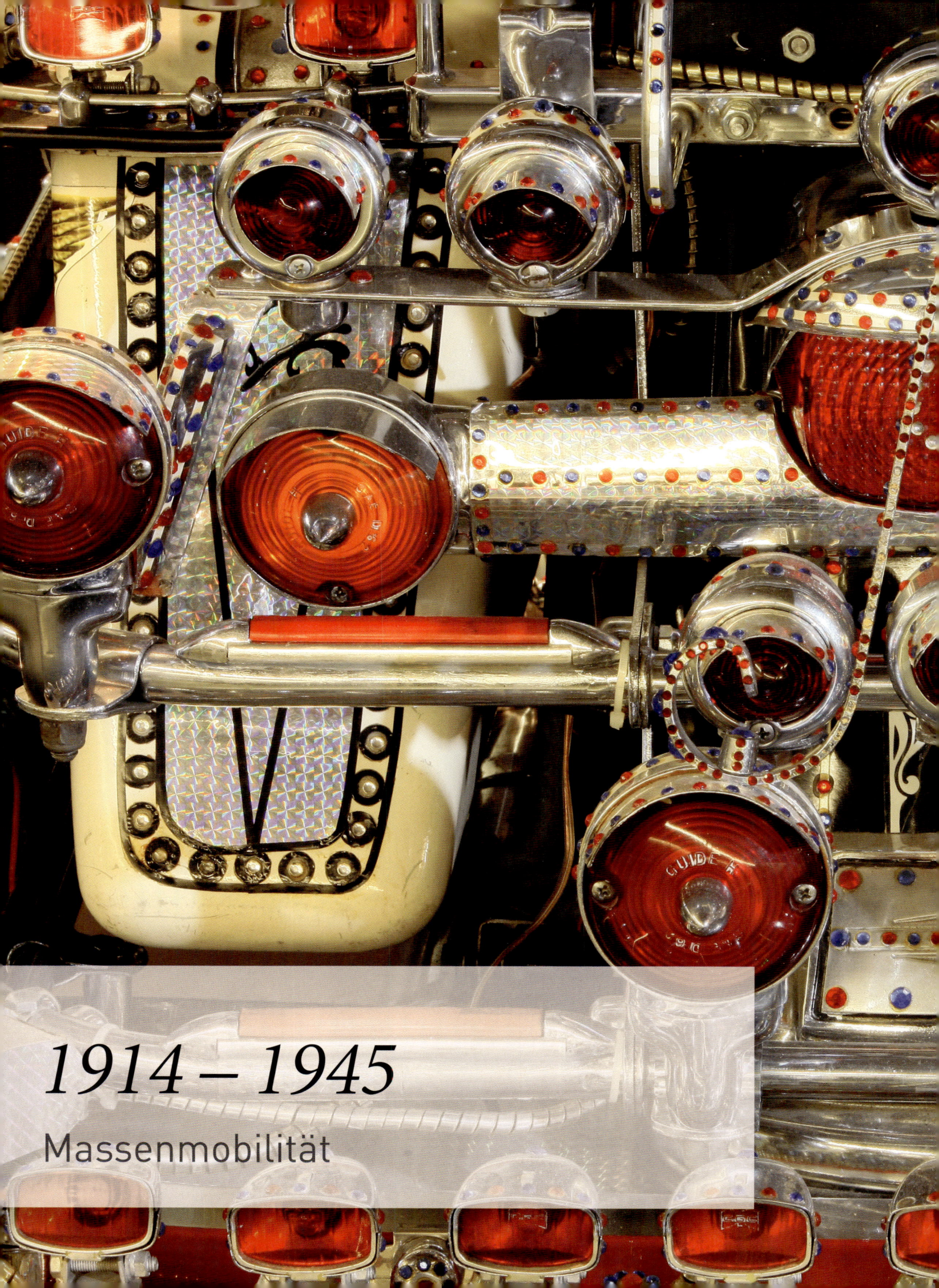

1914 – 1945

Massenmobilität

Amerika entdeckt sich selbst

Europas Wunden waren Amerikas Chance. Zwischen Erstem Weltkrieg und Weltwirtschaftskrise erwiesen sich die USA als Land der unbegrenzten Motorrad-Möglichkeiten. Und mit Harley-Davidson stieg ein Unternehmen zum Marktführer auf, dessen Name noch heute Musik in den Ohren vieler Motorradfreunde ist.

Der Erste Weltkrieg warf die Motorradindustrie, die sich gerade in steilem Aufstieg befand, zumindest in Europa erst einmal weit zurück. Ressourcen, die für den Fahrzeugbau benötigt wurden, waren in Kriegszeiten bald Mangelware: Schließlich lenkten Deutschland und seine europäischen Kriegsgegner ihr ganzes Können und Schaffen auf die Rüstungsindustrie. Und dort wurden auch die Materialien verwendet. Es entstanden Kanonen statt Rahmen, Munition statt Motoren. Nur wenige Hersteller konnten die Beschaffer von Kriegsgerät überzeugen, dass auch motorisierte Zweiräder für den Einsatz an der Front taugten. Private Kunden, die sich gerne weiter mobilisiert hätten, gingen aber für Jahre leer aus – oder sie hatten angesichts der Kriegswirren ganz andere Sorgen, als sich Gedanken um ihre individuelle Fortbewegung zu machen.

Ganz anders war die Lage allerdings in den USA, jedenfalls vorerst. Weil die Vereinigten Staaten in den ersten Jahren nicht am Kriegsgeschehen teilnahmen, blieb die Inlandsnachfrage nach neuen Motorrädern auf hohem Niveau. Man entwickelte und produzierte weiter. Einige Jahre dauerte diese komfortable Position noch an, dann traten auch die USA in den Krieg ein. Am 6. April 1917 erklärten die USA dem Deutschen Reich den Krieg wegen dessen Erklärung des uneingeschränkten U-Boot-Kriegs. Außerdem war bekannt geworden, dass das Deutsche Reich Mexiko aufgefordert hatte, die USA anzugreifen. Im Dezember 1917 folgte schließlich noch die Kriegserklärung der USA gegen Österreich-Ungarn.

In der Folge mussten auch die amerikanischen Motorradhersteller umplanen. Allerdings traf sie auch diese Heraus-

Der **Bahnsport** war in den USA besonders populär. Entsprechend setzten Hersteller wie Harley-Davidson schon in den 1920er-Jahren auf Erfolge als Marketingstrategie.

forderung längst nicht so hart, wie die im Krieg untergegangenen europäischen Mitbewerber. So wurden etwa bei Harley-Davidson 1917 nur rund ein Drittel der Produktion von der Armee geordert. Gut 15 000 Maschinen gingen noch immer an private Käufer.

Mit dem Ende des Krieges fand einige Jahre lang keine wirkliche Beruhigung der Lage in Europa statt. Im Gegenteil: Die eigentlichen Siegermächte wie Frankreich und Großbritannien hatten weltweit ihre führende Stellung als politische Herrscher eingebüßt. Außerdem waren die Länder von den Wiederaufbaukosten überfordert. Auch die Reparationsleistungen der Verlierer konnten die benötigten Mittel bei Weitem nicht decken.

So verlor der europäische Kontinent als Ganzes. 17 Mio. Tote waren zu beklagen, weite Teile der beteiligten Länder, vor allem in den industrialisierten Regionen, waren zerstört. Besonders schwer wog aber der Verlust der europäischen

Auch der Bedarf an **Militärmaschinen** im Zweiten Weltkrieg ließ die amerikanische Motorradindustrie wachsen.

Führungsrolle in Wirtschaft und Politik. Die USA hingegen profitierten von dieser Situation und konnten sich in den frühen 1920er-Jahren als neue Weltmacht etablieren.

Der größte Hersteller der Welt: Harley-Davidson (USA)

So ging es für die USA hinein in die „Roaring Twenties" – das goldene Zeitalter dieses Jahrhunderts. Während sich Europa um Wiederherstellung seiner Ressourcen bemühte, war Amerika in Feierlaune – bis zu jenem denkwürdigen schwarzen Börsentag am 24. Oktober 1929, der eine bis dahin nicht gekannte Weltwirtschaftskrise auslöste.

Bis zum Kriegseintritt der USA 1917 konnte Indian seinen Erzrivalen Harley-Davidson noch auf Distanz halten und blieb der größte Motorradhersteller der Welt. Technische Innovationen wie der elektrische Anlasser oder elektrisches Licht gingen weiter vom Marktführer aus. Noch 1916 wurde mit dem Powerplus-Antrieb die Grundlage für weitere Erfolge geschaffen. Die Nachfrage nach dem soliden, kräftigen und großvolumigen V2 entwickelte sich prächtig, alle Signale für anhaltenden Unternehmenserfolg standen bei Indian auf Grün.

Doch der Firmenleitung unterlief in den Kriegsjahren ein entscheidender Fehler: Während Harley-Davidson neben seinen militärischen Lieferungen immer auch den Heimat-

markt ausreichend mit Motorrädern versorgte, um die Nachfrage bedienen zu können, setzte man in Springfield, Massachusetts, dem Firmensitz von Indian, ganz aufs Militär. Gerade der populäre Powerplus-Antrieb verschwand in den Schützengräben Europas, während die mühsam herangezogene Händlerschaft in den USA ausblutete und sich zu großen Teilen nach anderweitigen Verdienstmöglichkeiten umsehen musste. Diese wurden wiederum nicht selten mit dem Verkauf von Harley-Davidson Modellen gefunden. Indian manövrierte sich selbst ins Abseits.

Davon konnte sich das Unternehmen im Aufschwung der frühen 1920er-Jahre nicht mehr erholen. Zwar ritten auch die „Indianer" auf einer beispiellosen Erfolgswelle, der Abstand, den Harley-Davidson aber zwischen sich und den Rivalen gebracht hatte, war nicht mehr aufzuholen. Von Milwaukee aus gingen Motorräder an über 2000 Händler in mittlerweile 67 Länder dieser Welt. 2000 Mitarbeiter fertigten 1920 sage und schreibe 28 980 Maschinen. Und schon 1916 hatte das Unternehmen mit „The Enthusiast" die erste Motorrad-Werkszeitschrift der Welt aus der Taufe gehoben. Vier Jahre später lag die Auflage bereits bei deutlich über 50 000 Exemplaren.

Bei Harley hatte man verstanden, dass Markenbindung der Schlüssel zum Erfolg sein würde. Was der Kultmarke bis heute ihren legendären Status verleiht, liegt vor allem auch in dieser Erkenntnis begründet. Und so schufen die Verantwortlichen am Michigansee ein positives Umfeld rund um

Ein ganz seltenes Stück Technik stellt dieser berühmt gewordene **Achtventil-Rennmotor** von Harley-Davidson aus dem Jahre 1923 dar. »

ihre Motorräder, dessen Faszination sich Fans und Käufer – was nicht immer identisch sein muss – seither kaum entziehen können.

Was fürs Marketing auszuschlachten war, wurde auch ausgeschlachtet. Nicht zuletzt die frühen Motorsporterfolge sind dafür das beste Beispiel. Oder Rekorde: Ein gewisser Otto Walker fuhr für Harley-Davidson 1921 den ersten Rennsieg auf einem Motorrad mit einer Durchschnittsgeschwindigkeit von über 160 Kilometer pro Stunde (100 Meilen pro Stunde) ein.

Indians schlechtes Management

An der Entwicklung der Motorradindustrie in den USA lässt sich besonders gut festmachen, wie unterschiedlich Unternehmen geführt werden und dennoch erfolgreich sein können. Excelsior und Henderson etwa waren bis zur Biederkeit solide geführt, wirtschaftlich gesund und setzten ihren Schwerpunkt eindeutig auf Qualität. Bei Harley-Davidson war es das perfekte Markenimage, dem schon früh alles

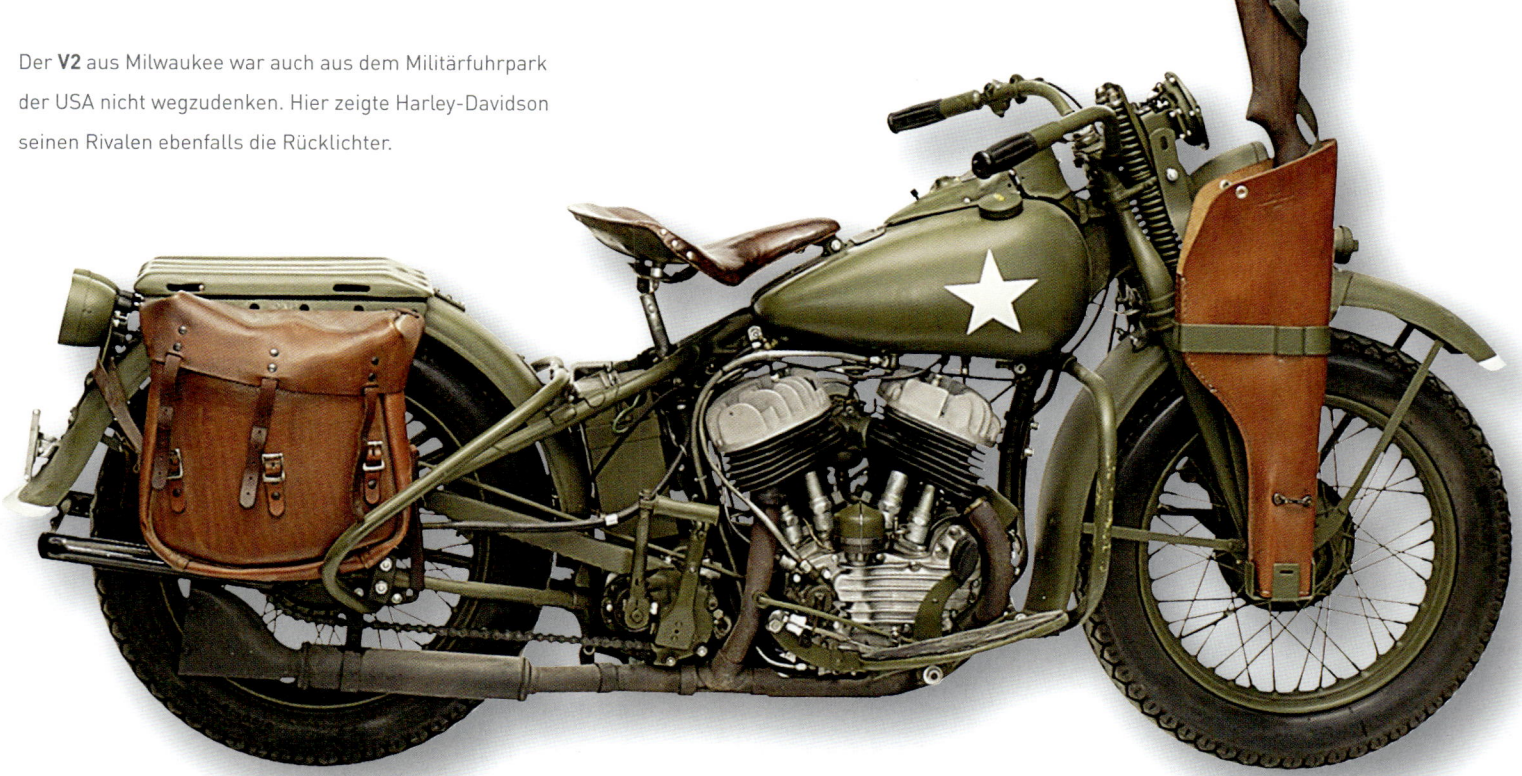

Der **V2** aus Milwaukee war auch aus dem Militärfuhrpark der USA nicht wegzudenken. Hier zeigte Harley-Davidson seinen Rivalen ebenfalls die Rücklichter.

Indian baute, wie etwa mit der **Big Chief**, vielleicht die besseren Motorräder, eine schon korrupt zu nennende Unternehmensführung verhinderte aber den Erfolg. Harley-Davidson wusste sich da deutlich besser zu vermarkten.

zunächst von einem 606 Kubikzentimeter großen V2 angetrieben. 1927 sah sich das Unternehmen gezwungen, auf die Herausforderung durch Excelsiors Super X zu reagieren, die seit 1925 mit einem deutlich stärkeren Antrieb besonders im Rennsport auf sich aufmerksam machte. So wuchs der Hubraum der zweiten Scout-Generation auf 745 Kubikzentimeter an, gut für immerhin 18 PS Leistungsausbeute.

 Wie gut die Motorenbasis der originalen Scout aber war, wurde erst in den 1960er-Jahren deutlich. Der Neuseeländer Burt Munro besaß eine frühe Scout, an der er seit 1926 unverdrossen gebastelt hatte. Dann, nach einem ersten Besuch der Bonneville Speed Week, hatte er sich in den Kopf gesetzt, mit seiner Indian ebenfalls auf Rekordfahrt zu gehen. Neun Mal trat er auf dem Salzsee in Utah an, drei Mal verließ er ihn mit einem neuen Geschwindigkeitsrekord in der Tasche. Den letzten stellte er 1967 auf: mit 295,44 Kilometern pro Stunde – wohlgemerkt auf einem 47 Jahre alten Motorrad! Dieser Rekord für die Klasse bis 1000 Kubik steht bis heute. Für die fliegende Meile hatte er es einmal sogar auf 331 Kilometer pro Stunde gebracht. Leider war dieser Versuch inoffiziell und wurde daher nicht gewertet.

unterworfen wurde. Und Indian ist ein Paradebeispiel dafür, wie selbst eine vergleichsweise schlechte Unternehmensführung lange Zeit dennoch Erfolg haben kann, einfach weil die Produkte technisch so fortgeschritten waren und deshalb über die Kapazitäten hinaus nachgefragt wurden.

Jedenfalls war die gesamte Indian-Führungsetage im Springfielder „Wigwam" nichts als ein korrupter Haufen von Egoisten, die ihren Günstlingen – meistens der eigenen Verwandschaft – Unsummen für Unsinniges zukommen ließen. Mit dem Argument der „Diversifizierung", womit man sich angeblich unabhängiger vom risikobehafteten Motorradmarkt machen wollte, wurden produktfremde Firmen (und Scheinfirmen) akquiriert. In Wirklichkeit ging es nur darum, ein möglichst großes Stück vom immer noch ertragreichen Kuchen der Motorradproduktion abzubekommen. Das gute Geld aus den Gewinnen floss also in schlechte Investments – und sollte ein ums andere Mal bei der Weiterentwicklung der Marke Indian fehlen.

Dabei war die Basis absolut herausragend. Die Nachkriegsmodelle Scout und Chief gelten bis heute als mit das Beste, was über 100 Jahre Motorradgeschichte hervorgebracht haben. Die Scout wurde 1920 eingeführt und war

Bei Geschwindigkeitsrekorden zählt vor allem eine gute **Aerodynamik** – auch auf dem Motorrad. Den gebogenen Lenker hatten sich die Designer bei Ernst Henne abgeschaut, der schon in den 1930er-Jahren damit auf Rekordjagd ging.

In der letzten Ausbaustufe hatte er den Motor auf 950 Kubikzentimeter aufgebohrt, von den originalen 606 Kubik. Das Potenzial dieses Antriebs war also gewaltig. So gut, dass auch mehr als 40 Jahre technische Entwicklung nichts Vergleichbares hervorgebracht hatten. Noch gewichtiger erscheint in diesem Zusammenhang, dass die Modifikationen, die Munro seinem Motorrad angedeihen ließ, allesamt von ihm selbst mit einfachsten Mitteln gefertigt wurden. Von Hitech keine Spur, dafür von jeder Menge Enthusiasmus und Können. 2005 wurde das Leben des Burt Munro verfilmt. In dem Streifen

Mit dieser eigentümlich verkleideten **Harley-Davidson** stellte Joe Petrali 1937 einen neuen Geschwindigkeits-Weltrekord für Motorräder auf.

mit dem Titel „The World's Fastest Indian" spielt Anthony Hopkins die Hauptrolle.

Das ursprüngliche Motorenkonzept „Powerplus" von Indian setzte auf seitengesteuerte Ventile und beeinflusste den Motorenbau aller V2-Hersteller seither. Die Abkehr von den oben angeordneten Ventilen entpuppte sich für diese Motorenart als unschlagbar. Leistungsausbeute und Laufruhe erreichten neue Dimensionen, und es war die Scout, mit der dieses Konzept in ein erfolgreiches Massenprodukt umgesetzt wurde.

Das zweite Standbein von Indian wurde die 1922 vorgestellte Chief. Sie wurde zunächst von einem 1000 Kubikzentimeter großen V2 angetrieben, der nur ein Jahr später sogar auf 1200 Kubikzentimeter anwuchs. Das Top-Modell der Indian-Palette konnte sich schnell einen Ruf als exzellentes, standfestes und äußerst komfortables Tourenmotorrad erarbeiten.

Im Harley-Davidson Museum in Milwaukee steht so ziemlich jedes gebaute Modell der Marke, darunter auch das legendäre **Polizei-Dreirad**. Auf Basis des 1932 entwickelten Servi-Cars (Model G) blieb es bis 1976 in Produktion. Damit ist es die am längsten produzierte Harley-Modellreihe.

Beide Baureihen, Scout und Chief, wurden über die Jahre sorgsam modellgepflegt und erhielten zahllose technische Verbesserungen. Sie waren bereits mit Kupplung und Dreiganggetriebe ausgestattet. Ab 1928 erhielten sie die ersten Vorderradbremsen.

Börsencrash & Weltwirtschaftskrise

Auch wenn die Produkte aus Springfield hochwertig waren, so reichten diese Qualitäten dennoch kaum aus, das Unternehmen durch die sich anbahnende Weltwirtschaftskrise zu steuern. Es muss als Glücksfall der Geschichte angesehen werden, dass ein gewisser E. Paul DuPont zu jener Zeit einer der Investoren bei Indian war, dem angesichts des Draufgängertums im Vorstand Angst und Bange um seine Investitionen wurde. Er konnte seinen Bruder Francis überzeugen, Indian vollständig zu übernehmen.

Die Übernahme erfolgte kurz vor dem Börsencrash. Die DuPonts beendeten alle abenteuerlichen Investments außerhalb des Motorradsegments, ja, sie gaben sogar den eigenen Automobilbau zugunsten von Indian auf. Obwohl die vierrädrige Konkurrenz schon damals dem Motorradmarkt schwer zu schaffen machte, gelang den beiden tatsächlich das Kunststück, Indian durch die Weltwirtschaftskrise zu leiten.

Nicht erst in den 1940er-Jahren wurde der **Beiwagen** als Lastenesel für schnellen Liefer-
service entdeckt.

Auch Harley-Davidson hatte es, aller Marktmacht als
weltgrößter Hersteller zum Trotz, nicht leicht, diese Jahre zu
überstehen. Schon 1926 hatte man in Milwaukee reagiert
und sich an den Einzylinder als erschwingliches Einstiegsmodell erinnert. Gleichzeitig wurde die Weiterentwicklung
der Big Twins, beispielsweise des 1922 eingeführten Modells
74 mit 1200 Kubikzentimetern Hubraum, konsequent fortgeführt.

In der Krise initiierte die Firmenleitung dann eine
Wende in ihrer Strategie. Früher als jeder andere Hersteller
erkannte Harley-Davidson, dass Motorräder in Zukunft
eher als Luxus- und Freizeitgeräte gelten würden und nicht
als alltägliches Mittel der Fortbewegung. Entsprechend
wurde die gesamte Modellpalette inmitten schwierigster
Zeiten umgekrempelt und auf die Neuausrichtung hin
optimiert. Einstiegsmodell wurde die 45 mit ihrem

Die **Scout 101** war Indians Erfolgsmodell – am
Ende aber doch zu wenig, um gegen die Konkurrenz zu bestehen. 1953 musste das Unternehmen aus Springfield, Missouri, Konkurs
anmelden – und wurde damit zu einer Legende.

750 Kubikzentimeter großen V2 – natürlich mit seitengesteuerten Ventilen. Die dadurch bedingte flache Bauweise des Zylinderkopfs brachte diesem Motor den Spitznamen „Flathead" ein und begründete eine bis heute anhaltende Tradition der Namensgebung für Motoren und Baureihen.

Der wahre Retter in der Not war für Harley-Davidson aber kein Zwei-, sondern ein eigentümliches Dreirad. Das Servi-Car hatte ab 1932 schlagartig Erfolg und blieb bis in die frühen 1970er-Jahre im Programm. Generationen von Polizisten verteilten ihre „Knöllchen", angeblich über 400 Millionen, von dem urigen Gefährt aus. Bekannt wurde es auch als Lieferfahrzeug und erhielt unter anderen den Beinamen „Sandwich-Bomber".

Mit dem Servi-Car kam auch der kleine V2 zu langen Ehren, denn der 750er aus dem Einstiegsmodell „45" trieb das für Harley so lukrative Dreirad an.

1934 schien das Schlimmste überstanden. Die Einzylinder verschwanden wieder aus dem Programm und das Unternehmen produzierte nur noch V2-Modelle.

Das Motorrad: Grundstein individueller Mobilität

Obwohl die 1920er-Jahre der Motorradindustrie eine erste schwere Krise bescherten, lohnt sich dennoch ein Blick auf die Bedeutung des motorisierten Zweirads für die Mobilität der Massen zu dieser Zeit. Während sich Europa nur langsam von den Folgen des Ersten Weltkriegs erholte, wandte Amerika seinen nunmehr weltmächtigen Blick für geraume Zeit wieder vom globalen Geschehen ab und sich selbst zu. Zwischen Jahrhundertwende

und Zweitem Weltkrieg war es vor allem das Motorrad, das half, den Kontinent zu erobern – und die USA in die Lage versetzte, sich selbst zu entdecken.

🏍 Man muss sich die Ausgangslage vor Augen halten: Außerhalb der größeren Städte war die Infrastruktur des riesigen Landes weitgehend rudimentär. Nur wenig hatte sich für die Landbewohner seit den Zeiten der Postkutsche verändert. Wer lange Strecken zu überbrücken hatte, nahm zumeist die Eisenbahn – aus Mangel an Alternativen. Denn noch gab es keine Fernstraßen, noch durchzogen die zerfurchten Kutschenpfade der Pioniere das Land.

Was als Notlösung für die Mobilität nach dem Zweiten Weltkrieg gedacht war, entwickelte sich zum nützlichen Einsatzfahrzeug: das Model **G Servi-Car** in Polizeiausführung. »

Bevor das Automobil dem Motorrad den Rang ablief, waren es nicht zuletzt „tollkühne Männer auf ihren zweirädrigen Kisten", die den Kontinent durchstreiften. Amerikaner begeistern sich schnell für ihre „heroes", die Helden, deren Geschichten von den ebenfalls noch jungen Medien gerne aufgegriffen und aufgeblasen wurden. „Endurance" –

Neben dem typischen V2-Motor zählt auch die markante **Springer-Gabel** zu den hervorstechenden Merkmalen zahlreicher, vor allem früher Harley-Baureihen. «

Zeitgeschehen

Der Erste Weltkrieg brachte nicht nur schier unfassbaren Tod und Zerstörung nach Europa und in den Nahen Osten, sein Ausgang änderte auch das politische Gefüge der Welt. Das Leid der Menschen und die Arroganz der Herrschenden setzten Europa weiter zu. Sie führten zu revolutionären Bewegungen in vielen Ländern. Der beschwingte Nationalismus, mit dem nicht wenige in den Krieg gezogen waren, wich einer dauerhaften Desillusionierung.
Neben der Auflösung von Monarchien und Bündnissen, neben Zerstörung und Tod, Revolutionen und Reaktionismus konnte mit den USA eine neue Weltmacht entstehen. Sie waren spät in den Krieg eingestiegen, und so blieb mehr Zeit, sich ums eigene Fortkommen zu kümmern. Am Ende hatten die USA die geringsten Verluste in diesem Weltkrieg, verfügten nun aber über den größten Einfluss und die größte Macht. Und als Europa und Vorderasien noch dabei waren, die Scherben zusammenzukehren, feierte Amerika bereits die „Roaring Twenties", das goldene Zeitalter.
Das brach jäh zusammen, als am 24. Oktober 1929, dem „Schwarzen Donnerstag", die Börse in der New Yorker Wall Street kollabierte. Dadurch, und durch die nachfolgende Panik an den Börsen weltweit, entstand eine globale Wirtschaftskrise von ungeahntem Ausmaß, die erst 1932 ihren Höhepunkt fand und auch nur langsam wieder abebbte.
Zwischen diesen beiden Fixpunkten liegt ein Zeitalter von anderthalb Jahrzehnten, in dem Amerika auch im Motorradbau zeigte, was es konnte. Mit Indian und anschließend Harley-Davidson präsentierten sich die stärksten Marken mit den technisch besten Modellen einem an individueller Mobilität zunehmend interessierten Publikum.

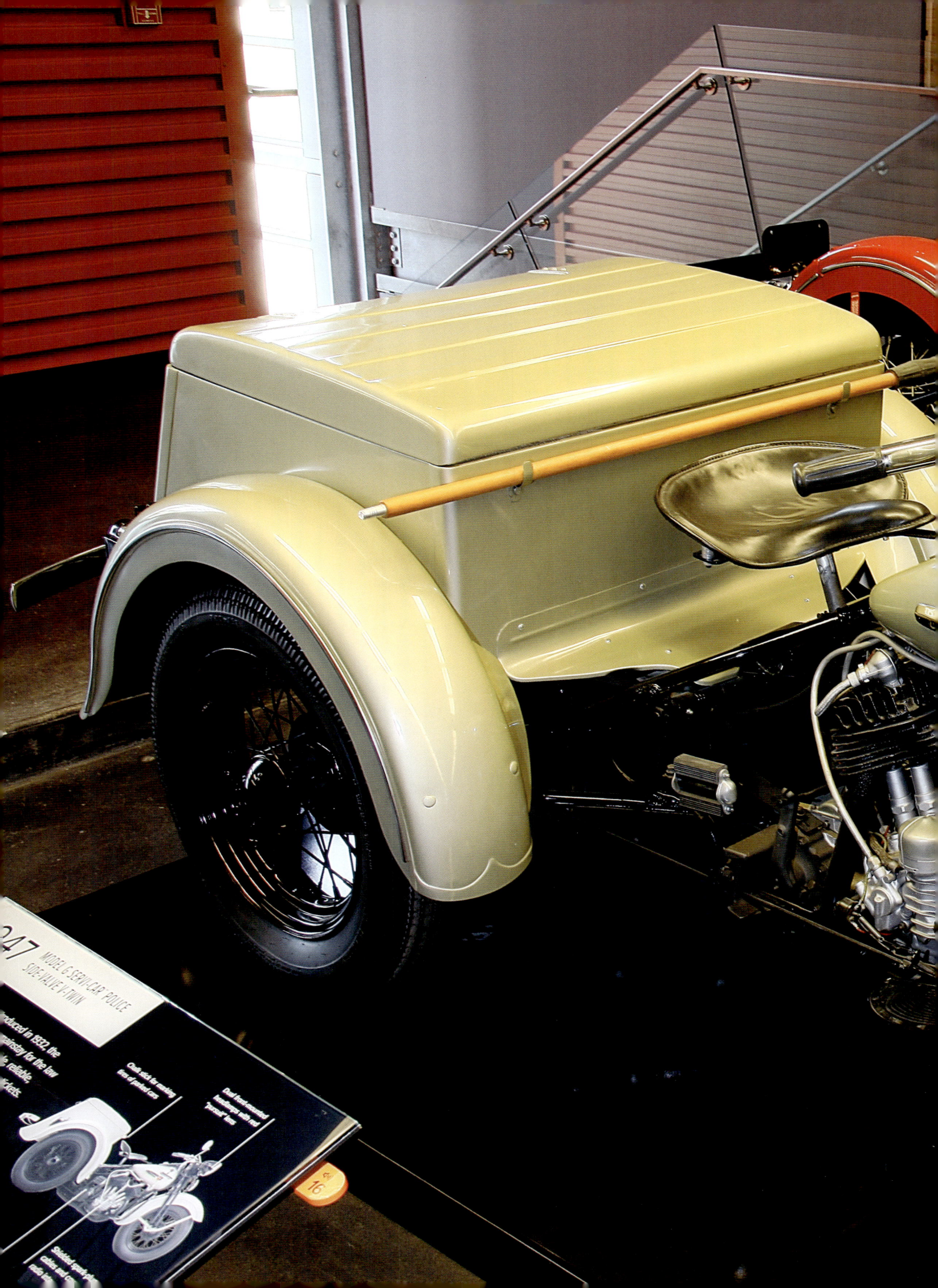

947

MODEL G SERVI-CAR POLICE
SIDE-VALVE V-TWIN

16

Auch Frauen waren schon frühzeitig begeisterte Fans von Harley-Davidson – **Clara Wagner** bereits 1910.

Ausdauer – hieß das Zauberwort, an dem sich ein ganzes Volk ergötzen und mit dem es sich gerne identifizieren konnte.

Es waren aber nicht nur Privatiers, die das Land auf den Maschinen durchkämmten. Polizisten ritten tagaus, tagein auf Motorrädern Streife über die holprigen Feldwege ihrer ausgedehnten Hoheitsgebiete. Postboten waren in den ländlichen Gebieten froh, wenn sie auf motorisierten Zweirädern die entlegenen Farmen ansteuern konnten, denen sie eine Sendung zuzustellen hatten. Ärzte setzten sich mit Vorliebe aufs Motorrad, um schneller zu ihren auswärtigen Patienten zu kommen. Kurz gesagt: Das öffentliche, praktische Leben der ländlichen USA erfuhr durch das Motorrad einen enormen Schub.

Dank treuer Fans gibt es noch etliche originalgetreue Indians wie dieses **1947er Modell** zu bestaunen.

Die Kombination aus allen diesen Faktoren in Verbindung mit der Möglichkeit, für ein paar Tage dem städtischen Alltag in einen kurzen Urlaub entfliehen zu können, eröffnete Amerika und seinen Bewohnern die Chance, erst einmal ihr eigenes, weites Land kennenzulernen. Und es führte nicht zuletzt zu dem bis heute anhaltenden Selbstbewusstsein wie auch Selbstverständnis der Amerikaner, mit dem sich viele Europäer so schwer tun. In den ersten zwei bis drei Jahrzehnten des 20. Jahrhunderts erarbeiteten sich die USA und ihre Bewohner die breite Brust, die sie fortan gerne in der Welt vor sich her trugen.

Erschließung des Kontinents

Einer der Pioniere, die dieser Entwicklung Vortrieb verschafften, war Erwin Baker. Schon 1912 hatte er sich von Indianapolis aus auf einer nur mit Zweigang-Getriebe ausgestatteten Indian aufgemacht, um kreuz und quer durch den nordamerikanischen Kontinent und einen Teil der Karibik zu fahren. Über 22 000 Kilometer legte er dabei in gerade mal drei Monaten zurück – eine Tour, die ihn sowieso schon unsterblich machen sollte.

Zu echter Berühmtheit – und zu seinem Spitznamen „Cannonball" – verhalfen ihm aber seine mehr als 140 Rekordfahrten, viele davon zwischen New York und Los Angeles oder umgekehrt. Dabei war er zuerst auf Motorrädern, später aber auch mit Autos unterwegs. 1914 durchquerte er die USA, wieder auf einer Indian, in elf Tagen.

Im Engine Room des Harley-Davidson-Museums lassen sich Geschichte und Funktion der Harley-Twins bestens erkunden – hier anhand eines Explosionsmodells eines **Knucklehead**-Motors, der von 1936 bis 1947 verbaut wurde.

Der **Highway 50** ist eine der ersten transkontinentalen Straßen der USA. Schon frühzeitig meisterten auch Motorradfahrer „The Loneliest Road in America".

HWY 50

The Loneliest Road in America

Der **Highway 50** gilt laut Time Magazine als einsamste Straße in Amerika.

Baker zählte zu den größten Befürwortern eines transkontinentalen Straßennetzes. Seine heftig publizierten Rekorde taten ein übriges, um dieser Forderung in der öffentlichen Meinung Nachdruck zu verleihen. Zusätzlichen Schub hatte diese Bewegung durch die Eröffnung des Lincoln Highway erhalten: Diese erste Trasse zwischen den beiden amerikanischen Küsten verband vom 31. Oktober 1913 an den Times Square in New York mit dem Lincoln Park in San Francisco.

Die Originallänge dieser Strecke verdeutlicht auch die gewaltige Aufgabe, der sich die öffentliche Hand bei der Verwirklichung eines solchen Projekts gegenüber sah. 5454 Kilometer lang war die erste Version des Highways. Bis 1924 hatte sich die Strecke durch Begradigungen und Verlaufsänderungen auf immer noch 5057 Kilometer abgekürzt. Um es in europäischen Dimensionen zu sagen: Dies entspricht in etwa der kürzesten Straßenverbindung zwischen dem Nordkap in Norwegen und Sizilien.

Und tatsächlich sollte es nicht bei dieser einen Transversale bleiben. Mitte der 1920er-Jahre folgten gleich mehrere Großprojekte dieser Art, die den Kontinent zunehmend erschlossen. 1926 gingen zwei bis heute legendäre Strecken in Betrieb: der Highway 50 und die Route 66.

Der Highway 50 verbindet auf 4800 Kilometern noch heute Ocean City im Bundesstaat Maryland mit Sacra-

mento, der Verwaltungshauptstadt Kaliforniens. Dem Time Magazine verdankt der Abschnitt durch Nord-Nevada den wenig hoffnungsvollen, aber seit 1986 durchaus für touristische Zwecke genutzten Beinamen „The Loneliest Road in America".

Die berühmtesten 2448 Meilen (oder 3939,67 Kilometer) Asphalt aber bedecken die Landschaft zwischen Chicago in Illinois, und Los Angeles in Kalifornien. Die Straße wurde ab 1926 Stück für Stück zum US Highway 66 ausgebaut. Obwohl sie damals noch gar nicht durchgehend asphaltiert

Eine der letzten erhaltenen historischen Tankstellen an der ehemaligen **Route 66** steht in
Mt. Olive, Illinois.

war, fuhr „Cannonball Baker" 1933 mit 53 Stunden einen legendären Rekord auf dieser Strecke – dieses Mal allerdings mit einem Automobil. Das Asphaltband, das heute noch zu begeistern weiß, war dann erst 1938 durchgehend fertiggestellt.

Anhand der Route 66 lässt sich auch am deutlichsten dar-stellen, was diese neuen Transversalen für die USA bedeute-ten. Zum einen wurden die landwirtschaftlich geprägten Regionen an die großen Ballungszentren angebunden. Der Transport frischer Waren wurde dadurch erheblich verkürzt. Zum anderen entstanden entlang solcher Strecken boo-mende Wirtschaftszweige. Es brauchte ein dichteres Tank-stellennetz, Hotels, Restaurants und Geschäfte. Letztendlich verdanken wir diesen Straßen sogar die Entstehung der

Nachdem die **Route 66** schon fast völlig von den Straßenkar-ten verschwunden war, machen sich heute wieder Scha-ren von Bikern auf die Suche nach den letzten Überbleib-seln des legendären Highways.

In **Arizona** sind noch weite Teile der originalen Route 66 erhalten. Der Verkehr aber fließt heute über die Interstates.

Heute sind Teile des Highways als **Historische Route** ausgewiesen – und damit ähnlich geschützt wie Naturmonumente.

Bei **Excelsior**, der Marke des deutschen Auswanderers Ignaz Schwinn,
schlug ein großvolumiger V2 im Viertakt. So sahen die meisten amerikanischen
Motorräder aus.

Motels (Motor Hotels): rein, schlafen, raus, weiterfahren.
Einfacher lässt sich die nächtliche Unterbringung zum
Energietanken nicht gestalten.

Das Beispiel Route 66 zeigt aber auch, wie verwundbar
die Regionen blieben, durch die solche Highways verliefen.
Als die kleinen, oft kurvigen und vor allem engen Straßen
dem Verkehr der Moderne nicht mehr gerecht wurden, entstanden mit den Interstates Autobahnen nach deutschem
Vorbild. Von heute auf morgen waren etliche der Ortschaf-
ten entlang der alten US Highways plötzlich vom Verkehrs-
fluss abgeschnitten. Nicht wenige von ihnen endeten – ganz
oder zumindest fast – als Geisterstädte.

Genau das macht aber heute wieder den Reiz der Origi-
nale aus. Auch wenn die Route 66 oder der Highway 50 vor
allem im Osten der USA oft unter den modernen Interstates
verschwanden, so ist doch ihr historischer Streckenverlauf

mehr denn je reizvoll für Menschen, die wieder auf Entde-
ckungsreise gehen möchten. Und zumindest im Fall der
Route 66 sind es vor allem Motorradfahrer, die ihren ganz
persönlichen Traum von Freiheit und Abenteuer auf dieser
Straße suchen.

Markenvielfalt in den USA: ACE, Excelsior, Henderson

Mit Indian und Harley-Davidson prägten zwei große Marken die Zeit zwischen 1914 und 1929. Das Duell zwischen
den beiden renommierten Namen war ein fortwährender
Konkurrenzkampf, bei dem mal der eine, mal der andere die
Nase vorn hatte. Dahinter konnte sich ein Marken-Triumvi-
rat etablieren, bestehend aus Excelsior, Henderson und später noch ACE.

Die Brüder Henderson setzten bei ihren Motorrädern auf einen Reihen-Vierer als Antrieb – noch dazu längs eingebaut. Das Konzept machte die **Henderson DeLuxe** einzigartig im von V-Motoren dominierten US-Markt.

Nur zwei große Männer, Visionäre ihrer Zeit, standen hinter den drei letztgenannten Marken. Ignaz Schwinn hatte Ende 1911 Excelsior übernommen und binnen kurzer Zeit zu einer starken Marke gemacht. Und William Henderson gründete die gleichnamige Marke zusammen mit seinem Bruder, nachdem die beiden binnen Wochen einen spektakulären Prototypen auf die Räder gestellt hatten.

Die Wege der Firmengründer sollten sich noch ein ums andere Mal kreuzen. Doch zuvor brachten die Hendersons ihren gegen alle Zeittrends antretenden Vierzylinder auf den Markt. Die Henderson wurde von einem längs eingebauten Vierzylinder angetrieben, der seine Kraft aus zunächst 965 Kubikzentimetern schöpfte. Jeder der vier

Nach der Übernahme von Henderson verschmolz **Excelsior** sein Markensymbol, das überdimensionale X, mit dem Henderson-Logo. »

Zylinder saß separat auf dem Kurbelgehäuse, also kein Vergleich zu den Blöcken, die später eine solche Zylinderzahl am Stück aufnehmen sollten. Ein weiteres Vorserienmodell wies 935 Kubikzentimeter Hubraum auf, als Leistung wurden sieben PS angegeben, die über eine Kette das Hinterrad antrieben. Der Prototyp wies noch den zu jener Zeit üblichen Riemenantrieb auf.

Ungewöhnlich an der Henderson war vor allem der extrem lange Rahmen, der vor dem Motor noch ein großes Loch ließ. Dadurch musste der Lenker außergewöhnlich weit nach hinten gebogen werden. Kurven waren sicher

Zwei Einzelsättel und ein enorm langer Radstand waren typische Merkmale der Henderson-Bikes.

Neue Technik

Zu Beginn rollten die Motorräder noch ohne Getriebe über die wenigen Straßen. Die Kraftübertragung erfolgte direkt aus dem Kurbelgehäuse, meistens über einen Riemenantrieb. Eine wesentliche Neuerung war also die Einführung des Kettenantriebs.
Die ersten Motorradgetriebe hatten nur zwei Gänge. Das in den 1920er-Jahren eingeführte Dreiganggetriebe blieb dann lange Usus im Motorradbau. Fahrzeuggetriebe sind Wechselgetriebe, die das sinnvoll nutzbare Drehzahlband eines Motors in allen Geschwindigkeitsbereichen zur Verfügung stellen. Durch den Einsatz verschieden großer Zahnräder ändert sich die Übersetzung der Motorkraft zum Antrieb. Um diese Übersetzung – die Gänge – zu wechseln, braucht man die Kupplung, die nun auch im Motorradbau zum Einsatz kam.
Da sich der Markt in Amerika positiv entwickelte, war angesichts der Entfernungen auf diesem Kontinent plötzlich auch Komfort ein Faktor bei der Kaufentscheidung. Also wurden die Federungen verbessert. Besonders die Vorderradgabel wurde in verschiedenen Varianten entwickelt. Das Heck war zunächst starr, diesen Teil der Dämpfung übernahm, wenn überhaupt, ein federnder Sattel.
Ein Sicherheitselement, das in Europa deutlich früher als in Amerika Einzug hielt, ist die Vorderradbremse. Der Grund für den Vorsprung an Technik ist aber schlicht dem Umstand geschuldet, dass Amerikas Straßen in einem ungenügenden Zustand waren und eine Vorderradbremse auf Schotter gefährlicher war, als gar keine Bremse montiert zu haben. Das änderte sich angesichts der Leistungsexplosion der Motoren aber schnell, denn die erreichbaren Geschwindigkeiten, die schnell bei gut 160 Kilometern pro Stunde lagen, erforderten auch entsprechende Verzögerungsmöglichkeiten.

Hier ist der Ventiltrieb des Vierzylinder-Reihenmotors zu erkennen. »

nicht die Domäne dieses Luxus-Krads, dafür aber lange Strecken. 1913 gelang die erste Weltreise rund um den Globus auf einer Henderson von 1912, was für enormes Aufsehen sorgte.

Die Brüder Henderson ließen ihrem Motorrad stetig Verbesserungen angedeihen. Kontinuierliche Leistungssteigerung ging einher mit viel Liebe zum Detail – und schneller Reaktion auf das Feedback der Kunden. So wurde beispielsweise die Sitzhöhe reduziert, die Wirkung der Hinterradbremse verbessert, der Komfort durch die Verwendung einer geänderten Gabel gesteigert. 1914 erhielt der Vierzylinder erstmals ein Getriebe – mit zwei Gängen.

1915 kam mit dem D-Modell die vierte Version auf den Markt, die markante Designänderungen zeigte. Der enorme Radstand von 1,65 Metern wurde um

fast 20 Zentimeter verringert. Das „Loch" vor dem Motor verschwand fast völlig. Das Handling der schweren Maschine verbesserte sich damit aber enorm.

Noch 1917 konnten die Hendersons große Erfolge verbuchen. Erstmal schnappten sie Indian den Transkontinental-Rekord von „Cannonball" Baker aus dem Jahr 1914 weg. Werksfahrer Alan Bedell pulverisierte die bisherige Bestmarke von elfeinhalb Tagen mit seinem Ritt in sieben Tagen und 16 Stunden. Doch der Erste Weltkrieg forderte seinen Tribut, die finanziellen Ressourcen von Henderson waren arg strapaziert. Das veranlasste die Brüder, ihre Patente und das Unternehmen an eben jenen Ignaz Schwinn zu verkaufen, der aus Excelsior in der Zwischenzeit einen formidablen – und vor allem profitablen – Motorradhersteller gemacht hatte.

Schwinn holte als erstes die Produktion der Maschinen aus Detroit, Michigan, an den Excelsior-Firmensitz nach Chicago. William und Tom Henderson stiegen ins Management der Excelsior Motor Manufacturing & Supply Company ein. William kümmerte sich um die technische Entwicklung, Tom ging in den Verkauf – für das doppelte Gehalt seines Bruders.

Schwinn setzte beim Verkauf nicht nur auf den Heimatmarkt, sondern hatte sich ein großes Netz an Importeuren weltweit zugelegt. Deswegen findet man viele gut erhaltene Hendersons auch heute noch in ganze Europa sowie in Australien und Neuseeland. Und während Hendersons in Europa auch unter ihrem originären Namen zu legendärer Bekanntheit kamen,

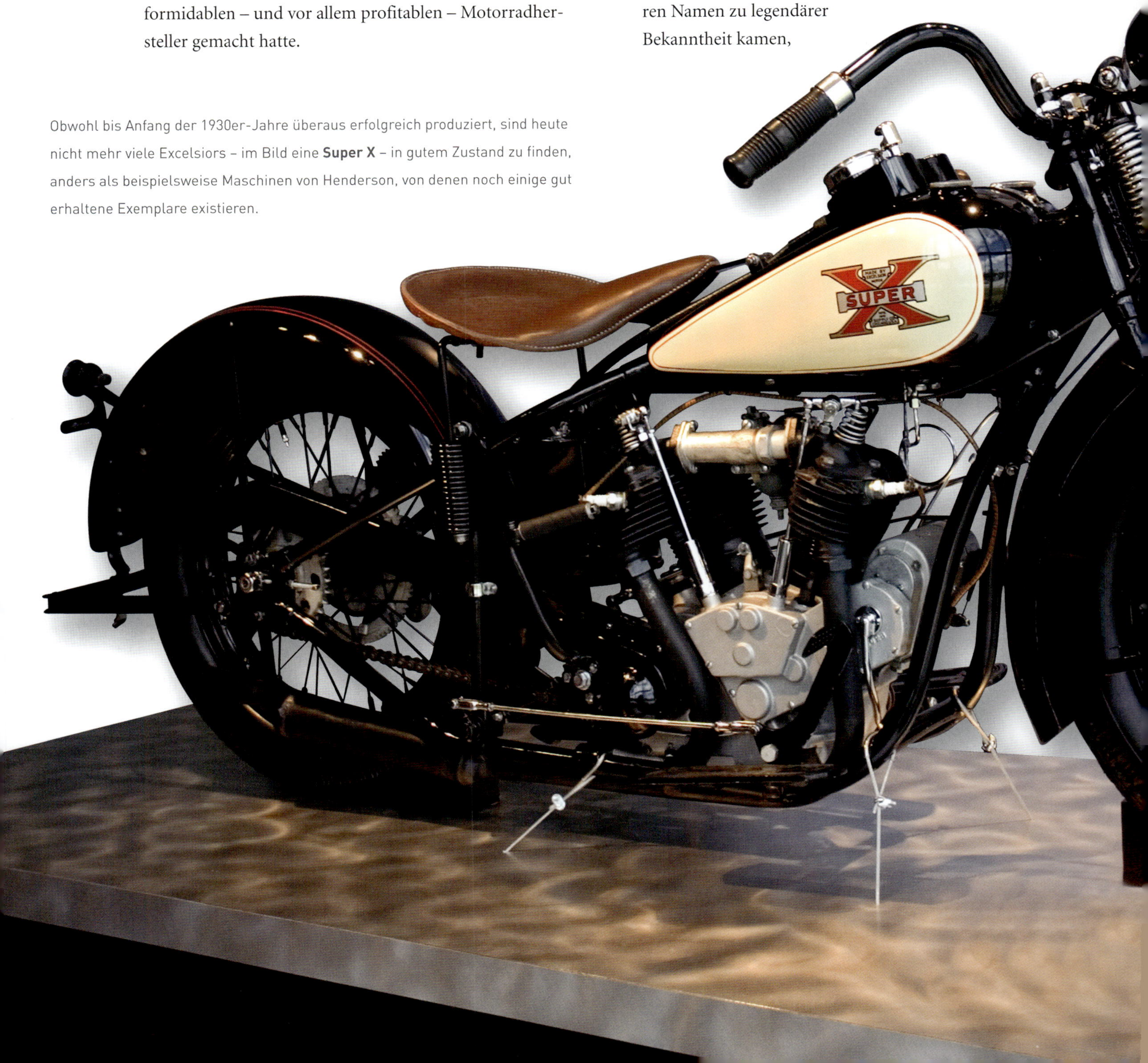

Obwohl bis Anfang der 1930er-Jahre überaus erfolgreich produziert, sind heute nicht mehr viele Excelsiors – im Bild eine **Super X** – in gutem Zustand zu finden, anders als beispielsweise Maschinen von Henderson, von denen noch einige gut erhaltene Exemplare existieren.

Nachdem William Henderson seine erste Marke verkauft hatte, wollte er mit **ACE** noch sportlichere Motorräder bauen.

gelangten die Excelsior-Modelle unter dem Namen American-X – angelehnt an das Unternehmenslogo – nach Großbritannien und Deutschland. Dort gab es nämlich jeweils schon Firmen mit dem Namen Excelsior, die ebenfalls Motorräder bauten.

1918 wuchsen Hubraum und Leistung der Henderson erneut. 1100 Kubikzentimeter Hubraum setzten genügend Leistung frei, um die Henderson erneut an der Spitze der Leistungsentwicklung zu platzieren. Außerdem wurde dem Modell **H** ein Dreiganggetriebe spendiert.

In den beiden nächsten Jahren überschlugen sich die Ereignisse bei Excelsior. Zunächst verließ Tom Henderson das Unternehmen, um zusammen mit anderen Partnern Henderson-Modelle nach Europa zu exportieren. Mittlerweile arbeitete William bereits zusammen mit Arthur O. Lemon an dem für 1920 vorgesehenen K-Modell. Lemon war die treibende Kraft hinter diversen Änderungen, die das Motorrad einerseits stärker und gleichzeitig standfester, dabei aber auch deutlich schwerer machten. William Henderson wollte eigentlich in die andere Richtung entwickeln. Er hätte ein sportlicheres, leichteres Modell favorisiert. Kurzum kündigte er bei Excelsior und machte sich umgehend an die Entwicklung der ACE Four, die noch im gleichen Jahr erstmals dem Publikum präsentiert wurde.

Es sollte aber noch fast zwei Jahre dauern, bis aus dem großen Wurf des William Henderson auch wirklich ein serienreifes Motorrad wurde. In der Zwischenzeit hatte Lemon mit dem K-Modell eine beeindruckende Demonstration des in dem Reihen-Vierer steckenden Potenzials abgeliefert.

Eine **ACE Four** im unrestaurierten Original-
zustand. Bereits 1924 kam das Aus für die
Marke. Das überzeugende Antriebskonzept
lebte aber noch bis ins Jahr 1942 in der
Indian Four weiter.

Zunächst erreicht eine Henderson bei einer Vorführung
der 1922er DeLuxe für die Polizei von Chicago 98 Meilen
pro Stunde. Kurze Zeit darauf wurde bei einer ähnlichen
Veranstaltung in San Diego die magische 100-Meilen-Marke
geknackt. Damit war die Henderson mit ihren 28 PS das
schnellste Serienmotorrad seiner Zeit. Bei Harley-Davidson
wollte man das allerdings nicht wahrhaben und forderte den
Widersacher aus Chicago zu einem Wettstreit heraus. Im
April 1922 sollten zwölf Läufe einer Harley gegen eine Henderson durchgeführt werden. Der V2 aus Milwaukee lag auf
dem ersten Abschnitt vorn. Die übrigen elf jedoch holte sich
Henderson – und damit auf lange Zeit lukrative Großauf-
träge der Gesetzeshüter. Die Herausforderung durch Harley-
Davidson war bravourös abgewehrt worden.

Dann passierte etwas Schockierendes: Im Dezember des
gleichen Jahres starb William Henderson bei einem Unfall
während einer Testfahrt mit einer Entwicklungsstufe der
ACE Four. Das Unternehmen existierte danach zwar weiter,
benötigte aber dringend einen neuen Entwickler. Und so
verließ Arthur O. Lemon 1923 Excelsior, um diesen vakan-
ten Posten bei ACE einzunehmen.

Die nächste Entwicklungsstufe der Henderson bestand aus
neuen Zylinderköpfen und brachte eine Leistungssteigerung
auf 35 PS. Zudem wurden etliche Features am Motorrad
verbaut, darunter ein in den Tank eingelassenes Cockpit, das
neben der Geschwindigkeit auch Öldruck und Spannung
anzeigte. 1928 wurde dem stärksten Motorrad seiner Zeit
auch endlich eine Vorderbremse verpasst.

Gleichzeitig machte Ignaz Schwinn der Konkurrenz aus
Milwaukee einen der besten Ingenieure abspenstig. Arthur
Constantine wechselte von Harley-Davidson zu Excelsior
und war umgehend mit der Neuentwicklung einer Hender-
son befasst. Die „KJ" verfügte über ein frisches, geglättetes
Design, aber auch – so versprach es die Werbung jener

Diese **ACE Four** von 1922 hingegen präsentiert sich als perfekt restauriertes Schmuckstück.
Der ruhig laufende Reihenvierer mit 1220 Kubikzentimetern Hubraum war bereits 1923 für
eine Höaachstgeschwindigkeit von über
200 Kilometer pro Stunde gut.

Zeit – „57 Neuentwicklungen". Und sie war gut für eine Leistungsausbeute von 40 PS.

Dann brach die Börse zusammen und der Crash löste eine weltweite Wirtschaftskrise aus. Dennoch blieben die Verkäufe gerade der Henderson-Modelle davon weitgehend unberührt. Auch die Excelsior-Motorräder mussten keine nennenswerten Rückschläge hinnehmen. Die technische Entwicklung sämtlicher Baureihen wurde unverdrossen fortgeführt. Umso überraschender kam das Aus für die zu jener Zeit unangefochtene Nummer Drei am Markt.

Das wohl ungewöhnlichste Ende einer Motorradmarke kam im Falle von Excelsior und Henderson nicht durch finanzielle oder andere Schwierigkeiten zustande. Im Sommer 1931 versammelte Ignaz Schwinn das Management zu einer Sitzung, auf der er nur profan mitteilte: „Gentlemen,

today we stop." Er hatte schlicht den Glauben an die Zukunft großer Motorräder verloren und wollte sich fortan lieber wieder auf das ursprüngliche Fahrradgeschäft konzentrieren. Im September 1931 wurde die Motorrad-Abteilung endgültig geschlossen.

Ob seine beiden beliebten und fortschrittlichen Marken wirklich über kurz oder lang untergegangen wären, ist reine Spekulation. Fest steht, dass die Entscheidung, so überraschend sie kam, jedenfalls nicht falsch war. Schwinn-Fahrräder werden auch heute noch hergestellt und besetzen ein oberes Preissegment.

Nächste Runde: Indian gegen Harley-Davidson

Bei ACE sah die Situation nach dem Tod des Gründers und „Masterminds" William Henderson ganz anders aus. Ausgerechnet Arthur O. Lemon, dessen Entwürfe für das 1920er-Modell William Henderson zur Kündigung bei Excelsior trieben, sollte die Entwicklung der filigran gestalteten ACE Four weiter vorantreiben.

Dazu hatte er eine wirklich großartige Basis an der Hand. Henderson hatte sein Meisterstück mit einem 1220 Kubikzentimeter großen Reihen-Vierer ausgestattet, der vor allem mit einem bis dato unbekannt kultivierten Motorlauf bei gleichzeitig hoher Leistungsausbeute brillieren konnte. Das bewies auch „Cannonball" Baker, der 1922 – nun auf einer ACE – den Transkontinental-Rekord auf der Strecke von New York nach Los Angeles zurückerobern konnte. Die überzeugenden Fahreigenschaften katapultierten das Motorrad ins Scheinwerferlicht und verschafften dem Unternehmen ersten wirtschaftlichen Erfolg.

Im Jahr darauf folgte gleich ein weiterer Rekord, wenn auch inoffiziell. Eine besonders präparierte Four beschleunigte auf 208 Kilometer pro Stunde! Damit war der Ruf der ACE als schneller und noch dazu exklusiver Vertreter seiner Art gefestigt.

Doch all diesen Erfolgen zum Trotz genügte die Finanzdecke des jungen Unternehmens nicht den Herausforderungen jener Zeit. Bereits 1924 musste die Produktion weitgehend eingestellt werden, die Entwicklung ging auf Sparflamme weiter. Zwei Jahre lang wechselten die Besitz-

In den Rahmen einer **ACE Four** hätten durchaus noch zwei Zylinder mehr gepasst. Entsprechend weit nach hinten musste der Lenker gekröpft sein.

verhältnisse in immer unübersichtlicherer Weise, bis sich auch hier der Kreis schloss und ACE unter das rettende Dach von Indian schlüpfen konnte.

Der frühere Marktführer versprach sich von dieser Akquisition wieder einen deutlichen Vorsprung gegenüber Harley-Davidson, nachdem man in Springfield aufmerksam beobachtet hatte, wie die Henderson-Maschinen dem Konkurrenten zusetzten – aber ohne ihn wirklich ernsthaft vom Thron zu stoßen. Mit der eingekauften Vierzylinder-Technologie wollte Indian wieder aufschließen, wenn nicht gar an Harley-Davidson vorbeiziehen. Der Zweikampf von früher war also wieder eröffnet.

Für eine kurze Übergangsphase wurde die Four als Indian ACE vermarktet. Nach dem Austausch wesentlicher Bauteile durch Bestandteile aus der Scout-Produktion lief das Modell ab 1928 als Indian Four vom Band. Die intern als 401 bezeichnete Maschine wie auch der im Jahr darauf vorgestellte Nachfolger 402 entstand unter der technischen Führung von Arthur O. Lemon, der gleich mit in das „Wigwam" gezogen war, als die Marke ACE nach Springfield wechselte. Nach Excelsior und ACE selbst war dies die dritte und letzte Station für den Ingenieur.

Durch die schwierigen Zeiten der Depression ließ Indian die Four immer weiterentwickeln und produzierte das

Modell erfolgreich bis in die ersten Kriegsjahre des Zweiten
Weltkriegs hinein. Erst 1942 kam das Aus, nicht zuletzt, weil
der Vierzylinder die vielleicht zu hohen Hoffnungen des
Unternehmens nicht erfüllen konnte.

Indian räumt das Feld

Schlimmer noch setzte aber erneut ein Krieg, der Zweite
Weltkrieg, den „Indianern" zu. Auch auf diesem Gebiet
musste man, allen Anstrengungen, Prototypen und Präsen-
tationen zum Trotz, dem Konkurrenten Harley-Davidson
den Erfolg überlassen. Die Modelle aus Milwaukee kamen

Born in the USA:
Harley-Davidson setzt
seit Langem schon auf
den Mythos USA.

bei den Militärs einfach besser an. Und wer in Kriegszeiten
ans Militär lieferte, hatte immer viel zu tun, während der
restliche Markt brach lag.

Und dann kam mit Kriegsende auch noch die Übernahme des Unternehmens durch neue Besitzer hinzu.
DuPont und seine Familie zogen sich aus der Firma zurück.
Die neuen Eigentümer um den Großinvestor Ralph B.
Rogers beendeten die Produktion des Erfolgsmodells Scout
und setzten stattdessen auf kleinvolumige Maschinen, die sie
im Nachkriegsmarkt für besser geeignet hielten. Leider litten
die Neuheiten unter jeder Menge Kinderkrankheiten und
noch dazu schlechter Qualität. Die Indian-Chief-Baureihe
hingegen entsprach nicht mehr dem Stand der Technik und
musste 1949 eingestellt werden. Das Ende von Indian war
spätestens damit absehbar. 1953 wurde die Produktion dann
eingestellt, die Firma abgewickelt.

Damit verschwand der letzte große Mitstreiter von Harley-Davidson vom Markt. Letztlich blieb die Kultmarke
über die nächsten Jahrzehnte der einzig überlebende amerikanische Hersteller. Es gab zwar immer wieder Versuche,
die legendären Marken wie Excelsior-Henderson oder auch
Indian wieder aufleben zu lassen. Doch auch diese Ansätze
scheiterten – zumeist. Auf nennenswerte Stückzahlen aus
amerikanischer Produktion kommt erst in jüngerer Zeit
ein Hersteller, der neben Know-how auch über den not-
wendigen finanziellen Hintergrund verfügt. Die Marke
heißt Victory, der Konzern dahinter Polaris. Und der ist
immerhin Weltmarktführer bei Freizeitvehikeln wie ATVs
und Quads.

Ausblick: Das Harley-Konzept

Von einer kurzen Zeit nach Gründung des Unternehmens
sowie während der Weltwirtschaftskrise abgesehen, produ-

Von einer kurzen
Periode nach
Gründung des
Unternehmens und
während der Welt-
wirtschaftskrise
abgesehen produ-
ziert **Harley-David-
son** seit 1934 nur
noch Zweizylinder-
Motoren in V-
Anordnung. ◀◀

zierte und produziert Harley-Davidson seit 1934 nur noch Zweizylinder-Motoren in V-Anordnung. Dieses Konzept hatte sich in den USA gleich zu Beginn der Motorrad-Entwicklung durchgesetzt. Der Aufstieg von Harley zum Weltmarktführer nach dem Ersten Weltkrieg festigte die Stellung der Twins im Markt.

Oft haben Motorradmodelle kryptische Abkürzungen und die Namensgebung ist unüberschaubar. Die Maschinen bekommen dann kosenamenähnliche Bezeichnungen zur Seite gestellt. Bei Harley-Davidson gibt es aber auch die schöne Tradition, den Big Twins originelle Namen zu verpassen. Sie dienen als Erkennungszeichen und helfen bestens, die verschiedenen Typen voneinander zu unterscheiden, und sie sorgen für den Kultstatus der Marke und die Identifikation mit der eigenen Maschine. Im Museum von

Harley-Davidson in Milwaukee gibt es sogar eine ganze Wand, an der die Motoren-Stilikonen befestigt sind und gut miteinander verglichen werden können.

Der erste Antrieb, der einen solchen Beinamen erhielt, war allerdings noch kein Big Twin, sondern der seitengesteuerte „Flathead" mit 750 Kubikzentimetern. Den Namen erhielt der Motor wegen der durch seine Bauart bedingten flachen Zylinderköpfe. Ab 1930 gab es diesen Antrieb dann auch mit 1200, später sogar mit 1300 Kubikzentimetern Hubraum – als Big Twin eben. Er war bis 1948 im Einsatz.

Harley-Fahrer **individualisieren** ihre Bikes gerne. Nicht jeder tobt sich dabei derart extravagant aus wie der Besitzer dieses funkelnden Modells. »

Eine **Sportster XL883C** lässt sich in Gänze wie in allen ihren Einzelteilen im Harley-Davidson Museum bewundern.

EXPERIMENTAL &
RACING

SMALL TWINS &
SINGLES

ATMOSPHERIC
SINGLE
1903–1912

"EIGHT-VALVE"

SPORT TWIN
1919–1923

OVERHEAD
SINGLE

BIG TWINS

HARLEY-
DAVIDSON

1909

FIRST V-TWIN

**The Heart
of the Matter**

RACING
EXPERIMENTAL

...arley and Walter Davidson built
...ine at a time when motorized
... novelty. That first
... which was
... As their

From the first single-cylinder models to
contemporary V-twin-powered classics, one
principle remains a constant: the engine
is the centerpiece of the motorcycle. It's not
just a rugged workhorse; it's a thing of
beauty that is central to each bike's design.
... Willie G. Davidson puts it, "The big
... who we are."

KNUCKLE, PAN,
SHOVEL...

Ab 1936 stand ihm der „Knucklehead" zur Seite, dessen Zylinderköpfe die Form einer geschlossenen Faust abbilden. Der Beiname ist ein Wortspiel, da „knuckle" auf Deutsch „Knöchel" bedeutet, „knucklehead" aber heißt „Schwachkopf". Zuerst gab es ihn mit 1000 Kubikzentimetern, später dann zusätzlich in einer 1200er-Variante. Bis 1947 blieb dieser Motor in Aktion.

➤ 1948 begann die Produktion eines völlig neuen Triebwerks, ein obengesteuerter Motor mit hydraulischer Ventilbetäti-

Die **Engine Wall** im Harley-Davidson Museum in Milwaukee zeigt die Motorentwicklung des Unternehmens auf anschauliche Weise. Renn- und Versuchsmotoren sind ebenso vertreten wie kleine Twins und Einzylinder – und natürlich die seit 1909 bis heute dominierenden Big Twins.

gung und Zylinderköpfen aus Aluminium. Den Spitznamen „Panhead" erhielt der in schöner Tradition als 1000er und 1200er gebaute Motor wegen der ungewöhnlichen Form seiner Ventildeckel („pan" = Pfanne). Die Produktion dieses Typs endete 1965.

Abgelöst wurde er 1966 vom „Shovelhead", der gleich als 1200er debütierte und ab 1978 mit 1345 Kubikzentimetern die vorläufige Spitze der Hubraumentwicklung darstellte. „Shovel" bedeutet „Schaufel" – da kann man sich in der Tradition der Namensgebung leicht ausrechnen, wie die Ventildeckel aussahen.

1984 kam der „Evolution". Erstmals wurde ein Motor nicht nach seinem Aussehen benannt. Die Namensgebung lässt Rückschlüsse darauf zu, wie wichtig der „Entwicklungsschritt" für das Unternehmen war. Der Evo war dank des Einsatzes von Aluminium satte neun Kilogramm leichter als sein Grauguss-Vorgänger.

Der gute Schluss der Big Twins und Höhepunkt der bisherigen Entwicklung ist dann der Twin Cam. Doch statt zweier obenliegender Nockenwellen handelt es sich auch beim „Fathead" um das traditionelle Prinzip mit zwei Pleueln auf dem gleichen Zapfen. 1450 Kubik waren schon ein guter Ausgangswert, als die Produktion 1999 begann. 2000 legte Harley noch eine Schippe von 100 Kubik drauf. 2003 bis 2006 sowie kurzzeitig 2009 gab es eine Variante mit 1690 Kubik. Seit 2007 ist der kleinere Motor auf 1584 Kubikzentimeter ausgelegt. Top-Antrieb ist der Twin Cam 110 mit 1802 Kubikzentimetern.

Parallel dazu brachte das neue Jahrtausend fast 100 Jahre nach Gründung des Unternehmens den schon oft erwarteten, vor allem lange ersehnten, wirklich revolutionär neuen Antrieb ins Harley-Davidson-Programm. Der „Revolution"-Motor entsprang dem VR-1000-Superbike-Programm und wurde mit tatkräftiger Unterstützung von Porsche in Stuttgart zur Serienreife gebracht. So ziemlich alles ist an diesem Motor neu. 60 Grad Zylinderwinkel, flüssigkeitsgekühlt, drehzahlfreudig wie drehzahlfest und vor allem wesentlich leistungsfähiger als die alten 45 Grad V-Twins. Die erste Stufe zündete in der ebenfalls völlig neu entwickelten Modellreihe V-Rod mit 1130 Kubikzentimetern, die für Harley-Verhältnisse unfassbare 115 PS bei 8250 Umdrehungen abgaben. Ab 2008 kam die eigentlich als Sonderserie gedachte erste „Screamin' Eagle" Variante mit 1250 Kubik und 123 PS zum Einsatz. Und das Paradestück ist derzeit der 1300er Revolution-Motor, dem satte 165 PS entlockt werden.

So zeigt sich Harley für die nächsten 100 Jahre Firmengeschichte gewappnet.

Das kleine (Vorkriegs-)Wunder

In den goldenen Zwanziger Jahren stieg DKW zum größten Motorradhersteller der Welt auf. Untrennbar mit der Marke ist die DKW RT 125 verbunden, die als das am häufigsten kopierte Motorrad aller Zeiten bis 1965 gebaut wurde. Die ganz große Zeit von DKW war da jedoch schon wieder vorbei.

Um den Erfolg der Marke DKW zu verstehen, muss man weit zurück in die Vergangenheit gehen. Das neue Jahrhundert ist gerade einmal vier Jahre alt, da gründeten der Däne Jørgen Skafte Rasmussen und sein Kompagnon Carl Ernst in Chemnitz 1904 (einigen Quellen zufolge auch 1902) die Firma Rasmussen und Ernst. Das Ziel des neuen Unternehmens war der Vertrieb von Maschinen und Apparaten aller Art. 1907 wurde nach dem Zukauf einer ehemaligen Tuch-

Bei der Deutschen Sechstagefahrt von 1927 ging mit der Berlinerin **Hanni Köhler** eine von nur zwei weiblichen Teilnehmerinnen auf einer DKW an den Start.

Mit 2,5 PS aus 148 Kubikzentimetern Hubraum gewann die kleine Maschine die ADAC Reichsfahrt von 1922 – und erhielt so ihren legendären Namen **Reichsfahrtmodell**.

fabrik der Firmensitz nach Zschopau südwestlich von Chemnitz verlegt und die Produktpalette erweitert. Ernst war zu dieser Zeit anscheinend schon aus dem Unternehmen ausgeschieden.

Doch dann brach der Erste Weltkrieg aus, der Bedarf an Dampfmaschinenzubehör und Haushaltsgeräten geht zurück. Dafür kam Rasmussen mit dem Militär ins Geschäft und baute Granatzünder. Und noch etwas entstand aus dieser neuen Kooperation mit dem Deutschen Reich: die Entwicklung eines Dampfkraftwagens mitten in den Kriegsjahren 1916 und 1917, der dem Unternehmen einen neuen und bis heute noch geläufigen Namen geben wird – DKW.

Die Anfänge

Dabei galt Dampf schon bald nicht mehr als Antrieb der Zukunft, weshalb das Projekt 1921 eingestellt wurde. Nun kam ein Zweitaktmotor ins Spiel, den der mit dem Bau von Fahrzeugen erfahrene Ingenieur Hugo Ruppe aus Apolda entwickelt hatte. Ganze 18 Kubikzentimeter Hubraum hatte dieses Kleinaggregat, das eine Leistung von gerade einmal 0,25 PS entwickeln konnte und die schöne, heute gleichwohl kurios klingende Bezeichnung „des Knaben Wunsch" trug. Ruppes Entwicklung war eine moderne Alternative zur Spielzeugdampfmaschine. Mit einem stabilen Metallfuß,

Das **DKW-Reichsfahrtmodell** von 1922 ist die erste Eigenentwicklung des Unternehmens – und der erste große Verkaufserfolg.

Siegfried „Sissi" Wünsche war der wohl erfolgreichste DKW-Werksfahrer – und ein weltbekanntes Motorsportidol.

Niemand geringerer als der bekannte Künstler Ludwig Hohlwein gestaltete Mitte der 1920er-Jahre dieses **Werbeplakat für DKW**.

einem großen Antriebsrad und einem im Vergleich dazu fast zu übersehenden Zylinder war dieser Zweitaktmotor der Fortschritt im Kinderzimmer – oder angesichts der Abgase eher im Schuppen oder im Garten.

Rasmussen kaufte die Rechte an diesem Spielzeugmotor und vermarktete ihn recht erfolgreich, während er Ruppe eine Stelle in der „Zschopauer Maschinenfabrik J. S. Rasmussen" gab. Gleichzeitig erkannte der Firmenchef das Potenzial der Maschine, die zu mehr zunutze sein könnte und sollte, als nur heranwachsenden Jungs eine Freude zu machen.

Mobilität war in dieser Zeit, in der Auto- und Motorradhersteller wie Pilze aus dem Boden schossen, ein großes Thema. Doch um sie wirklich in der Praxis anwenden zu können, musste die Leistung des Aggregats gesteigert werden. Die Ingenieure vergrößerten den Hubraum auf satte 118 Kubikzentimeter, sodass der Zweitaktmotor schließlich ziemlich genau ein PS lieferte, und brachten ihn zur Serienreife. Rasmussen ließ den Motor an ein Fahrrad montieren und warb mit dem Spruch „… fährt bergauf wie andere runter!" für sein Produkt. Und das sehr erfolgreich! Vom „Kleines Wunder" genannten Fahrradhilfsmotor wurden alleine 1921 rund 10 000 Exemplare verkauft! Montiert wurde der Motor unter dem Sattel, was ihm im Volksmund den Beinamen „Arschwärmer" einbrachte. Für das Zschopauer Unternehmen bedeutet der Fahrradhilfsmotor den Durchbruch.

Mit diesem Erfolg im Rücken wollte Rasmussen nun den Zweiradsektor in seinem Unternehmen stärken. Der Golem, ein von Ernst Eichler in Berlin entwickeltes Zweirad mit kleinen Rädern, erregte sein Interesse. Rasmussen nahm das mit dem 1-PS-DKW-Motor angetriebene Gefährt in sein Programm auf. Doch die Nutzer waren nicht sehr glücklich mit den Fahreigenschaften des Golem, sodass Eichler sich an dessen Fortentwicklung machte. Heraus kam dabei nicht mehr und nicht weniger als der Vorläufer des Motorrollers: das Sesselmotorrad Lomos, das ein Jahr später vorgestellt wurde. Das Besondere daran war die Hinterradfederung, die den meisten Motorrädern dieser Zeit fehlte, was natürlich den Fahrkomfort erheblich steigerte.

1922 stieg Rasmussens Unternehmen in die eigentliche Motorradproduktion ein – die Geburtsstunde der langen Motorradtradition des Unternehmens. In Zschopau wurde das Reichsfahrtmodell entwickelt, an dem der Techniker Hermann Weber maßgeblichen Anteil hatte. Und das neue Modell machte auch gleich Schlagzeilen. „Leichtmotorrad mit Tretkurbellager der Zschopauer Motorenwerke. Renntyp. Der berühmte Sieger der Reichsfahrt 1922" – so wurde in einer Anzeige für das Fahrzeug geworben. Mit den Attributen „Unverwüstlich! Erstklassiger Bergsteiger! Billig im Betrieb! Rassig im Aussehen!" sollten Kunden gewonnen werden. Aus heutiger Sicht kurios erscheint hingegen die Werbung für das Sportmodell. „Nervig! Gestreckte angenehme Form!", so die Schlagworte für das Modell, das zudem „Einfache Handhabung! Ruhiger Lauf! Vornehme Bauart!" verhieß.

Zeitgeschehen

Die „goldenen Zwanziger" waren – trotz allen Problemen – eine Zeit der politischen und wirtschaftlichen Erholung. Kunst und Kultur boomten, Sport und Freizeit wurden immer wichtiger. Der Erste Weltkrieg mit seinen weitreichenden Folgen schien in Vergessenheit geraten zu sein. Doch dann, am 24. Oktober 1929, fand diese Entwicklung mit dem sogenannten schwarzen Donnerstag ein jähes Ende. Der millionenfache Verkauf von Aktien in den USA ließ den Finanzmarkt zusammenbrechen und beeinflusste nicht nur die USA, sondern auch Europa, ja die ganze Welt. Die Weltwirtschaftskrise führte rund um den Erdball zu Massenarbeitslosigkeit. Elend und Not bestimmten den Alltag der Menschen, die politische Mitte verlor zugunsten von Extremisten an Einfluss. Nachdem Hitlers Nationalsozialisten mit Wohlstandsversprechen und einem Erstarken Deutschlands 1933 die Macht übernahmen, eskalierte die politische Lage zunehmend. 1939 brach schließlich der Zweite Weltkrieg aus, der das Weltgefüge und damit auch die Wirtschaft komplett veränderte. Nun hatten die Militärs das Sagen, die Unternehmen wurden in Richtung Kriegsindustrie getrimmt. Dieser Entwicklung passten sich natürlich auch die Motorradhersteller an, die jetzt für die Armee produzierten und nicht mehr primär für den zivilen Markt. Mit dem Ende des Zweiten Weltkriegs am 8. Mai 1945 erhielt die Welt dann ein neues Aussehen – wieder einmal. Prägend wurden nun die USA sowie der Jahrzehnte währende Konflikt mit der Sowjetunion.

In den 1920er-Jahren war das gemeinsame Pflegen und Warten der **DKW**-Maschinen ein beliebter Zeitvertreib.

Die Werbung funktionierte, ebenso der von Carl Hahn aufgebaute Vertrieb. Vom Reichsfahrtmodell wurden insgesamt rund 20 000 Exemplare verkauft, das letzte verließ die Werkshallen in Zschopau im Jahr 1925.

Aber was steckte wirklich in und hinter diesem ersten Reichsfahrtmodell, das durchaus als Verkaufsschlager gelten durfte? Ausgestattet waren die ersten Modelle mit einem 148-Kubikzentimeter-Motor, der 2,5 PS auf die Straße bringen konnte (manche Quellen gönnen ihm auch lediglich 1,5 PS). Gekühlt wurde er mit einem Gebläse. Derart gerüstet, nahm das Zweirad der Zschopauer Maschinenfabrik im Dezember 1922 an der Reichsfahrt des Allgemeinen Deutschen Automobilclubs (ADAC) von Leipzig nach Berlin teil und trotzte über Hunderte Kilometer verschneiten Straßen. Und das Modell aus Sachsen gewann! Ob es diese Tour war oder das grundsätzliche Interesse an einem motorisierten Zweirad, sei dahingestellt. 1923 jedenfalls erreichte das Modell gute Verkaufszahlen und große Bekanntheit. Für die Entwicklung des Motorradbaus war das Reichsfahrtmodell aus Zschopau ein Meilenstein!

Was die Werkshallen verließ, ist jedoch nicht unbedingt am Zeichenbrett entstanden. Erprobungsfahrten ließen Schwachstellen ausmerzen, Optimierungen

erkennen. Das ist auch der Grund dafür, dass Reichsfahrtmodelle zum Teil deutliche Unterschiede aufwiesen, auch wenn sich dies nicht unbedingt in den Bezeichnungen der Modelle widerspiegelte. So gab es verschiedene Gabeln und Vorderradfederungen, unterschiedliche Lenker und Auspuffanlagen. Auch Pedale gehörten noch dazu, um den schwachbrüstigen Motor am Berg oder nach einer Kurve in Schwung zu bringen.

Ein Schaltgetriebe besaßen diese ersten Leichtmotorräder alle noch nicht. Stattdessen wurden teilweise Zweigang-Hinterradnaben eingebaut. Selbst eine Kupplung gehörte noch nicht zum Standard – obwohl es diese bereits gab. Bei der Betätigung der sogenannten Lomoskupplung entfernten sich die Riemenscheibenhälften voneinander, wodurch eine Übersetzungsänderung und auch ein Hinterradstillstand erreicht wurden.

Die **E-200-Modelle** von DKW verfügten dank ihres großen Tanks über einen Aktionsradius von 300 Kilometern.

DKW setzte in seiner Außendarstellung schon frühzeitig auf die Wirkung sportlicher Erfolge.

Parallel zur laufenden Fertigung des ersten Typs vom Reichsfahrtmodell erfolgte 1923 die Entwicklung des Modells Zschopauer Leichtmotorrad (ZL). Der Motor und somit auch der Schwerpunkt des Motorrads lagen schon tiefer. Allerdings war die Nachfrage geringer, nur 2000 Stück wurden gebaut.

Auf dem Erfolg des Reichsfahrtmodells aufbauend, machten sich die Ingenieure an die Entwicklung eines neuen Modells, dass den einprägsamen Namen ZM, Zschopauer Modell, bekam. Es wurde mit seinem Zweigang-Zweitaktmotor ein weiterer Meilenstein in der Historie der Sachsen. 170 Kubikzentimeter Hubraum und 2,5 PS beschleunigten das Motorrad auf immerhin 65 Kilometer pro Stunde. Auffallend war neben der Technik die kompakte, integrierte Motorgetriebeeinheit, die sich durch eine einfache und platzsparende Bauweise auszeichnet. Von der ZM wurden in den Jahren 1924 und 1925 rund 7200 Stück gebaut.

Die Entwicklung schritt nun rasant voran. Bereits drei Jahre nach der Reichsfahrt brachte die Motorradschmiede aus Sachsen die DKW E 206 auf den Markt. Das Zweirad war mit einem 206-Kubikzentimeter-Einzylindermotor ausgestattet und leistete 4,5 PS. Es hatte ein Zwei-Gang-Getriebe, Handschaltung, Trapezgabel, Starrahmen und Riemenantrieb. Der günstige Preis von etwa 750 Reichsmark half, sich auf dem Markt durchzusetzen. Und so wurde die E 206 die erste in Serie gebaute DKW, die überdies den Grundstein dafür legte, dass das Unternehmen bis 1929 zum größten Motorradhersteller der Welt aufstieg.

Meistgebaut und meistkopiert

RT 125: Für Motorradliebhaber klingt diese nüchterne Buchstaben- und Zahlenkombination wie eine Mahler-Sinfonie oder – je nach Musikgeschmack – ein Rock-Klassi-

ker von Lynyrd Skynyrd. Schließlich steckt dahinter ein Stück Motorradgeschichte. RT steht dabei für Reichstyp, 125 für die ein wenig aufgerundete Hubraumgröße in Kubikzentimetern.

Mit rund 450 000 in Deutschland gebauten Einheiten verbarg sich hinter der RT 125 das meistgebaute deutsche Motorrad. Und nicht nur das. Die Maschine gehört mit insgesamt geschätzten fünf Millionen Exemplaren zu den am häufigsten kopierten Motorrädern der Welt. Dabei waren die Zeiten zu Beginn dieses Erfolgs der Ingenieure aus Sachsen alles andere als rosig. Zu dem Zeitpunkt, als die Neuentwicklung aus Zschopau vorgestellt wurde, lag schon der dunkle Schatten des aufziehenden Krieges über dem Land.

Es war das Jahr 1939, als sich der Vorhang für die RT 125 hob. Sie sollte die letzte reine Entwicklung für den zivilen Markt sein, bevor sich alles nur noch um den Aufbau von Hitlers Militärmaschinerie drehte. Zu dieser Zeit war DKW der größte Motorradhersteller der Welt. Gerade einmal 17 Jahre waren vergangen, seitdem mit dem Reichsfahrtmodell das erste richtige Motorrad die Werkshallen in Zscho-

pau verlassen und dank seiner Technik und Praxistauglichkeit ein Stück Motorradgeschichte geschrieben hatte.

Dazwischen lag eine stürmische Entwicklung motorisierter Zweiräder. Die DKW-Techniker – allen voran der Chefkonstrukteur Hermann Weber – hatten ein gutes Gespür für das, was der Markt haben wollte. Und sie verstanden es, schnell die vom Kunden gewünschten Technologien zu entwickeln. Wie viele andere Hersteller konzentrierte sich DKW auf die Produktion von 200-Kubikzentimeter-Modellen, weil diese Maschinen damals ohne Führerschein gefahren werden konnten.

Einer der Vorläufer der RT 125 war die 1929 vorgestellte DKW Luxus. Der Motor hatte je nach Modell einen Hubraum zwischen knapp 200 und 300 Kubikzentimetern.

Rund 450 000 Einheiten entstanden von der **DKW RT 125** in Deutschland – das ist Rekord. Weltweit brachten es ihre Kopien aber auf fünf Millionen Exemplare. «

Die **DKW RT 125** wurde aufgrund ihres Preis-Leistungs-Verhältnisses schnell zum Verkaufsrenner.

Einige Merkmale, die zehn Jahre später bei der RT 125 auftauchen sollten, waren schon bei dieser Maschine zu sehen.

Aber wer konnte sich in diesen Zeiten ein solches, vergleichsweise großes und damit auch teures Motorrad leisten? Viele Deutsche waren zu Beginn der 1930er-Jahre nicht mit Motorrädern, sondern mit Fahrrädern mit Hilfsmotor unterwegs. Diese Mofas hatten einen großen Vorteil: Sie waren billig, brachten aber gleichwohl Mobilität für das Volk.

In den Werkshallen von DKW nahm man diese zur Kenntnis und machte sich an die Entwicklung eines leichten, wenngleich zügigen, ja sogar sportlich zu fahrenden Motorrads. Die 1934 erstmals vorgestellte RT 100 wurde der direkte Vorgänger des späteren Erfolgsmodells, der RT 125. Die RT 100 verließ die Geschäfte damals zu einem unschlagbaren Preis und kostet ganze 345 Reichsmark – vergleichsweise wenig für ein „richtiges" Motorrad.

Ihr Motor leistete 2,5 PS. Als Anlasser diente ein Kickstarter, ihre drei Gänge wurden von Hand geschaltet. Die bis dahin üblichen Pedale sahen die Ingenieure als nicht mehr notwendig an, weshalb sie den Fahrern Fußrasten spendierten. Und das sorgte für Aufsehen! Sah das Gefährt doch nun aus wie ein richtiges Motorrad und eben nicht mehr wie ein Fahrrad mit Hilfsmotor!

Der große Vorteil der DKW-Motoren beruhte auf der von Adolf Schnürle entwickelten Umkehrspülung, bei der der Kolben zwei Ein- und eine Auslassöffnung steuerte. Das Patent dafür hatte sich DKW-Firmenchef Rasmussen in weiser Vorausschau gesichert. 1936 bekam der Motor ein halbes PS mehr, der Antrieb wurde auf 125 Kubikzentimeter erweitert – derart mauserte sich die RT 100 zum beliebten Vehikel der Hitler-Jugend. Und es wurde der Beweis erbracht, dass man auch mit einer kleinen Maschine flott

1929 stellte DKW die **Luxus-Reihe** vor, hier das Modell mit 300 Kubikzentimeter großem Motor.

Die vergleichsweise großen und teuren Luxus-Modelle fielen schnell der Weltwirtschaftskrise zum Opfer. Das Bild zeigt die **DKW Luxus 200**, die wegen ihres roten Tanks auch als „Blutblase" bezeichnet wurde. «

und auch zuverlässig unterwegs sein konnte. Mit immerhin 60 bis 65 Kilometern pro Stunde flitzten die Motorräder über Straßen und Wege.

Wenig später war es dann so weit: Die RT 125 trat – oder besser: fuhr – ins Rampenlicht. Sie zeichnete sich durch einen luftgekühlten Einzylinder-Zweitaktmotor mit einer Bohrung von 52 Millimetern und einem Hub von 58 Millimetern aus. Das ergab jenen Hubraum von 123 Kubikzentimetern, aus dem je nach Modell 4,75 bis 6,5 PS herausgeholt wurden. Damit beschleunigte die RT 125 auf 75 bis 90 Kilometer pro Stunde – und das bei einem Verbrauch von gerade einmal 2,5 Litern Gemisch.

Der Motorblock bestand aus einem Graugusszylinder, Gehäuse und Zylinderkopf waren aus Aluminium gefertigt. Die Kraftübertragung erfolgte durch Rollenketten über ein Getriebe mit drei oder vier Gängen. Für reibungslosen Motorlauf sorgte ein Zweitaktgemisch mit einem Mischungsverhältnis Öl zu Benzin von 1 : 25 bis 1 : 40. Die elektrische Energie liefert eine spannungsgeregelte Sechs-Volt-Lichtmaschine. Das ausschließlich in Schwarz erhältliche Motorrad kostete rund 425 Reichsmark. Als Extraausstattung waren ein Soziussattel sowie ein Tachometer erhältlich.

Mit diesen Leistungsdaten war die RT 125 damals vielen Konkur-

DKW ging später in der **Auto Union** auf, behielt aber wegen seines exzellenten Rufs noch lange seinen Namen und weitgehende Eigenständigkeit.

Schon die **Luxus 200** – hier in schwarzer Ausführung – wies viele technische Eigenschaften auf, die sich das spätere Erfolgsmodell RT 125 zu eigen machte.

renzmodellen überlegen, kostete aber weniger. Dieses hervorragende Preis-Leistungs-Verhältnis sowie das praxistaugliche Konzept waren der Schlüssel für den Erfolg der Maschine. Und das nicht nur über einen kurzen Zeitraum hinweg, sondern – international betrachtet – für Jahrzehnte.

In der Deutschen Demokratischen Republik wurde die behutsam weiterentwickelte RT 125 unter dem Namen IFA DKW RT 125 von 1949 an gebaut. 1954 lief dann die Produktion der IFA RT 125/1 an, bei der sowohl Motor als auch Antrieb und Rahmen verbessert wurden. 1956 wurde das Werk in VEB Motorradwerk Zschopau umbenannt. Bis 1985 baute man dort unter dem Namen MZ Motorräder, bei denen der Motor immer noch auf den der RT 125 zurückging.

In der Bundesrepublik begann 1949 in Ingolstadt die Produktion des RT-125-Nachfolgers, als Unterscheidung zum Ostmodell wurde hinten ein W angehängt. Zwischen 1951 und dem Ende der Produktion 1957 war die DKW RT 125 W die beliebteste Maschine ihrer Klasse in Westdeutschland.

Bereits während des Weltkriegs wurden sowohl die RT 100 als auch die RT 125 in England kopiert. WSK in Polen sowie Jawa in der damaligen Tschechoslowakei bauten ab 1939 die RT 125 als Lizenzversion. Doch erst nach 1945 erlangte das Allround-Motorrad aus Zschopau den Status einer internationalen Legende: Mit dem Ende des Patentschutzes schwang sich die RT 125 zum Vorbild für viele Motorradhersteller auf. Die Rechte zum Nachbau in den USA, Großbritannien und der UdSSR gehörten zu den an die Alliierten zu entrichtenden Reparationsleistungen. Das Werk Zschopau wurde teilweise demontiert, Fertigungsanlagen und Teile in die Länder der Siegermächte verbracht.

Es waren nicht nur kleine Hinterhoffabriken, in denen das Motorrad nachgebaut wurde. Viele namhafte Hersteller kopierten die RT 125 – und das bisweilen bis ins kleinste Detail. So brachte Harley-Davidson ab 1948 einen Nachbau unter dem Namen Hummer auf den Markt, der auch unter den Modellbezeichnungen „125 S" für „Super" oder schlicht „Harley-Davidson 125" bekannt wurde. In Großbritannien firmierte die RT als 125 BSA Bantam, in Japan stand sie

unter dem Namen Yamaha YA-1 bei den Händlern – und war gleichzeitig das erste Motorrad des Unternehmens. Auch die italienische Motorradmarke Moto Morini nahm sich bei der bis 1953 gebauten 125 Turismo das populäre DKW-Modell zum Vorbild.

In der Sowjetunion wurde die RT 125 von 1946 an unter dem Namen Komet K 125 nachgebaut. Auch die Moskva M1A stammt aus dem Land am Ural, ist aber nichts anderes als eine Kopie der RT 125. Sie gilt als die erste „russische" DKW und wurde erst in Moskau, dann von 1948 an in Minsk produziert – auf aus Deutschland stammenden Produktionsanlagen.

Eines der nach 1945 produzierten Nachfolgemodelle der RT 125 war die von der Auto Union hergestellte **RT 175** – eine so gute erhaltene Maschine ist heute ein seltener Anblick.

Diese **DKW RT 175** befindet sich im Original-
zustand – nicht schlecht für ein fast 60 Jahre
altes Motorrad. ◀◀

In Polen produzierten drei Hersteller Kopien der RT 125.
Dazu gehörten Sokół mit dem Modell M01 125 und WSK
mit dem Modell M06. Die Motorkonstruktion der SHL-
M11- und WSK-M06-Motorräder stützte sich auf die
Motorkonstruktion des DKW-Motorrads. Die weiteren

Teile der Motorräder entwickelten die polnischen Konstrukteure. Ihre Arbeit war daher auch ein gutes Beispiel dafür,
wie das Grundkonzept der RT 125 von vielen Herstellern
übernommen und weiterentwickelt wurde. Und das über
Jahrzehnte hinweg, sodass schließlich fünf Millionen RT-
125-Abkömmlinge von den Bändern laufen konnten.

Aufrüsten für den Kriegsfall

Kriegsvorbereitungen bedeuten immer Aufrüstung und
damit Nachfrage nach Waffen und Fahrzeugen. Das galt
auch für die Motorradhersteller in den 1930er-Jahren. Nach
der Machtübernahme durch die Nationalsozialisten bekam
BMW kräftigen Rückenwind durch die Kriegspläne Adolf
Hitlers. Einen Anteil an dieser Entwicklung hatte auch die
Motorradsparte. Neben der BMW R4, der BMW R12 und
der BMW R35 wurde speziell für die Wehrmacht eine 750er
produziert: die R75, das berühmte „Wehrmachtsgespann".

Auch **BMW** wurde in Hitlers Kriegsmaschinerie eingespannt und stellte
robuste Seitenwagenmodelle her.

Krads

Auf Feldzug mit dem Kraftrad? Für die Armeen
hatte das einen großen Vorteil. Krads waren im
Vergleich zu Pkws günstiger in der Anschaffung
und auch billiger im Unterhalt. Nicht zu unter-
schätzen war auch die Tatsache, dass weniger
der in Kriegszeiten ohnehin knappen Rohstoffe
für den Bau eines Zweirads eingesetzt werden
mussten.
Solo-Krafträder wurden vor allem für die Kom-
munikation zwischen verschiedenen Einheiten
eingesetzt. Die „Melder" auf ihren Motorrädern
waren schnell, konnten auch über schmale
Wege fahren und zwischen Hindernissen hin-
durchschlüpfen. Bei Feindbeschuss – vor allem
aus der Luft – konnten sie sich und ihr Fahrzeug vergleichsweise leicht tarnen. Krafträder
mit Beiwagen, auf denen eine Waffe montiert
war, wurden vor allem für Überraschungsan-
griffe, aber auch zur Aufklärung eingesetzt. Die
deutsche Wehrmacht setzte dabei vor allem auf
Modelle von BMW und Zündapp.
Auch wenn Kradfahrer noch 1943 auf einer
Briefmarke des Deutschen Reiches verewigt
wurden, ging deren große Zeit 1942 ihrem Ende
entgegen. Zu groß waren die Verluste geworden. Zudem machten leichte, günstige Pkws wie
der VW-Kübelwagen den Krafträdern ernsthafte
Konkurrenz. Sie boten den Soldaten besseren
Schutz gegen Wetter und feindliche Kugeln.

Mit einer **DKW NZ 350** ließen sich idyllische Ziele erreichen. Das jedenfalls vermittelte die zeitgenössische Werbung.

Deren Entwurf stammte dabei ursprünglich von Zündapp. Die beiden Modelle – die Zündapp lief unter der Bezeichnung KS-750 – waren zu etwa zwei Dritteln identisch. Mehrere technische Modifizierungen machten die Maschinen tauglich für das Gelände. Die beiden Typen kamen von 1941 bis 1945 sowohl im Krieg gegen die Sowjetunion als auch beim Wüstenkrieg in Nordafrika zum Einsatz. Die Militärs hatten zuvor ihre Anforderungen und Wünsche direkt bei der Entwicklung einfließen lassen.

So hatte das Seitenwagenrad einen eigenen Antrieb. Die schwere, robuste und zuverlässige Maschine mit einer Nutzlast von bis zu 500 Kilogramm war außerdem mit einem Rückwärtsgang ausgestattet. Das Getriebe der BMW R75

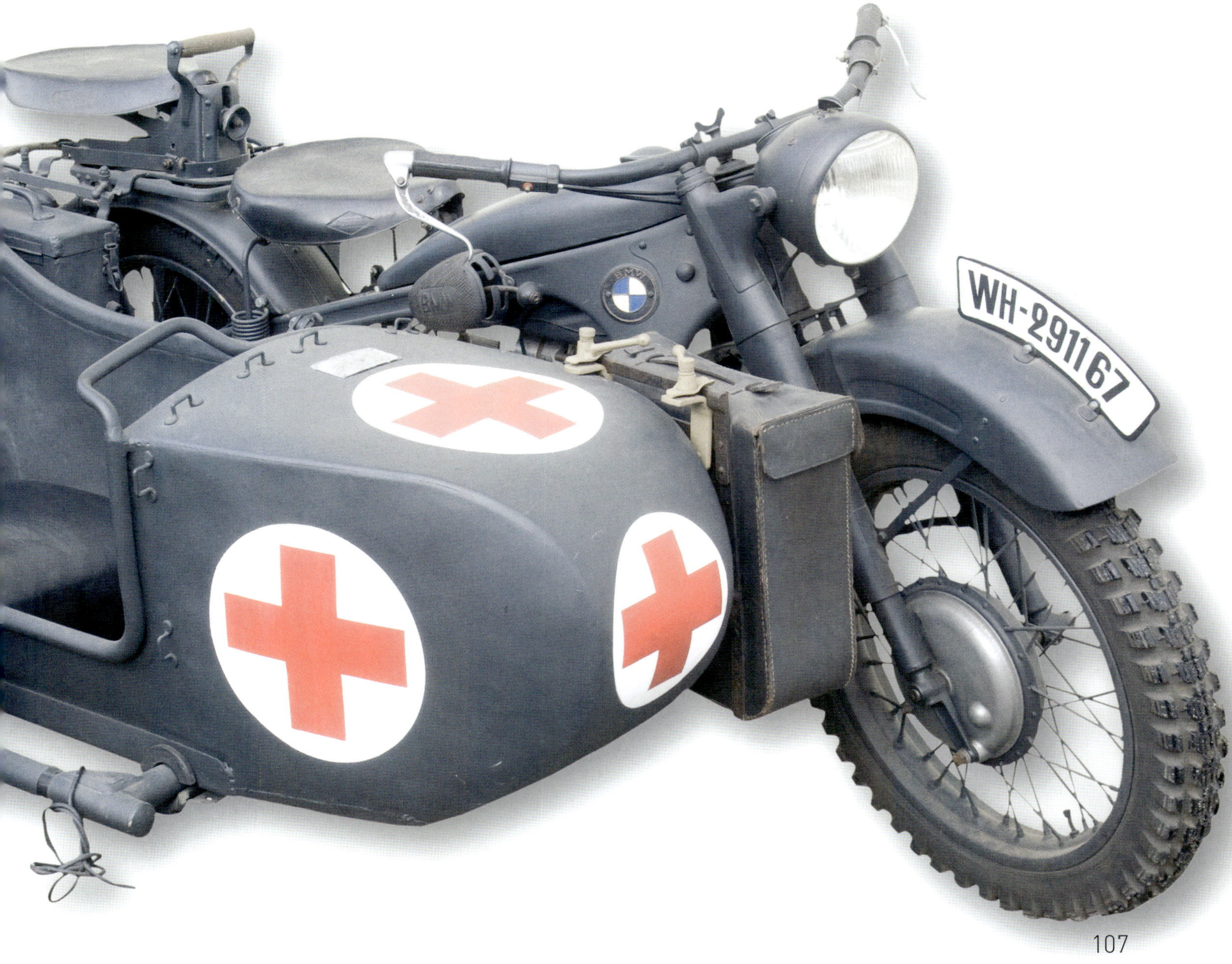

Gut erhaltene **BMW-Wehrmachtsgespanne** kommen noch heute unter schwersten Bedingungen zum Einsatz – und dennoch war ihnen das Pendant von Zündapp überlegen. «

hatte vier Straßengänge sowie einen Rückwärtsgang. Die Gänge konnten außerdem durch eine Untersetzung zu vier Geländegängen herabgestuft werden. Insgesamt standen somit zehn Gänge zur Verfügung, womit man auch Marschgeschwindigkeit erreichen konnte. Zur Verbesserung der Geländegängigkeit verfügten die Gespanne über eine Differentialsperre. Hinter- und Seitenwagenrad hatten außerdem hydraulische Bremsen. Und, bei hügeligem Terrain wichtig: Die Maschinen konnten Steigungen von bis zu 45 Prozent meistern!

Im direkten Vergleich mit dem Konkurrenzgespann aus dem Hause Zündapp, der KS 750, konnte die BMW R75 nach einem knappen Jahr im Einsatz trotz der ähnlichen Bauweise nicht mehr mithalten. Im August 1942 vereinbarten Zündapp und BMW auf Drängen der Wehrmacht eine Vereinheitlichung beider Gespanne. Die Vereinbarung von BMW und der Wehrmacht sah vor, die Produktion der R75 als Krad – so nannte man Motorräder besonders im militärischen Gebrauch – nach 20 200 Exemplaren einzustellen. Doch im BMW-Werk in Eisenach, wo die R75 produziert wurde, erreichte man die vereinbarte Stückzahl nicht wie gedacht bis zum Jahr 1943. Deshalb produzierte man mun-

ter weiter – so lange, bis Bomber die Fabrikhallen in Schutt und Asche legten. Bis dahin brachten es das BMW-R75- und das Zündapp-KS-750-Gespann auf jeweils über 18 000 Stück, die wehrmachtsgrau, luftwaffengrau, afrikabeige oder einfach nur beige lackiert waren.

Zurück zu DKW: Nach ihrer Einführung war die RT 125 nicht nur bei der Bevölkerung beliebt, sondern in den ersten Kriegsjahren auch bei den Militärs, die sie vielerorts einsetzten. 1941 allerdings wurde die Produktion der leichten Maschine auf Geheiß der Wehrmacht gestoppt. Die Führung liebäugelte mit der größeren und stärkeren NZ 350 beziehungsweise deren Fortentwicklung, der NZ 350-1. Diese stabile Maschine – eine Meisterleistung der Ingenieure – mit einem Hauptrahmen aus Pressstahl brachte eine Leistung von 11,5 PS auf die Straße, was sie mit ihrem Vier-Gang-Getriebe auf bis zu 105 Kilometer pro Stunde beschleunigte. Der Spritverbrauch lag bei rund 3,5 Litern pro 100 Kilometern.

Der Bau der RT 125 wurde daraufhin eingestellt – zumindest für zwei Jahre. Die 350er galt zwar auf der Straße als tauglich, erwies sich jedoch im praktischen Einsatz an der Front und im Hinterland auf schwierigem Terrain als zu schwer. Und so rückt wieder die bewährte RT 125 in den Fokus der Wehrmacht. Die Ingenieure nutzten die im Feld von den Kradfahrern gemachten Erfahrungen und modifizierten das zwischenzeitlich ins Abseits gestellte Modell. 1943 lief die RT 125 unter dem Namen RT 125 n.A. – was für „neue

Die **DKW NZ 350-1** mutierte zum Liebling der Wehrmachtsführung, nur um diesen Rang kurze Zeit später wieder an ihre kleine Schwester RT 125 abtreten zu müssen.

Die schwere **NZ 350** taugte zwar als Straßenmaschine. Im militärischen Geländeeinsatz aber erwies sie sich als unpraktisch.

Zündapp stand trotz einer guten Modellpalette gegen DKW stets auf verlorenem Posten. Da nützte auch die Vertrauen erweckende Werbung wenig. »

An der **NZ 350** lässt sich die für ihre Zeit feinste Technik der DKW-Ingenieure erkennen.

Ausführung" stand – erneut von den Bändern.

Bei dem auch RT 125-1 genannten Wehrmachtsmotorrad vergrößerten die Techniker den Tank und damit auch die Reichweite der Maschine. In Kriegszeiten ein nicht unwesentlicher Faktor! Außerdem wurden die Rahmenstreben nach dem Vorbild der 350-1 verstärkt. Zu den Modifikationen gehörten auch ein Wirbelluftfilter sowie ein komplett aus Grauguss gefertigter Motor. Die Gummifedern an der Trapezgabel ersetzte man durch eine stabilere Spiralfederung. Lackiert waren die Fahrzeuge von 1943 an in den Militär-Einheitsfarben dunkelgelb oder olivgrün.

Die weiterentwickelte und äußerst wendige RT 125 wog mit ihren 91 Kilogramm Leergewicht gerade einmal etwas mehr als die Hälfte der 350er – auf schlechten Straßen und Wegen ein unschätzbarer Vorteil. Mit einem zulässigen

Gesamtgewicht von bis zu 250 Kilogramm konnte die RT 125-1 trotzdem den Soldaten inklusive Gepäck und Waffen schnell befördern.

Von der RT 125-1 wurden bis Kriegsende etwa 12 000 Stück gebaut und an die Wehrmacht ausgeliefert. Zusammen mit der NZ 350-1 war sie das einzige Motorrad, das noch gegen Kriegsende für die Wehrmacht gebaut wurde.

Noch ein weiterer Hersteller belieferte die Wehrmacht mit Motorrädern: Die Firma NSU mit ihrem Sitz in der Nähe

Vertrauen schon beim Sehen

ZÜNDAPP 200 S mit 12 PS

schnell und mit allen guten Zündapp-Eigenschaften

Die **DKW RT 125** war ein echtes Volksmotorrad, das gerne auch mit auf Reisen ging.

Auch Rennmaschinen wie diese **350er** wusste man bei DKW in Zschopau zu entwickeln – und zu bauen.

von Heilbronn, die als Wegbereiter des Motorradbaus in Deutschland gilt. Mit den 1927 bis 1929 produzierten Motorrädern Modell 501 T und der Luxusvariante, der 501 L, erreichte sie einen hohen Bekanntheitsgrad. Die Zuverlässigkeit der 501er-Modelle führte zu der Bezeichnung „Neckarsulmer Traktor". 1930 kam es dann zum Wechsel in der Konstruktionsabteilung. Deren bis dato zuständiger Leiter Otto Reiz wurde durch Walter William Moore ersetzt, der zuvor für den britischen Motorradbauer Norton Motors Ltd. gearbeitet hatte und bis Kriegsbeginn in Diensten von NSU bleiben sollte.

Dieser Wechsel schlug sich auch auf die Modellpalette der Neckarsulmer nieder. Nach den Erfolgen der Super-Sport-Modelle 500 SS und 600 SS kamen nun die Serienmodelle 201, 251, 351, 501, 601 OSL und 351 OT auf den Markt. Ähnlichkeiten mit Modellen von Norton gingen auf die von Moore in England gemachten Erfahrungen zurück. Dazu gehörte bei den OSL-Modellen mit Fußschaltung der Schalthebel auf der rechten Seite, wo auch der Kickstarter platziert war. Importiert hatte Moore allerdings auch die Schwachstellen seiner früheren Konstruktionen: gelegentliche Ölundichtigkeiten und anfällige Vergaser.

Nachdem auch bei NSU die Motorradproduktion mit Beginn des Zweiten Weltkriegs ganz auf Kriegseinsatz getrimmt wurde, rollten vor allem die 251 OSL und die 601 OSL aus den Werkshallen und damit auch an die Front. Die Produktion der andern OSL-Modelle wurde dafür eingestellt.

Die OSL 251 besaß einen Einzylinder-Viertaktmotor mit einem Hubraum von 242 Kubikzentimetern und einer Leistung von 10,5 PS. Damit erreichte sie 100 Kilometer pro Stunde. Markante Kennzeichen der 601 OSL waren Ende der 1930-Jahre eine gekapselte Hinterradkette und eine Vordergabel mit zwei Druckfedern und dritter Strebe. Das 562-Kubikzentimeter-Aggregat entwickelte 24 PS und ließ die Maschine auf 130 Kilometer pro Stunde beschleunigen; Gespanne erreichten immerhin noch 105 Kilometer pro Stunde. Die Wehrmachtsvariante hatte einen großen Tankeinfüllstutzen, Bodenbleche zum Schutz des Motors und eine zusätzliche Geländeübersetzung.

Besondere Bekanntheit erlangte NSU im Zweiten Weltkrieg aber mit dem Kettenkrad Typ HK 101, einem Halbkettenfahrzeug mit Motorradgabel. Dabei saß der Fahrer vor dem Motor rittlings über dem Getriebe, auf der Sitzbank fanden bis zu zwei weitere Personen Platz. Der Opel-Olympia-Motor beschleunigte das skurrile Gefährt auf bis zu 70 Stundenkilometer.

Blick in die Zündapp-Werkshallen in Nürnberg (um 1930): Ende der 1930er-Jahre war **Zündapp** eine der fünf bedeutendsten europäischen Motorradfabrikanten.

Das Kettenkrad war deutlich geländegängiger als ein Gespann, konnte sogar ein leichtes Geschütz ziehen. Dafür war die HK 101 nicht nur teurer in der Herstellung, sondern erforderte einen erheblich höheren Wartungsaufwand. Dennoch wurden bis Kriegsende vermutlich rund 8800 Fahrzeuge gebaut.

DWKs Konkurrenz

- Die ersten Jahrzehnte des 20. Jahrhunderts sind der Aufbruch in die motorisierte Mobilität. Neue Ideen kamen genauso auf wie neue Hersteller. Dazu gehörten unter anderem die 1880 von Heinrich Kleyer gegründeten Adlerwerke in Frankfurt

am Main, die zuerst Fahrräder und dann Autos herstellten; ab 1901 kamen Motorräder hinzu. Allerdings erinnerten diese frühen Fabrikate noch eher an Fahrräder als an Motorräder. Die Maschinen leisteten zwischen 1,75 und drei PS. Die Zeit der Adler-Motorradfabrikation währte jedoch gerade einmal sechs Jahre. Bis in die Zeit nach dem Zweiten Weltkrieg wurden keine Motorräder mehr gebaut. Erst nach 1945 nahm Adler die Motorradproduktion wieder auf.

- Ganz anders verlief die Geschichte der Firma Horex, die 1923 von Fritz Kleemann in Bad Homburg gegründet wurde. Bereits die erste richtige Maschine mit einem Hubraum von 248 Kubikzentimetern zeichnete sich durch eine

kräftige Leistung und ein gutes Fahrverhalten aus und errang im Rennsport Erfolge. Anteil daran hatte der moderne Motor mit einem Zylinder aus Leichtmetall und eingeschrumpfter Laufbuchse.

Ein Meilenstein in der Firmengeschichte war der 1932 entworfene Parallel-Zweizylinder. Kennzeichnend war dabei die dreifach gelagerte Kurbel- und Nockenwelle, die durch eine Kette an der rechten Gehäuseseite angetrieben wurde. Die Motoren hatten je nach Ausführung zwischen 600 und 800 Kubikzentimetern Hubraum und entwickelten daraus 24 bis 30 PS. Allerdings war dieser Antrieb recht teuer, sodass er vor allem im Rennsport eingesetzt wurde. In Serienproduktion gelangten stattdessen Einzylindermotoren.

Einen legendären Ruf erlangte die SB 35 mit ihrem Langhub-Viertaktmotor mit 350 Kubikzentimetern Hubraum, der bis Kriegsbeginn auch an die Nürnberger Firma Victoria geliefert wurde. Für Horex kam mit dem Kanonendonner des Zweiten Weltkrieges jedoch das vorläufige Aus. Erst 1948 wurde mit dem Modell SB 35 die Motorradproduktion wieder aufgenommen.

Mit der Herstellung von Dampfmaschinen und Spielwaren begann die Geschichte von Zündapp, einem weiteren großen deutschen Motorradhersteller. Nach der Berliner Automobil- und Motorradausstellung 1920 beschloss Firmenchef Fritz Neumeyer, selbst Motorräder zu bauen. Bereits ein Jahr später brachte er mit der Z 22 seine erste Maschine auf den Markt. Bis 1922 wurden 1500 Stück dieses Typs mit rund drei PS und 211 Kubikzentimetern Hubraum produziert und das Modell weiterentwickelt.

Angefeuert durch die 1928 in Kraft tretende Steuerfreiheit für Motorräder bis 200 Kubikzentimeter Hubraum, brachte Zündapp im gleichen Jahr ein sehr zuverlässiges Modell mit 198 Kubikzentimeter nheraus. Der eigentliche Meilenstein folgte jedoch 1933: Zündapp kam mit einer völlig neuen Modellpalette auf den Markt. Dazu gehörten Zweitakter mit 198 und 346 Kubikzentimetern Hubraum sowie Viertakt-Kardanmodelle mit 500er- und 600er-Zweizylinder-Boxermotoren. Herauszuheben ist die 800er, die hubraumstärkste Serienmaschine von Zündapp. Ab 1940 produzierte Zündapp nur noch für das Militär.

Zu den erfolgreichsten **Zündapp-Modellen** gehören die Maschinen in der steuerfreien Klasse bis 200 Kubikzentimeter Hubraum.

1946 – 1990

Kampf um den Weltmarkt

Mit NSU ins Wirtschaftswunder

Kaum war der Zweite Weltkrieg beendet, machte man sich in Deutschland an den Wiederaufbau. Und mit dem Wirtschaftswunder ging auch ein Mobilitätswunder einher, das nach und nach das ganze Land erfasste – eine der Hauptrollen dabei spielte die Marke NSU.

Der Krieg war beendet, wo vor Kurzem noch Ruinen standen, wurden Häuser gebaut und die Straßen konnten längst wieder passiert werden. Die Eindrücke des Zweiten Weltkriegs verblassten langsam und West-Deutschland blickte optimistisch in die Zukunft, die ihm ein Wirtschaftswunder bescheren sollte. Doch noch war es nicht ganz soweit.

Je normaler das Leben wieder wurde, desto mehr wuchs auch der Wunsch nach Mobilität. Das Auto jedoch war wenige Jahre nach Kriegsende für viele allenfalls ein Wunschtraum, der wohl nicht so schnell in Erfüllung gehen würde. Auf zwei Rädern hingegen war man billiger unterwegs – und das hatte man auch bei NSU erkannt.

Die **NSU Quickly**, eher ein
Fahrrad mit Hilfsmotor,
hatte in den Nachkriegsjahren
eine große Fangemeinde.

Mit dem Vorkriegs-
modell **Quick** hatte
NSU genau das
richtige Kleinmotor-
rad für die mageren
Nachkriegsjahre
im Programm.
235 000 Exemplare
fanden dankbare
Käufer. ◄◄

Noch vor dem Krieg hatte man die Quick auf den Markt gebracht, zu einem
Preis von 290 Reichsmark, womit der Hersteller das billigste Motorfahrrad der
Welt gebaut hatte. Der Zweitakter mit seinen 97 Kubikzentimetern Hubraum mit
drei PS und einer Höchstgeschwindigkeit von bis zu 60 Kilometern pro Stunde war
zwischen 1936 und 1940 produziert worden. Die luftgekühlte Maschine war mit
einem Zweiganggetriebe mit Drehgriffschaltung ausgestattet und mit ihren beiden
Antriebsketten war die Quick sowohl für den Fahrradbetrieb als auch für den
Motorantrieb gerüstet. „Ein Kilometer für einen Pfennig", so warb NSU für das
Modell, das mehr an ein Fahrrad als an ein Motorrad erinnerte. Allerdings hatten
die Techniker das Zweirad an die Motorisierung angepasst und ihm eine stabile
Vorderradgabel sowie eine Stahldruckfederung spendiert. Gebremst wurde mit
einem modifizierten Fahrradrücktritt.

Bei all dem war die Quick enorm sparsam. Bei gemäßigter Fahrweise liefen
gerade einmal zwei Liter Sprit pro100 Kilometer in den Zylinder. Mit einer Füllung
des 9,5-Liter-Tanks kam man somit rund 450 Kilometer weit. Diese Werte und der
günstige Preis – 1949 kostete sie 540 DM – sorgten dafür, dass die NSU Quick
sogar in den ersten mageren Nachkriegsjahren gekauft wurde. Ihre Produktion
wurde erst 1953, nach 235 000 Stück, zugunsten eines echten Leichtmotorrads eingestellt. Dieses Nachfolgemodell ist trotz des ähnlichen Namens nicht mit dem
Vorkriegsmodell zu verwechseln.

1953 wurde eine Gesetzesänderung vorgenommen: Fahrräder mit Hilfsmotor und einem Hubraum von maximal 50 Kubikzentimetern sowie einer Höchstgeschwindigkeit von höchstens 40 Kilometern pro Stunde waren von da ab steuer- und zulassungsfrei. Nicht einmal ein Führerschein war zum Fahren noch notwendig. Gefordert wurde lediglich eine gültige Haftpflichtversicherung. Bei NSU witterte man schnell die Chance, einen Verkaufsschlager zu landen, und entwickelte die Quickly. 1953 rollten die ersten „Mopeds", wie diese Fahrzeuge jetzt wegen der Kombination aus Motorrad und Fahrrad genannt wurden, aus der Werkshalle. In ihren Zentralpressrahmen schnurrte ein 1,4 PS starker Zweitaktmotor mit 49 Kubikzentimetern Hubraum, der seine Kraft mithilfe eines Zweiganggetriebes auf die Straße brachte. Zu einem Kennzeichen der Quickly wurde der tropfenförmige 3,1-Liter-Tank. Das Moped bewegte sich auf schmalen, 26 mal zwei Zoll großen Reifen fort, die an einem starr befestigten Hinterrad und einem mit einer Gabel mit Druckfedern und kurzen Schwinghebeln aufgehängten Vorderrad aufgezogen waren.

Die genannten Eigenschaften mochten eher Merkmale eines Motorrads gewesen sein, doch Schutzbleche, Gepäckträger, eine Fahrradklingel, Hand- und Rücktrittbremse, Kleiderschutz und die serienmäßig vorhandene Luftpumpe am Gepäckträger erinnerten an ein Fahrrad. Die Tretkurbeln der Quickly waren mit dem Getriebe verbunden, sodass sich die 1,4 PS durch ein wenig Menschenkraft ergänzen ließen.

Zeitgeschehen

Europa im Jahr 1945: Der Zweite Weltkrieg hatte einen ganzen Kontinent in Mitleidenschaft gezogen. Millionen Menschen waren gestorben, Städte, ja Staaten, lagen in Ruinen, die Infrastruktur war teilweise oder sogar völlig zerstört. Grenzen wurden verschoben, Länder entstanden oder verschwanden von der Landkarte, Hunderttausende Menschen flüchteten. Die Welt wurde in zwei große Blöcke aufgeteilt, die eine unterschiedliche Entwicklung nahmen und sich im Kalten Krieg schon bald unversöhnlich gegenüberstanden. 1947 befeuerten die wirtschaftlich starken USA mit dem Marshall-Plan den Wiederaufbau Westeuropas. Nach und nach stabilisierten sich die politischen und wirtschaftlichen Strukturen wieder. Damit begann das Wirtschaftswunder, das Westeuropa und besonders der neu entstandenen Bundesrepublik Deutschland einen bis dahin ungekannten Wohlstand bringen sollte.

Die bis dahin starke lokale Orientierung der Wirtschaft schwand, die regionale und überregionale, ja sogar nationale und internationale Verflechtung nahm zu. Das erforderte auch eine immer größere Mobilität der Menschen – die von diesen auch gewünscht war. Die Fahrt zur Arbeit oder in den Urlaub erfolgte immer häufiger mit dem eigenen Zweirad oder Auto. Moderne Technik ermöglichte eine immer schnellere und komfortablere Überwindung von Distanzen. Davon profitierten die Kfz- und Motorradproduzenten sowie die Hersteller von Nutzfahrzeugen – in Europa, aber auch in den USA.

„Nicht mehr laufen, **Quickly** kaufen!", so lautete die vielversprechende Devise der NSU-Werbestrategen. Allein 1954 wurden über 120 000 Exemplare verkauft.

Das markante **NSU-Logo** wurde nach dem Zweiten Weltkrieg zu einem Symbol für das deutsche Wirtschaftswunder.

Rund 9000 Exemplare produzierte NSU bereits im ersten Jahr – was auch als Erfolg einer großen Werbekampagne gewertet werden konnte. „Nicht mehr laufen, Quickly kaufen!" – „Wohl dem, der eine Quickly hat!", hieß es. Die Presse wurde mit einer Geburtsanzeige auf das neue Gefährt hingewiesen: „Vater Albert Roder (der NSU-Chefkonstrukteur) und die Mutter Quick geben sich die Ehre, ihren jüngsten Spross vorzustellen: die NSU Quickly!"

Alle Teile des Motors wurden im eigenen Werk gebaut. Der Druckgusszylinder aus Leichtmetall war an der Lauffläche verchromt. Das Verhältnis von Bohrung zu Hub betrug 40 zu 39 Millimeter, was – allerdings illegale – Möglichkeiten für eine Steigerung der Höchstgeschwindigkeit auf über 40 Kilometer pro Stunde eröffnete. Der Antrieb erfolgte von der Kurbelwelle über eine Zweischeibenkupplung auf ein Stirnradgetriebe, von hier auf ein Getriebe mit zwei Gängen und über ein Ritzel auf den Kettentrieb am Hinterrad. Das Kraftstoffgemisch betrug eins zu 25. Mit 1,5 bis zwei Litern Sprit kamen die Fahrer rund 100 Kilometer weit.

Die ersten Quicklys waren lichtgrau lackiert und hatten einen taubengrauen Tank. Zwischen 1955 und 1962 wurde dann die für die Quickly so charakteristische Farbe verwen-

det: jadegrün mit blassgrün abgesetztem Tank und ebensolchen Felgen. In gleicher Farbgebung erschien 1956 ein baugleiches Modell mit einem markanten 4,5-Liter-Tank, der den Rahmen umwölbte. Selbstverständlich gab es für die Freunde der gehobenen Klasse auch eine Luxusausführung zu einem Aufpreis von 50 DM: die Quickly S, die serienmäßig über einen Tachometer im Lampengehäuse, verchromte statt silbergrauer Felgen sowie eine zusätzliche Seitenstütze verfügte.

Der Erfolg setzte sich fort. 1954 wurden mehr als 123 000 Quicklys produziert – mehr als das Zehnfache als noch im Jahr zuvor. Schnell wurde vom „Volksmoped" gesprochen, auf dem in Bonn sogar die Polizei unterwegs war. Nach drei Jahren erweiterte NSU die Quickly-Palette und stellte eine weitere Luxusversion des Mopeds vor. Neu an der Quickly L waren ein Gepäckträger mit integrierter Hinter-

radverkleidung sowie eine verkleidete Lenkstange und der dort eingelassene Tachometer. Auch das Hinterrad war nun gefedert. Gebremst wurde mit Vollnabenbremsen, die schon eher an die Bremsen eines Motorrads erinnerten. Auffällig war außerdem die serienmäßige Verkleidung zum Schutz der Beine. Schon von Weitem war die Luxus-Quickly an ihrer Weißwandbereifung und den verchromten Felgen zu erkennen. Bis 1961 wurden über 86 000 Stück der Quickly L hergestellt.

Die Neckarsulmer bauten auf den Erfolg der Quickly auf und brachten 1957 die Quickly Cavallino heraus. Das neue Modell war nicht nur in einigen Details, sondern grundsätzlich überarbeitet. Auffallend waren der große sogenannte Büffeltank und der kurze, tief liegende Lenker. Die Reifen waren mit den Maßen 23 mal 2,25 Zoll nun etwas größer,

Das Vorkriegsmodell der **NSU Quick** rollte bis 1953 von den Neckarsulmer Bändern. Die luftgekühlte Maschine war mit einem Zweiganggetriebe mit Drehgriffschaltung ausgestattet.

Die **Luxusversion** der Quickly verfügte bereits über eine Hinterradfederung und vor allem über ein Dreiganggetriebe. »»

Sieht gut aus

NSU

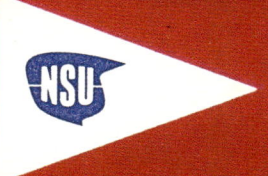

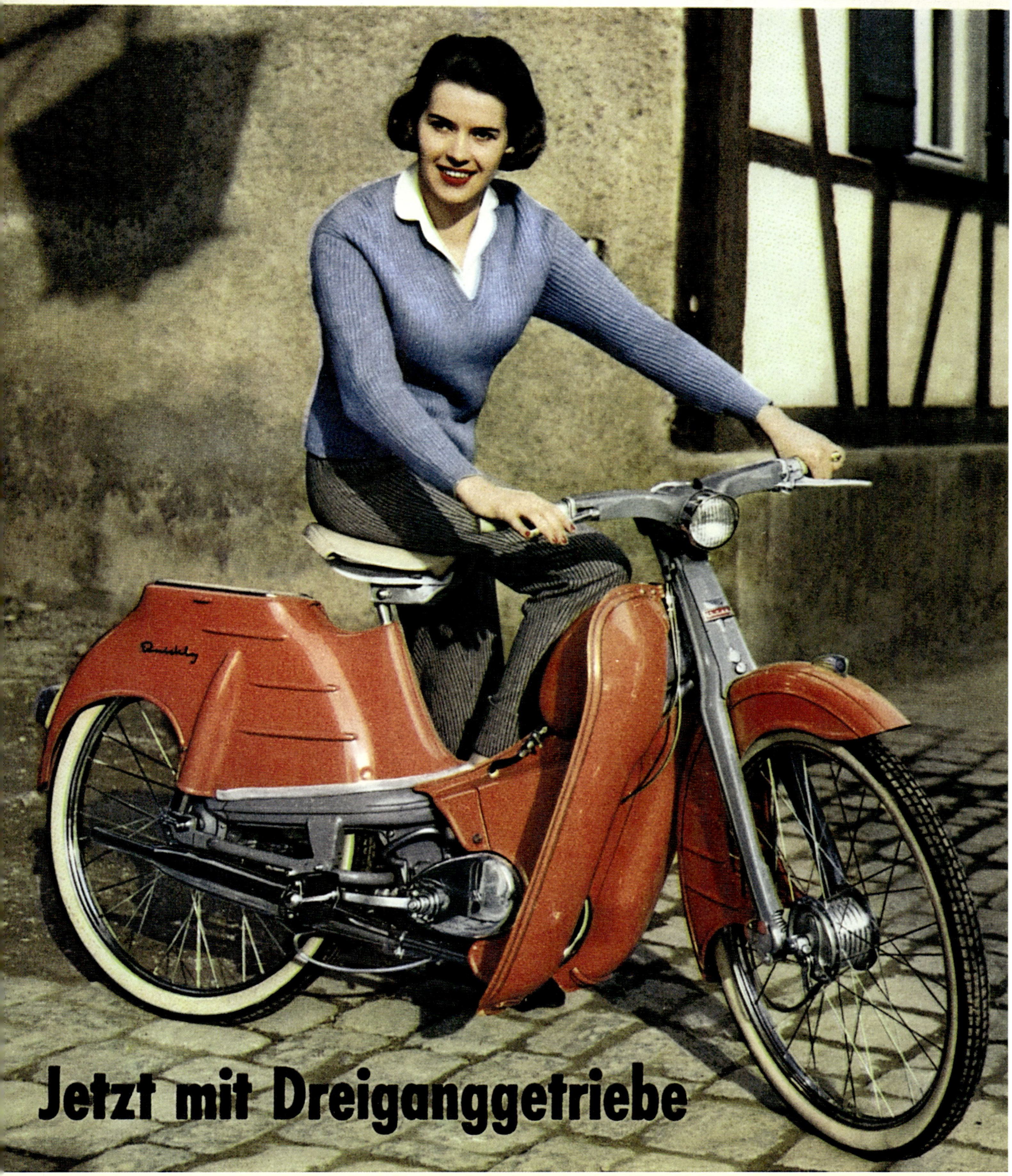

ALLES ÜBER DIE QUICKLY-L

und anders als beim Ausgangsmodell konnte man nun zwischen drei Gängen hin und her schalten. Mit ihrem modernen Design und den technischen Änderungen machte die Cavallino vor allem bei einem jugendlichen Publikum Furore, denn nun konnte auf der längeren Sitzbank sogar eine zweite Person mitgenommen werden – was bei einer Zulassung ausschließlich für den Fahrer eigentlich nicht erlaubt war. Bis zum Jahr 1960 wurden insgesamt 21 584 Cavallinos gebaut.

1959 wurde eine weitere, völlig neu entwickelte Quickly präsentiert. Sie trug den Namen Quickly T. Bei diesem Modell schützte viel Blech den Motor und den Kettenantrieb. Rahmen, Lenker und hintere Verkleidung waren königsblau, Vorderrad- und Motorverkleidung sandfarben

Das Vorkriegsmodell **NSU 201 OSL** hatte bereits jede Menge technische Finessen und ein ansprechendes Äußeres. »

lackiert. Auch die Farbkombinationen Rhodosblau und Königsblau sowie Lindgrün und Moosgrün waren erhältlich. Bei diesem Modell setzte NSU statt der bisherigen Schalenbauweise einen Rohrrahmen ein. Außerdem erhielt der 1,7 PS starke Motor ein Kühlgebläse. Für gehobenen Fahrkomfort sorgten hydraulische Federbeine am Vorder- und Hinterrad. Die Quickly T wurde in zwei verschiedenen Versionen angeboten: als Einsitzer sowie als deutlich teurer Zweisitzer mit Fußrasten, breiteren Reifen sowie einem stabileren Rahmen.

Lizenz-Roller

Vier Millionen: So viele Lambretta-Motorroller wurden allein von der italienischen Firma Innocenti gebaut, die das Zweirad mit dem schönen Namen entwickelt hatte. Hinzu kam eine enorme Zahl in Lizenz gebauter Motorroller, welche die Lambretta zu einem der meistgebauten motorisierten Zweiräder der Welt gemacht haben – und das bis Ende der 1990er-Jahre.

Die Idee für die Lambretta entstand 1945. In diesem Jahr wurde der Ingenieur Pierluigi Torre mit dem Entwurf eines Motorrollers beauftragt, für den der Mailänder Ortsteil Lambrate als Namenspate diente. Die Techniker entwickelten ein günstiges Zweirad, das sich schnell großer Beliebtheit erfreute und die Neugier anderer Hersteller weckte – auch die von NSU. Zwischen 1951 und 1954 baute NSU in Lizenz die Lambretta als 123-Kubikzentimeter-Variante mit 4,5 PS. Ab 1954 wurde der Hubraum und damit auch die Leistung der Lambretta auf 146 Kubikzentimeter und 6,2 PS erhöht. Zwei Jahre später wurde die Produktion eingestellt; es folgte die Prima, eine Eigenentwicklung von NSU auf Basis der bisherigen Lambretta. Der Erfolg der Lambretta basierte zum einen auf der guten Qualität des Motorrollers. Zum anderen wartete sie mit einer Reihe technischer Innovationen auf. Dazu gehörten beispielsweise die elektronische Zündung und die Scheibenbremse. Außerdem bot sie von Zweitaktmotoren mit 125 Kubikzentimetern Hubraum und einer Leistung von 4,3 PS bis hin zu Aggregaten mit 200 Kubikzentimetern und einer Leistung von 12 PS eine ganze Motorenpalette an.

Die **NSU Prima** setzte die Erfolgsgeschichte des in Lizenz gebauten Lambretta-Rollers in der Bundesrepublik Deutschland fort.

1957 NSU Prima

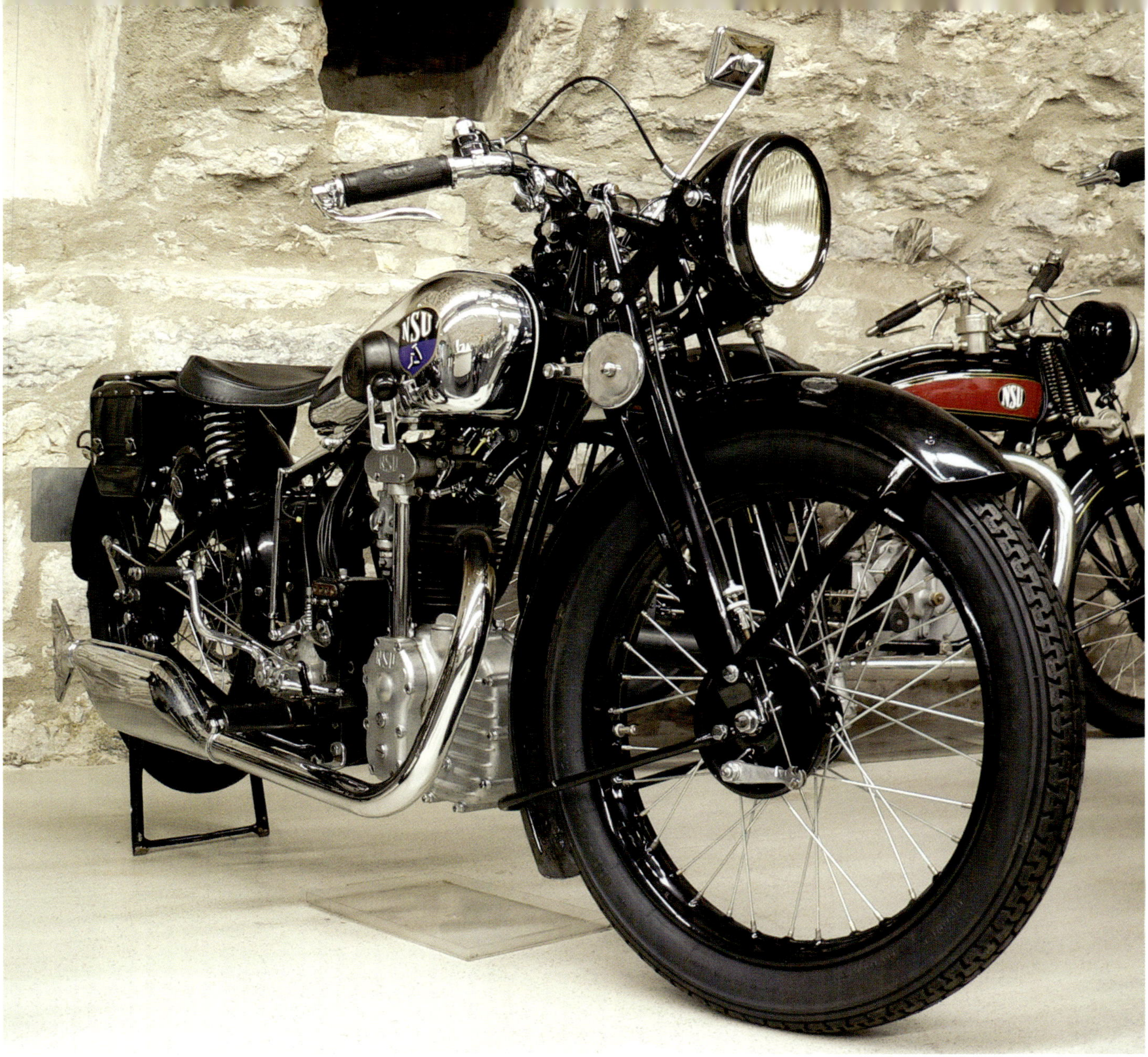

1960 präsentierte NSU mit der Quickly TT ein neues Sportmodell mit Dreiganggetriebe. Ein Jahr später rollte die TTK aus der Werkshalle, die einen Kickstarter anstelle der Tretkurbel besaß. Mit ihren 1,7 PS Leistung und der wuchtigen Erscheinung mit dem großen Tank und dem futuristischen vorderen Schutzblech beförderte sie zwei Personen.

Als abgespeckte Zweisitzerversion kam 1961 die Quickly S/2 auf den Markt, die nur noch 718 DM kostete. Sie besaß den ursprünglichen Pressrahmen, die Räder der T-Version und eine einfachere Federung, war hinten sogar starr gelagert. Parallel hierzu war ab 1962 eine Quickly mit der Typbezeichnung N23 erhältlich, die größtenteils der Standard-Quickly von 1956 entsprach.

Und noch weitere Quickly-Modelle folgten. Die S23 erschien im Retro-Design und erinnerte mit dem Schwingsattel und dem markanten Rohrgepäckträger samt seitlich angebauter Luftpumpe an die Urversion. Allerdings war der Tank verändert und fasste nun 6,6 Liter. Die S2/23 war ein Zweisitzer und erlaubte ein 80 Kilogramm höheres zulässiges Gesamtgewicht, wofür der Hinterreifen breiter werden musste und Maße von 23 mal 2,5 Zoll aufwies.

1962 kamen schließlich die letzten Quickly-Modelle auf den Markt. Die Quickly F bot mit ihren zwei Federbeinen einen höheren Fahrkomfort. Die Quick 50 war eine modifizierte S2/23, deren starre Hinterradaufhängung mit zwei strammen

Federbeinen und einer Langschwinge aufgebessert wurde. Sie ähnelte in ihrem Aussehen sehr stark einem der Vorgängermodelle, der TT. Der Motor allerdings hatte es in sich: Das 4,3-PS-Aggregat konnte das satte 80 Kilogramm schwere Zweirad auf immerhin 70 Kilometer pro Stunde beschleunigen.

Die NSU MAX

Die Max: Motorradliebhaber dürften beim Vernehmen dieser drei Buchstaben leuchtende Augen bekommen. Denn das Motorrad aus dem Hause NSU gehörte zu den beliebtesten 250er-Maschinen der 1950er- und 1960er-Jahre. Und wie bei so vielen Produkten aus dieser Zeit hatte man bei ihrer Konstruktion auf eine Entwicklung von vor dem Zweiten Weltkrieg zurückgegriffen.

Direkt nach dem Krieg hatte NSU mit erheblichen Problemen zu kämpfen. Die Werkshallen waren teilweise zerstört und die finanzielle Situation des Unternehmens sah alles andere als rosig aus. Treuhänder verwalteten die Firma anfangs, sogar an eine Schließung oder eine Umwandlung in eine Genossenschaft wurde bereits gedacht. Doch mit Walter Egon Niegtsch als Generaldirektor kehrte NSU im Juli 1946 auf die Erfolgsspur zurück. Daran beteiligt war nicht zuletzt der neue Chefkonstrukteur Albert Roder, der vor dem Krieg schon einmal drei Jahre für das Unternehmen gearbeitet hatte und nun vor allem die Zweiradsparte voranbringen sollte. Und genau das tat er, indem er innovative Ideen einbrachte, die weit über die bewährten Konstruktionen hinauszielten und so dem Unternehmen einen klaren Vorteil gegenüber der Konkurrenz verschafften. Mitte der 1950er-Jahre wurden bei NSU knapp

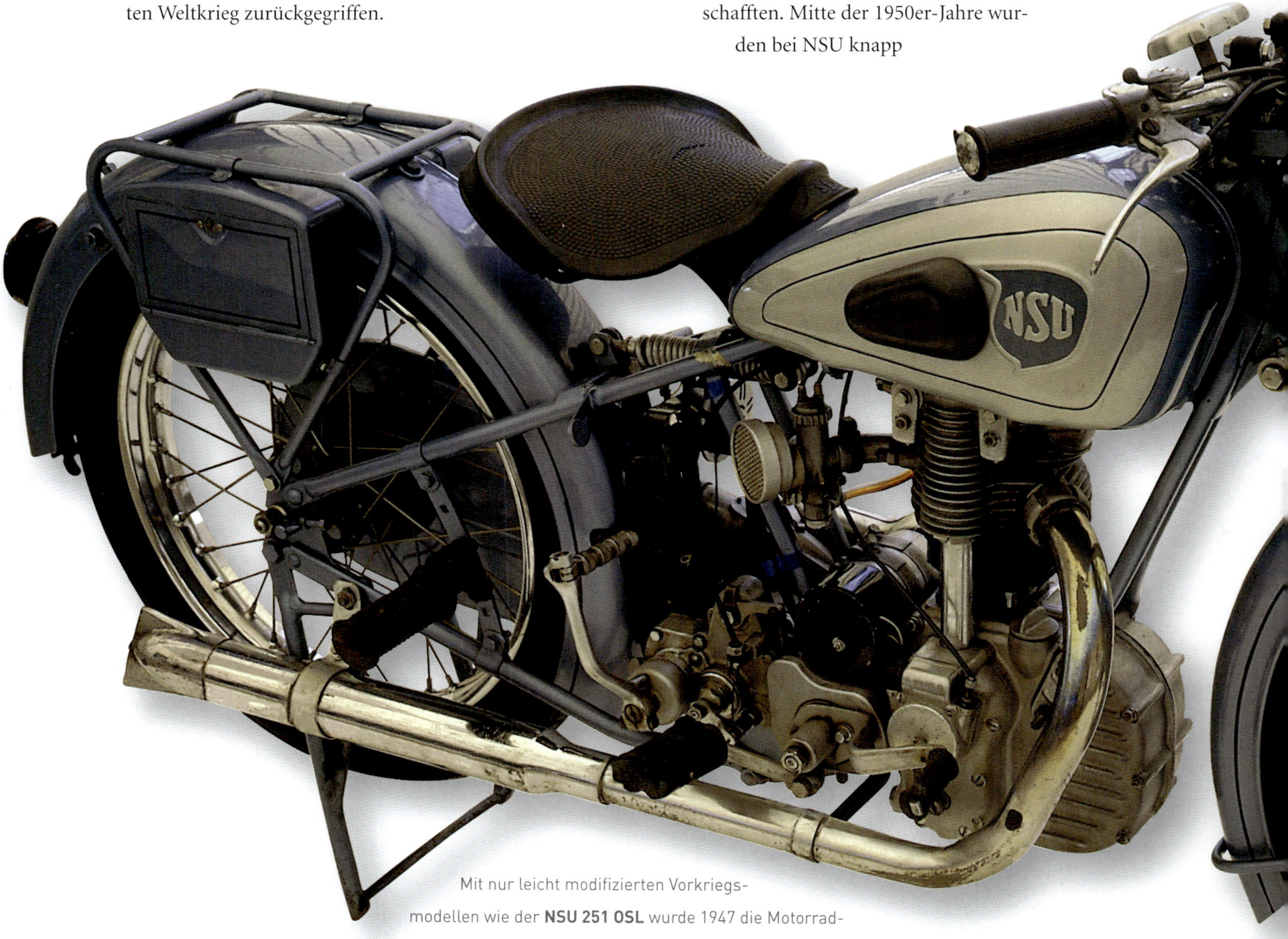

Mit nur leicht modifizierten Vorkriegs-
modellen wie der **NSU 251 OSL** wurde 1947 die Motorradproduktion bei NSU wieder aufgenommen.

126

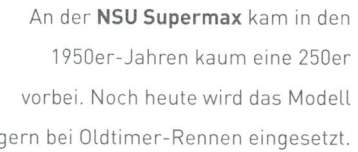

An der **NSU Supermax** kam in den 1950er-Jahren kaum eine 250er vorbei. Noch heute wird das Modell gern bei Oldtimer-Rennen eingesetzt.

350 000 Zweiräder gebaut, wodurch die Neckarsulmer zum größten Zweiradhersteller der Welt avancierten.

Vorgängermodell der Max war die NSU 251 OSL, die von 1933 bis 1940 gebaut wurde und deren Produktion mit nur wenigen Modifikationen 1947 im Werk in Neckarsulm wieder aufgenommen wurde. Deren Einzylinderviertaktmotor hatte einen Hubraum von 242 Kubikzentimetern, der 10,5 PS entwickelte. Damit beschleunigte die Maschine auf 100 Kilometer pro Stunde. Zwischen 1933 und 1952 wurden rund 67 000 Exemplare dieses Modells gebaut.

Praktisch nahtlos erfolgte dann der Übergang auf die Nachfolgerin. Ende 1952 kam die erste Max auf den Markt, die später, als die Modellpalette erweitert wurde, den Spitznamen „Standardmax" bekam. Die offizielle Typbezeichnung der Maschine lautete NSU 251 OSB. Das Kürzel OSB stand dabei für „obengesteuert, Sport und Blockmotor". Mit der Zahl 251 wurden der Hubraum mit eben jenen knapp 250 Kubikzentimetern und die Anzahl der Zylinder – einer – näher erläutert. Der Grundpreis lag bei knapp 2000 DM. Und das war für die sportliche Alltagsmaschine durchaus angemessen.

Hinter der Entwicklung der Max stand Albert Roder, der damals bei NSU schon als Chefkonstrukteur fungierte. Der Techniker, der sich bisweilen auch gegen Widerstände durchsetzen musste, hatte zuvor die NSU Fox entworfen und konzentrierte sich nun auf die Entwicklung einer neuen Maschine, die später so erfolgreich werden sollte.

Roders Glanzstück wurde der neue Motor. Er brachte ein 247-Kubikzentimeter-Aggregat mit 17 PS zur Serienreife. Die Bohrung betrug 69 Millimeter, der Hub 66 Millimeter und die Verdichtung 1:7,4. Damit beschleunigte das mit vier Gängen ausgestattete Fahrzeug auf rund 120 Kilometer pro Stunde. Der

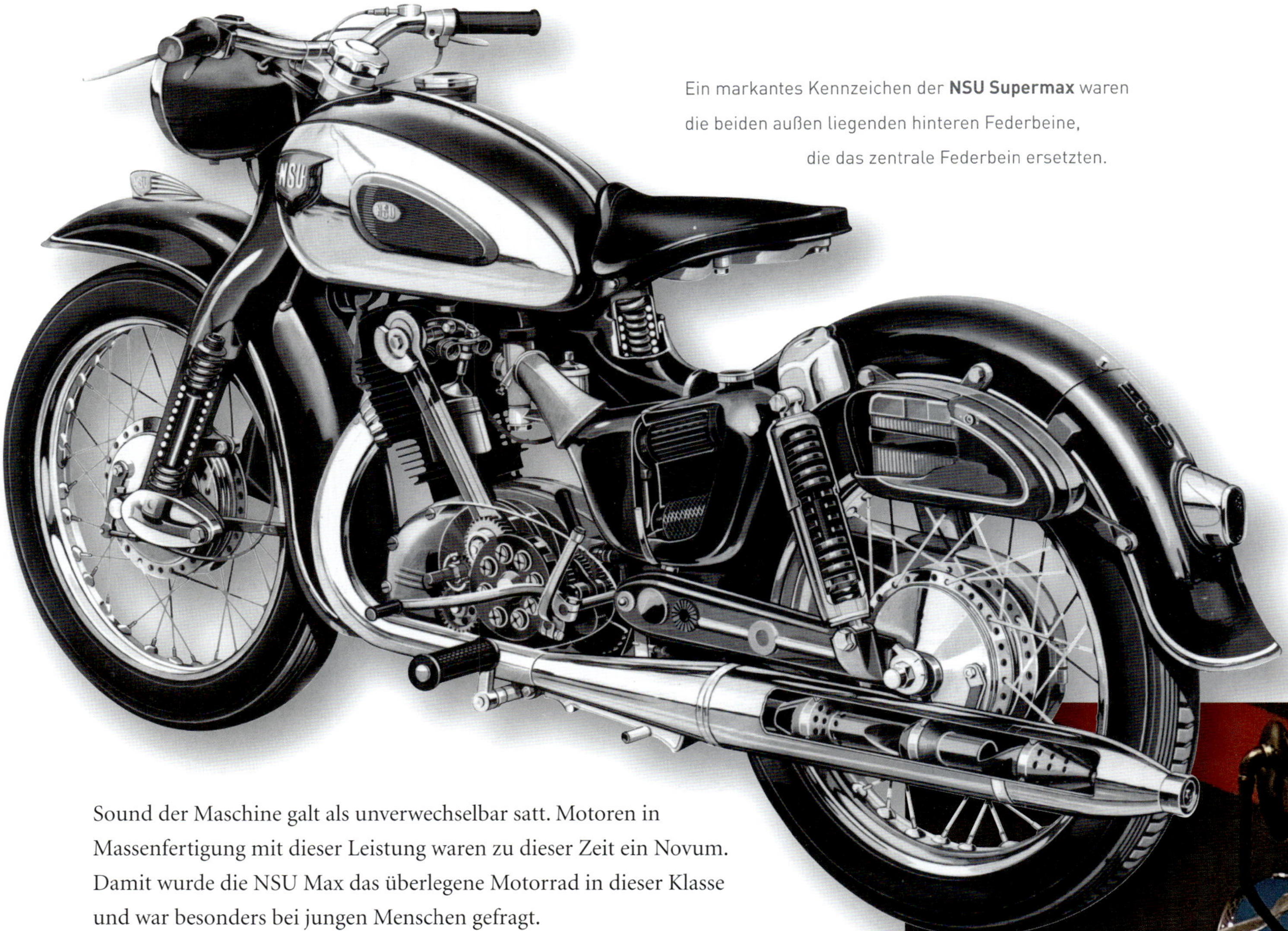

Ein markantes Kennzeichen der **NSU Supermax** waren die beiden außen liegenden hinteren Federbeine, die das zentrale Federbein ersetzten.

Sound der Maschine galt als unverwechselbar satt. Motoren in Massenfertigung mit dieser Leistung waren zu dieser Zeit ein Novum. Damit wurde die NSU Max das überlegene Motorrad in dieser Klasse und war besonders bei jungen Menschen gefragt.

Die große Neuerung war die sogenannte Ultramax-Steuerung der obenliegenden Nockenwelle des Einzylindermotors – eine Bauweise, die bis zu diesem Zeitpunkt vor allem im Rennsport verwendet worden war. Die Nockenwelle wurde bei dieser Motorenkonstruktion durch zwei Schubstangen und nicht durch die bis dahin gewöhnlich verwendete Kette oder durch eine Königswelle angetrieben. Die neue Konstruktion wurde später sogar für den Zweizylindermotor des Kleinwagens NSU Prinz übernommen und bot einen guten Kompromiss zwischen günstigen Herstellungskosten und hoher Zuverlässigkeit.

Hinsichtlich des Fahrwerks orientierte sich Roder grundsätzlich an der NSU Lux. Die Radaufhängung durch geschobene Kurzschwingen vorn und eine Cantileverschwinge mit fast flach liegender Zentralfeder und integriertem Stoßdämpfer hinten entsprach weitgehend dem Vorgängermodell. Allerdings sorgten die Techniker durch eine verstärkte Ausführung für zusätzliche Stabilität. Als Gerüst bekam die Max einen Pressstahlrahmen. Ausgestattet war das Gefährt mit vier Gängen, Halbnabentrommelbremsen sowie einem 12-Liter-Tank.

Mit einem neuen Luftfiltersystem, bei dem sich Staub noch vor dem eigentlichen Luftfilter im Zentralpressrahmen absetzen konnte, ersparte Roder dem Motor unnötigen Verschleiß. All dass führte dazu, dass die Max den Ruf genoss, nicht nur leistungsstark, sondern auch zuverlässig zu sein. 155 Kilogramm brachte die Max leer auf die Waage. Das zulässige Gesamtgewicht betrug 310 Kilogramm. Durch den optional erhältlichen Beiwagen wurde sogar eine – begrenzte – Familientauglichkeit erreicht!

Der Erfolg dieser Maschine – knapp 41000 Exemplare wurden zwischen 1952 und 1954 produziert und verkauft – dürfte den NSU-Managern viel Freude gemacht haben. Nicht zuletzt deshalb fiel deren Entschluss, ein weiteres auf der Standardmax basierendes Modell herauszubringen. 1954, zwei Jahre nach der Vorstellung des Basismodells, konnte der Motorradwelt die Spezialmax vorgestellt werden. Bis 1956 rollten rund 40 000 Exemplare dieses Modells aus den Garagen der Händler zu ihren neuen Besitzern.

Die Spezialmax hatte einen größeren Büffeltank, in den 14 Liter Kraftstoff gezapft werden konnten. Eine deutlich verbesserte Bremsleistung brachten die Vollnabenbremsen, die aus Aluminium gefertigt waren. Dadurch wirkte das neue Modell stabiler als das Vorgängermodell. Gleichwohl hatten die Ingenieure beim Rahmen, bei der Gabel, den Rädern und dem Kotflügel auf Teile zurückgegriffen, die in etwa die gleichen Maße wie die der Standardmax aufwiesen. Der Einzylindermotor der Spezialmax entwickelte wie der der Standardmax aus einem Hubraum von 247 Kubikzentimetern eine Leistung von 17 PS: Damit erreichte sie bei einem Leergewicht von 155 Kilogramm eine Spitzengeschwindigkeit von 126 Stundenkilometern.

Wieder gingen zwei Jahre ins Land, bis NSU ein weiteres Max-Modell präsentieren konnte. Im Unterschied zu den mit einem zentralen Federbein ausgestatteten Modellen Standard- und Spezialmax hatten die Techniker das neue Modell mit einigen Weiterentwicklungen ausgestattet. So hatte die neue Supermax zwei Federbeine am Hinterrad,

Die von 1956 bis 1963 produzierte **Supermax** unterschied sich nicht nur äußerlich von ihren Vorläufern.

die außen befestigt waren und zu einem unverwechselbaren Merkmal der neuen Maschine wurden. „Ein Motorrad wie noch nie. Wann startest du auf NSU?", war auf Werbeplakaten der Neckarsulmer Motorradschmiede zu lesen.

Doch die Techniker hatten noch etliche weitere Teile modifiziert. Bohrung und Hub entsprachen den Werten der Standardmax. Es wurde jedoch ein Papierölfilter verbaut, und der Ansaugraum sowie die Düsenbestückung des Vergasers wurden gegenüber dem Vorgänger verändert, sodass sich die Supermax von jenen Vorgängermodellen nicht nur äußerlich, sondern auch in puncto Motorleistung unterschied. Sie brachte mit 18 PS bei 7000 Umdrehungen pro Minute ein PS mehr als die Standardversion. Auch das Gewicht wuchs: von 155 Kilogramm auf nun rund 170 Kilogramm. Die Supermax stand zum Preis von etwas über 2000 DM bei den Händlern und wurde 15 500-mal verkauft.

Die verschiedenen Versionen der Max standen Pate bei einer Reihe spezieller Entwicklungen der NSU-Ingenieure. Nur für den österreichischen Markt wurde beispielsweise 1955/56 die 301 OSB gebaut. Mit ihren 297 Kubikzentimetern Hubraum und einer Leistung von 21 PS konnte NSU damit den hohen Einfuhrzoll auf 250er-Maschinen umgehen und zudem mit einer höheren Motorleistung auf sich

Mit der **Geländemax** mischte NSU später auch den Offroad-Sport auf. Der Erfolg: zahlreiche Meistertitel! »

Die **NSU OSL 601** war mit ihrem starken Zweizylinder bestens als Gespannmaschine geeignet. Dieses Modell von 1951 steht im Deutschen Zweirad-Museum.

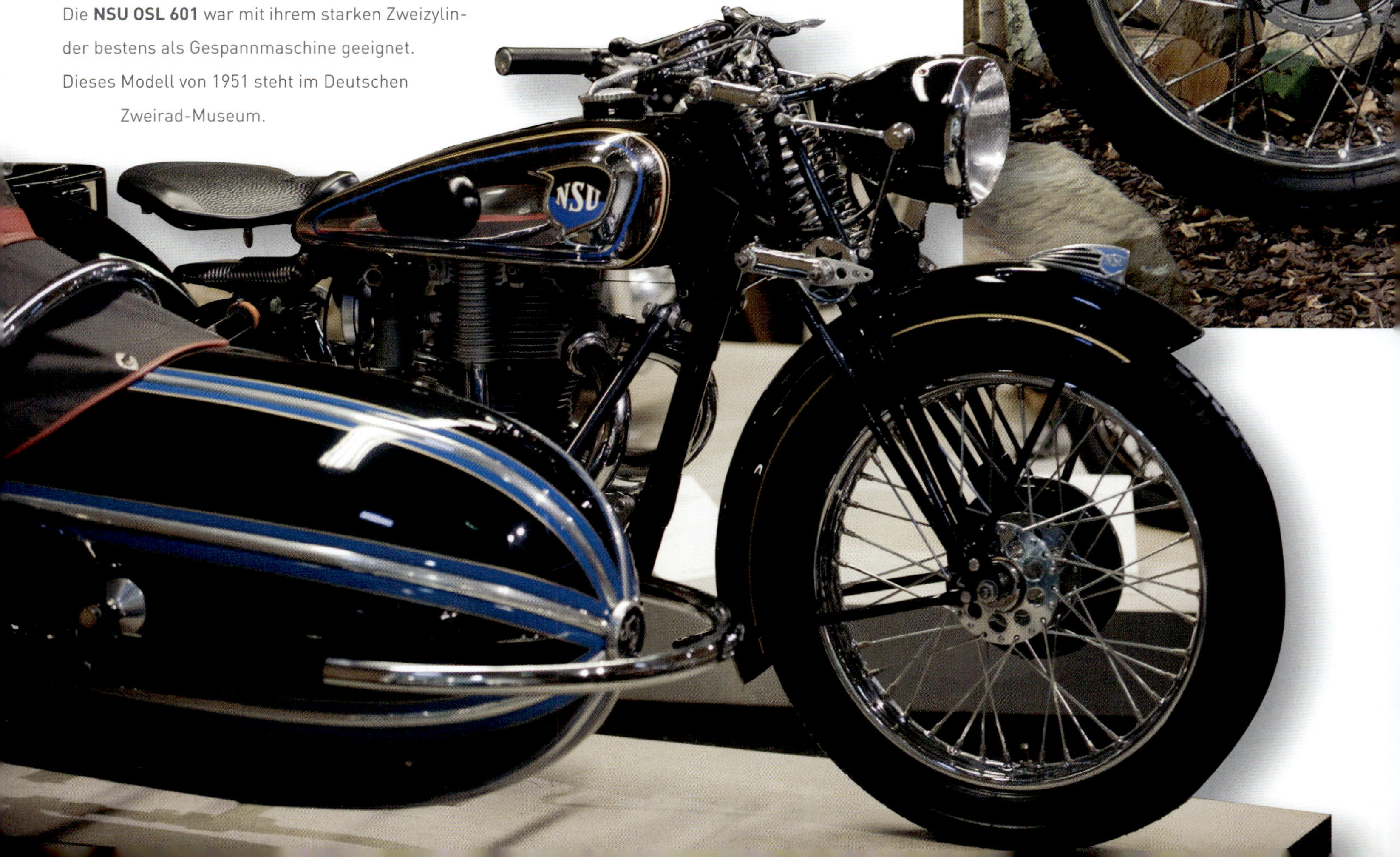

aufmerksam machen. Insgesamt wurden rund 2750 Maschinen dieses Typs gebaut.

Mit der nur für Wettbewerbe gebauten Geländemax gewann NSU zwischen 1955 und 1960 in jedem Jahr die Deutschen Geländemeisterschaften. Kennzeichen der Maschine waren ursprünglich ein größeres 21"-Vorderrad sowie eine verlängerte Gabel. Das 21"-Vorderrad wurde später durch ein 19"-Vorderrad ersetzt. Die Federbeine lagen bei dieser Version außerhalb der Vorderradgabel. Der durch ein Schild vor dem Kontakt mit dem Boden geschützte

Motor brachte je nach Modifizierung eine Leistung zwischen 19 und 25 PS. Neben den offiziellen Geländemaxen waren auf den Straßen und im Gelände einige Eigenkreationen unterwegs, die sich an dem NSU-Werksmodell anlehnten und zum Teil dessen Teile verbaut hatten.

Der Erfolg der Max-Maschinen wurde auch in den USA wahrgenommen. So baute man 1957 rund 230 Max-Scrambler für den amerikanischen Markt, wo sie für die dort sehr beliebten Scrambel-Rennen – Geländewettbe-

Die **NSU Max** war das wohl wichtigste Motorrad in der Geschichte der Neckarsulmer Motorradbauer und zudem eines der populärsten der 1950er- und 1960er-Jahre. **«**

werbe – verwendet wurden. NSU verhalf das zu einer größeren Bekanntheit und einem guten Image. Basis für das US-Modell war die Geländemax mit einem 18-PS-Motor aus der normalen Max-Fertigung, dessen Leistung mit einem Rennsatz jedoch gesteigert werden konnte. Außerdem hatte man außen liegende Vorderraddämpfer sowie einen Geländelenker angebracht. Die Hinterradfederung entsprach der der Supermax. Die Fußrasten und der Auspuff waren höher gelegt, um extremere Schräglagen zu ermöglichen.

Die Max-Modelle wurden bis 1963 im Neckarsulmer Werk von NSU produziert. Insgesamt rollten im Lauf der Jahre etwas über 97 000 Exemplare der verschiedenen Max-Modelle von den Bändern, womit NSU in den harten Nachkriegsjahren nicht nur ein technischer, sondern auch ein wirtschaftlicher Erfolg gelang.

Aufschwung auf zwei, Umschwung zu vier Rädern

Die schlimmen Folgen des Zweiten Weltkriegs wurden Ende der 1940er-, Anfang der 1950er-Jahre langsam in den Hintergrund gedrängt. Das Leben der Bevölkerung normalisierte sich allmählich

und der Wunsch nach – und auch der Zwang zu – größerer Mobilität wuchs.

Doch zunächst wurde in den mageren Nachkriegsjahren jeder Pfennig zweimal umgedreht. Um voranzukommen, stiegen viele auf das Fahrrad. Wer es etwas bequemer haben wollte und über das nötige Kleingeld verfügte, nahm hingegen das motorisierte Zweirad. Und durch dieses Gefährt wurde die Motorisierung des kleinen Mannes eingeläutet. Es waren Fahrräder mit einem Hilfsmotor wie dem aus den Lohmann-Werken, durch welche die Bevölkerung ausreichend mobil war. Hinzu kamen leichte, alltagstaugliche Zweitakter, die günstig in der Anschaffung und im Betrieb und außerdem sehr zuverlässig waren. Zündapp erwarb sich in dieser Sparte einen guten Ruf, genauso wie auch NSU mit der Fox.

Wer schneller unterwegs sein wollte oder auf ein gewisses Prestige aus war, kaufte sich ein Motorrad. Zündapp

Mit der **R 50** hatte BMW in den Nachkriegsjahren gleich ein Erfolgsmodell im Programm.

Auch **Roller** wurden zum beliebten Fortbewegungsmittel der Nachkriegszeit. Ihre Popularität war vor allem bei jüngeren Fahrern groß – nicht zuletzt wegen der günstigen Preise.

bediente diese Bedürfnisse mit seiner KS 601, die wegen ihrer Lackierung auch „grüner Elefant" genannt wurde, und mit dem „Bauernmotorrad", der DB 200. Auch BMW hielt mit der R 50 in diesem Bereich mit.

Eine beliebte Alternative wurden die Motorroller. Sie waren relativ günstig in der Anschaffung, sparsam im Verbrauch und mit einer Leistung zwischen fünf und zehn PS ein adäquates Fortbewegungsmittel. Ein zu dieser Zeit sehr populärer Roller war die Vespa, die von 1950 an von der

Firma Hoffmann in Lizenz gebaut wurde. Für 1200 DM bekam man damals ein Gefährt mit einem Einzylinderzweitaktmotor und 4,5 PS, der eine Reisegeschwindigkeit von bis zu 70 Stundenkilometern ermöglichte. Alternativ konnte man auf den wuchtigen, zuverlässigen und auch für längere Reisen konzipierten Heinkel-Roller Tourist mit seinem Viertaktmotor zurückgreifen, den 9,2 PS auf immerhin 80 Kilometer pro Stunde beschleunigten. Große Erfolge feierte in dieser Zeit auch Zündapp mit seiner Bella, deren Zweitakter

Der **Heinkel Tourist** war schon eine ganz besondere Größe unter den Rollern. Gut motorisiert, konnte man sich darauf auch auf längere Reisen wagen.

es bei einer Leistung zwischen sieben und zehn PS auf Geschwindigkeiten zwischen 80 und 90 Kilometern pro Stunde brachte.

Den Übergang zum Auto schaffte der Kabinenroller, der mit einem Dach Schutz vor der Witterung bot. Die Geschwindigkeiten der unterschiedlichen Roller lagen bei 60 bis 90 Stundenkilometern. Mit Preisen zwischen 2500 und 2800 DM waren sie eine echte Alternative zu teuren Autos.

1953 stieg Messerschmitt mit seinem Kabinenroller in den Markt ein. Bei diesem Gefährt, das im Volksmund auch gerne „rollende Zigarre" genannt wurde, musste das Dach zum Aussteigen nach oben geklappt werden; die Passagiere saßen in dem Gefährt hintereinander. Der Kabinenroller hatte je nach Typ eine Leistung zwischen zehn und 19 PS und erlaubte Reisegeschwindigkeiten von 60 bis125 Stundenkilometern.

Auch Heinkel baute einen anfangs dreirädrigen Kabinenroller, der von einem Einzylinderviertaktmotor angetrieben wurde. In dem Fahrzeug fanden bis zu zwei Erwachsene und zwei Kinder Platz. Der Kabinenroller brachte je nach Modell eine Leistung zwischen neun und zehn PS mit und erreichte eine Geschwindigkeit von knapp 90 Stundenkilometern.

Der Trend ging im Lauf der Jahre jedoch zusehends in Richtung Auto. Und das durfte durchaus noch sehr klein sein – so wie das Goggomobil, das als der am häufigsten produzierte Kleinwagen der Welt gilt. Das von der Hans Glas GmbH in Dingolfing hergestellte Auto bot Platz für vier Personen

Die als „Knutschkugel" bezeichnete **BMW Isetta** wurde von einem Motorradmotor angetrieben. »

MESSERSCHMITT KR 200

Messerschmitts Kabinenroller **KR 200** bot gleich vier Leuten Platz. Auch hier kam ein bewährter Motorradmotor als Antriebsquelle zum Einsatz.

und hatte Seitentüren, die an die eines richtigen Autos erinnerten. Angetrieben wurde es von einem Zweizylinderzweitaktmotor mit einem Hubraum zwischen 250 und 400 Kubikzentimetern. Bis zum Ende der Produktion im Jahr 1969 verließen rund 280 000 Fahrzeuge das Werk.

Eine Alternative dazu war die Isetta, auch unter ihrem Spitznamen „Knutschkugel" bekannt. Charakteristisch für den gerade einmal 2,25 Meter langen Zweisitzer war der Fronteinstieg. Erst im 600er-Modell fanden vier Personen Platz. Ausgestattet war die Isetta mit dem aus dem Zweiradbau bewährten Viertaktmotor mit 250 Kubikzentimetern, was das Fahrzeug mit 14 beziehungsweise 19 PS auf rund 85 Kilometer pro Stunde beschleunigte. BMW verkaufte zwischen 1955 und 1962 rund 161 000 Stück.

Neben diesen bekannten Fahrzeugen wurden in den Nachkriegsjahren auch einige exotische Kleinwagen produziert. Aus mit Blech verstärktem Holz bestand das Fuldamobil, von dem von 1950 bis 1955 etwa 700 Exemplare hergestellt wurden. Mit seinem 8,5 PS starken Einzylinderzweitaktmotor schaffte es bis zu 80 Kilometer pro Stunde.

Ein Kuriosum war auch der Roadster F 125, der bis 1957 von dem Hamburger Kaufmann Paul Kleinschnittger produziert wurde. Mit dem 4,5 PS starken Einzylinderzweitaktmotor fuhr der gerade einmal 120 bis 150 Kilogramm leichte Wagen bis zu 70 Kilometer pro Stunde. Zündapp versuchte ab 1956 mit dem Janus dagegenzuhalten, der für das Unternehmen allerdings kein großer Erfolg wurde. Bewegt wurde er

Der Zündapp **Janus** verdoppelte das Isetta-Konzept – mit einer zweiten Schwingtür im Heck. Erfolg war ihm damit nicht beschieden. ➤➤

durch einen Einzylinderzweitaktmotor mit 14 PS, der das Gefährt auf 85 Kilometer pro Stunde beschleunigen konnte. Die Passagiere im Fond blickten nach hinten – das könnte der Grund dafür gewesen sein, dass die Käufer sich eher zurückhielten. Zügiger war man mit der Superior von Gutbrod unterwegs, die von 1954 an gebaut wurde. Je nach Modell ließen sich mit dem Zweizylinderzweitaktmotor, der eine Leistung zwischen 20 und 30 PS lieferte, bis zu 120 Stundenkilometer herausholen. Aus den Werkshallen der Firma Victoria lief mit dem Spatz der erste deutsche Serienwagen mit Kunststoffkarosserie vom Band. Mit dem Zehn-PS-Motor konnte man sowohl vorwärts als auch rückwärts bis zu 75 Kilometer pro Stunde fahren – wenn das Fahrzeug nicht, wie es einige Male geschah, wegen undichter Brennstoffleitungen in Brand geriet.

Obwohl Zweiräder noch immer eine große Rolle spielten, waren auf den Nachkriegsstraßen in Deutschland schließ-

Im **Gutbrod Superior** schlug ein Zweizylinderzweitakt-Herz, das bereits zwischen 20 und 30 PS leistete – und damit den Motorrädern Paroli bot.

lich immer mehr Autos unterwegs. 1950 wurden in der Bundesrepublik Deutschland knapp 220 000 Personenkraftwagen hergestellt, mehr als doppelt so viele wie im Jahr zuvor. 1952 präsentierte Ford den Taunus 12 M. Zu diesem Zeitpunkt waren knapp eine Million Autos und zwei Millionen Zweiräder auf bundesdeutschen Straßen unterwegs. Zweistellige Zuwachsraten brachten den Automobilkonzernen hohe Gewinne. Mehr und mehr verdrängten die Autos die Zweiräder von der Straße. Anfang der 1960er-Jahre gab es in Deutschland fast fünf Millionen Autos – das Vierrad hatte dem Zweirad endgültig den Rang abgelaufen.

Rivalen der Rennbahn: NSU und BMW

Schnell sein, schneller als die Konkurrenz – genau darum geht es auf der Rennbahn. Erfolge sind gut für die Bekanntheit einer Marke und deren Image. Und sie spornen die Techniker an, leistungsfähige und zuverlässige

Motoren und gute Maschinen zu bauen. Das kommt schlussendlich auch den Serienmodellen zugute. Deshalb trafen sich am Feldberg oder auf der Solitude, am Avus oder in der Eifel die Fahrer verschiedener Motorradhersteller zu spannenden Wettfahrten.

Zwei erbitterte Rivalen im Kampf um Sekunden waren in den Nachkriegsjahren NSU und BMW. Maschinen beider Marken fuhren in den 1950er- und zu Beginn der 1960er-Jahre zahlreiche Titel und Weltrekorde ein. Legendär waren die Duelle zwischen dem NSU-Fahrer Heiner Fleischmann und dem BMW-Piloten Georg „Schorsch" Meier.

Viele der NSU-Nachkriegsrenner waren modifizierte Max-Modelle. So gewann Werner Haas auf einer Max aus dem Jahr 1953 die deutsche Meisterschaft und wurde sogar Weltmeister. Die Rennmax war eine Zweizylinder-Rennmaschine, deren Rahmen und Federung denen der Serienmax ähnelten. Der entscheidende Unterschied war der Motor – ein eigens entwickelter Parallel-Zweizylinder mit zwei

Die NSU-Wettbewerbsversionen **Sportmax** und **Rennmax** stehen heute im Zweiradmuseum Neckarsulm.

oben liegenden Nockenwellen. Das 250-Kubikzentimeter-Aggregat brachte bei 11 500 Umdrehungen pro Minute 39 PS auf die Piste, mit denen man die 121 Kilogramm schwere Maschine auf bis zu 195 Stundenkilometer beschleunigen konnte. Damit erklomm NSU den Renn-Olymp – dem danach allerdings ein langsamer Abstieg folgte. Für Rennen wurde ab 1955 nur noch die Sportmax gebaut, die an die Serienmodelle angelehnt war, deren Motor mit dem offenen Auspuff aber rund zehn PS mehr leistete. Erfolge errangen NSU-Fahrer von 1955 an auf holprigem Terrain mit der Geländemax. Die hatte im Vergleich zum Serienmodell eine höhere Leistung (19,5 PS) und einen Motorschutz sowie bessere Stoßdämpfer und grobstollige Reifen. Erwin Schmider gewann auf der NSU Geländemax zehnmal (1958–1967) die Deutsche Geländemeisterschaft in der Klasse bis 350 Kubikzentimeter.

BMW engagierte sich erst zu Beginn der 1950er-Jahre wieder bei Motorradrennen. Georg und Hans Meier, Walter Zeller oder die Gespanne Ludwig Kraus und Bernhard Huser sowie Max Klankermeier und Hermann Wolz waren auf der Straße und im Gelände ernst zu nehmende Gegner, die zahlreiche Meistertitel errangen. Sowohl auf den 250-Kubikzentimeter-Einzylindermodellen als auch auf den 500er- und 600er-Boxermotoren errangen diese Legenden unzählige Medaillen bei nationalen und internationalen Wettbewerben. Eine besondere Rolle spielten die 1954 bei der RS 54 eingeführten Vollschwingen-Modelle mit ihrer neuen Fahrwerkskonstruktion, die auch auf den Rennstrecken für Aufsehen sorgten. Die RS 54 wurde nur für Rennsportzwecke gebaut und leistete rund 45 PS. BMW baute nur 25 Exemplare dieses Modells mit und ohne Seitenwagen. Viele der Rennmaschinen waren Modifikationen von Serienmodellen, doch viele der Rennsportmodelle besaßen einen Königswellenantrieb mit oben liegender Nockenwelle.

Die **Rennmax** war eine Zweizylinder-Rennmaschine, deren Rahmen und Federung denen der Serienmax ähnelten. Der Motor machte den Unterschied.

Aufstieg und Fall des British Empire

 In den 1950er-Jahren eroberten die britischen Traditionsmarken die Weltmarktführung, um in den Swinging Sixties gar Kultstatus zu erlangen. Dann verschliefen sie die technische Weiterentwicklung und verschwanden binnen kürzester Zeit vom Markt.

Das Ende des Zweiten Weltkriegs hatte vor allem eines hinterlassen: Verlierer. Selbst Siegermächte wie Frankreich und vor allem England litten noch Jahrzehnte unter den Folgen des wohl schlimmsten Kapitels der Weltgeschichte. Während es in Deutschland in den 1950er-Jahren steil aufwärts ging, was von den Westalliierten ja durchaus gewollt war als Bollwerk gegen den sowjetischen Einflussbereich; die Volkswirtschaften der einstigen Kriegsgegner dümpelten hingegen mehr schlecht als recht vor sich hin.

Das Britische Empire war mit dem Ende des Zweiten Weltkriegs und dem Aufkommen einer neuen Weltordnung in der Bedeutungslosigkeit verschwunden. Die Insel schot-

Der mächtige Ein-Liter-Motor der **Vincent Black Shadow** lieferte 1948 sagenhafte 55 PS ans Hinterrad.

tete sich ab, kehrte in sich, wandte sich sich selbst zu. Auch die Motorradindustrie wurde irgendwann von diesem Selbstgefälligkeits-Dasein im Elfenbeinturm angesteckt. Obwohl es immer schon große Marken aus dem Königreich gegeben hatte und in weiten Teilen sogar noch gab, obwohl die Produktionszahlen der britischen Motorradindustrie immer auf den vordersten Rängen lagen – nie konnte man sich so ganz an die Spitze setzen. Keine Marke als Marktführer, auch nicht die Gesamtindustrie als solche.

Ein Silberstreifen am Horizont

Und dennoch ging plötzlich noch was. Um 1960 keimte Hoffnung auf zwischen den nördlichen Hebriden und dem Ärmelkanal, dem Rest der Welt noch einmal das eigene Können demonstrieren zu können. Dafür waren aber nicht

Die **Vincent Black Shadow** war das Über-motorrad der 1950er-Jahre. Die bis dato unerreichten Leistungsdaten überforderten leider viele Fahrer. ◀◀

die Motorradhersteller ursächlich verantwortlich. Die größten Exportschlager der Swinging Sixties wurden Musik – und Mode! London erschien plötzlich wieder als Nabel der Welt, wenn auch einer für Traditionalisten verstörenden.

Vier Schreihälse mit Pilzköpfen – die Beatles – hatten binnen Monaten die Herzen von Millionen Fans weltweit erobert, ihr rockiges Pendant war eine langmähnige Kapelle namens Rolling Stones. Während die Fab Four zu Wunsch-schwiegersöhnen heranwuchsen, machten Mick Jagger & Co. Krawall auf und neben der Bühne. In der Carnaby Street und anderen Vierteln der britischen Hauptstadt entwickelte sich eine rührige Designer-szene, deren bunte Entwürfe Farbe in den eigentlich seit dem Abgesang der Roaring Twenties ach so grauen Alltag brachten. Es schien, als sollten

Eine **Vincent Black Shadow** war für über 200 Kilometer pro Stunde gut. Der Tacho zeigte sich sogar noch optimistischer.

40 Jahre Finsternis, die im Zweiten Weltkrieg zwar ihren Höhepunkt, längst aber nicht ihr Ende fand, auf einen Schlag abgeschüttelt werden. Und so wurden die Swinging Sixties ein britisches Jahrzehnt.

Davon profitierten zahlreiche Wirtschaftszweige und nicht zuletzt auch die Hersteller motorisierter Zweiräder. Denn kein Verkehrsmittel passte besser zum Anspruch, den Alltagsmief hinter sich zu lassen, als das Motorrad. Dabei war die Sorge zunächst groß, das immer breiteren Kreisen zugängliche Automobil könnte Motorräder obsolet werden lassen. Eine Sorge, die nicht ganz von der Hand zu weisen war, schließlich konnten die vierrädrigen Fahrzeuge fast alles besser, was im Alltag so anfiel. Doch der aufkeimende Drang nach Freiheit und Abenteuer, nach einem „Anders sein" um jeden Preis, verpasste der Branche einen unverhofften Schub.

Britische Legenden

Die britischen Hersteller wurden von dieser Entwicklung, die direkt vor ihrer Haustür ihren Anfang nahm, völlig überrascht. Man hatte sich in den 1950er-Jahren bereits ans Markensterben gewöhnt, zahlreiche Traditionsnamen waren bereits zu Grabe getragen worden. Vincent etwa, seit 1928 Hersteller so herrlicher Maschinen wie der Black Shadow oder der Black Lightning, galt als Rolls Royce der Zweiradbranche.

Philip C. Vincent legte größten Wert darauf, dass immer nur die besten Einzelteile verbaut wurden. Und er setzte schon früh auf ein Baukastensystem. Es gab 500 Kubikzentimeter Einzylinder und Twins mit exakt doppeltem Hub-

Das Design der **BSA Gold Star** stammte noch aus den 1930er-Jahren. Die zeitlose Schönheit des Singles hat bis heute überdauert und diente zahlreichen Nachahmern als Vorbild.

Zu den vielen Details an britischen Bikes, die bis heute als stilbildend gelten, zählen etwa der markante Auspuff der **BSA Gold Star** oder auch die klassischen Speichenräder.

Zeitgeschehen

Die 1960er-Jahre sind durch zahlreiche politische Konflikte und einen Wandel des Zeitgeistes geprägt. Die Jugend wurde zunehmend kritisch, lehnte sich sowohl gegen die eigenen Eltern als auch die Politik auf und organisierte zahlreiche Friedensbewegungen. Ein neues Freiheitsdenken manifestierte sich in der Musikszene und der Welt der Mode.

Die Ursprünge des Vietnamkriegs reichen bis ins Jahr 1946 zurück, als vietnamesische Kommunisten sich gegen die Kolonialmacht Frankreich wehrten. Ab 1954 war Vietnam in einen kommunistischen Norden und einen antikommunistischen Süden geteilt. Wenig später tobte ein Bürgerkrieg, der im März 1965 zu einem Stellvertreterkrieg des Kalten Krieges eskalierte. Der Krieg endete erst am 30. April 1975 mit der Einnahme Saigons (der heutigen Ho-Chi-Minh-Stadt) durch nordvietnamesische Truppen. Ein Jahr später wurde Vietnam wieder vereinigt.

Im Oktober 1962 hielt die 13 Tage während Kubakrise die Welt in Atem. Bereits 1960 hatte die amerikanische Regierung untersagt, Erdöl nach Kuba zu liefern, ebenso hatte sie alle Importe verboten. Daraufhin bekam das sozialistische Regime Fidel Castros wirtschaftliche und militärische Unterstützung von der Sowjetunion. Als diese schließlich Mittelstreckenraketen auf Kuba stationierte, eskalierte der Konflikt, der beinahe zum Nuklearkrieg führte.

Das Musikfestival Woodstock, das im August 1969 auf dem Gelände einer Farm im US-amerikanischen Bundesstaat New York veranstaltet wurde, gilt als Höhepunkt der von San Francisco ausgehenden Hippiebewegung, die das Motto „Make love, not war!" prägte. London und insbesondere die Carnaby Street wurden derweil zum modischen Experimentierfeld Europas. Die neuen modischen Trends waren Paisleymuster und vor allem der von Mary Quant erfundene Minirock – eine Provokation für die damalige Gesellschaft.

raum. Diese Maschinen begründeten schließlich auch Vincents Ruhm. 55 PS Leistung genügten der Black Shadow 1948 zum Titel „schnellstes Serienmotorrad der Welt". Der „Schwarze Schatten" brachte es auf über 200 Kilometer pro Stunde.

Was sonst noch so in einem Vincent-Motor steckte, zeigte sich im gleichen Jahr auf dem Bonneville-Salzsee in Utah. Eine 80 PS starke Black Lightning trat mit ihrem Fahrer Rollie Free die wohl außergewöhnlichste Jagd nach dem Geschwindigkeits-Weltrekord an, die je stattgefunden hatte. Rollie lag – nur mit Helm, Badehose und Schlappen bekleidet – förmlich auf seiner Vincent, als er 241,85 Kilometer pro Stunde erreicht. Auch wenn dies nur für den US-Rekord reichte,

Vielen gilt die **BSA Gold Star** als der britische Klassiker überhaupt – und das, obwohl die Hochzeit des Motorradbaus auf der Insel von Zweizylinder-Modellen geprägt war. Ihr Design erlebte in den 1970er-Jahren in der Yamaha SR 500 eine Renaissance. »

MINIMUM OIL LEVEL

wurde die Vincent zur Legende, war sie doch ein weitgehend serienmäßiges Modell.

Solcherlei Erfolge konnten aber nicht verhindern, dass die Maschinen, die Vincent zusammen mit seinem Partner Howard R. Davies produzierte und vertrieb, ein Verlustgeschäft waren. Trotz stolzer Preise legte das Unternehmen bei jeder Maschine, die das Werk verließ, Geld drauf. Mitte der 1950er-Jahre war für die Vincent H.R.D. Company der Konkurs schließlich nicht mehr zu vermeiden. Die Motorräder hingegen galten noch bis weit in die Swinging Sixties hinein als das Nonplusultra auf zwei Rädern.

In Deutschland hatte sich mit Beginn des Wirtschaftswunders NSU bis an die Weltspitze gedrängt, produziert wurden auf dem europäischen Festland aber nur bis zur Langeweile solide Maschinen, deren Geburt noch vor dem dunkelsten Kapitel deutscher Geschichte stattgefunden hatte. Eine BMW R51/3 etwa sah noch 1951 so aus, wie Motorräder schon in den frühen 1930er-Jahren ausgesehen hatten. Zu dem neuen Zeitgeist freilich wollte dies nicht passen.

Die britischen Marken lebten zwar auch von und mit veralteten Modellen. Die waren aber schon zu ihrer Entstehungszeit der Konkurrenz weit voraus gewesen. Und sie hatten klang- und fantasievolle Namen: Von BSA kamen eine Gold Star, eine Rocket oder eine Thunderbolt, von Norton die Atlas, die Manx und natürlich die Commando. Triumph schickte einen Tiger ins Rennen, dazu die Trophy oder die Bonneville. Selbst die sperrigen Royal Enfield lock-

Jede Menge Chrom und klassische Armaturen: Neben dem Tacho hatte an der **Norton Commando** auch schon ein Drehzahlmesser Einzug gehalten, in für die kommenden Jahrzehnte gültiger Anordnung.

ten mit Maschinen wie der Bullet oder Interceptor.

Es waren martialisch klingende Wortgebilde, viele mit Bezug zu Rennsport oder Rekordjagd. Damit trafen die Briten den Nerv der Käufer.

🏍 Britische Bikes waren weltweit verfügbar. Die alten Handelswege des Kolonialreichs brachten den Herstellern einen gewaltigen Vorteil. Afrika, Asien, Nord- und Südamerika – wo immer das Vereinigte Königreich einst seine politischen Finger im Spiel hatte, dominierten die britischen Hersteller die Märkte. Die spätere Götterdämmerung lag vor allem in der Tatsache begründet, dass keiner der Hersteller ein auch nur einigermaßen kenntnisreiches Management beschäftigte.

Es wurde so ziemlich alles versäumt, was nötig gewesen wäre, um nicht nur kurzfristigen Profit aus den gesellschaftlichen Trends zu schöpfen, sondern um nachhaltig und langfristig erfolgreich zu sein. Bei aller markanter Namensgebung: Die Technik der britischen Bikes basierte genauso auf Vorkriegskonstruktionen wie bei den Wettbewerbern vom Festland oder aus Übersee. Schlimmer noch: Die verwendeten Werkzeuge zur Herstellung der Komponenten waren oft in desolatem Zustand. Doch Geld in die Hand zu nehmen und in Forschung, Entwicklung, vor allem aber Fertigung und Qualitätsmanagement zu stecken, auf diese Idee kam niemand. Und dies war sicher dem Umstand geschuldet, dass man die eigenen Produkte schlicht für das Beste auf dem Weltmarkt hielt.

Das waren sie nun zwar ganz sicher nicht, faszinierende Marken und Modelle, dazu unendliche Rennsporterfolge auf und abseits befestigter Straßen gab es

Die **750er Norton Commando** war der Inbegriff eines britischen Sportbikes. Klassischer Parallel-Twin und hochliegende Auspuffrohre waren stilbildend.

149

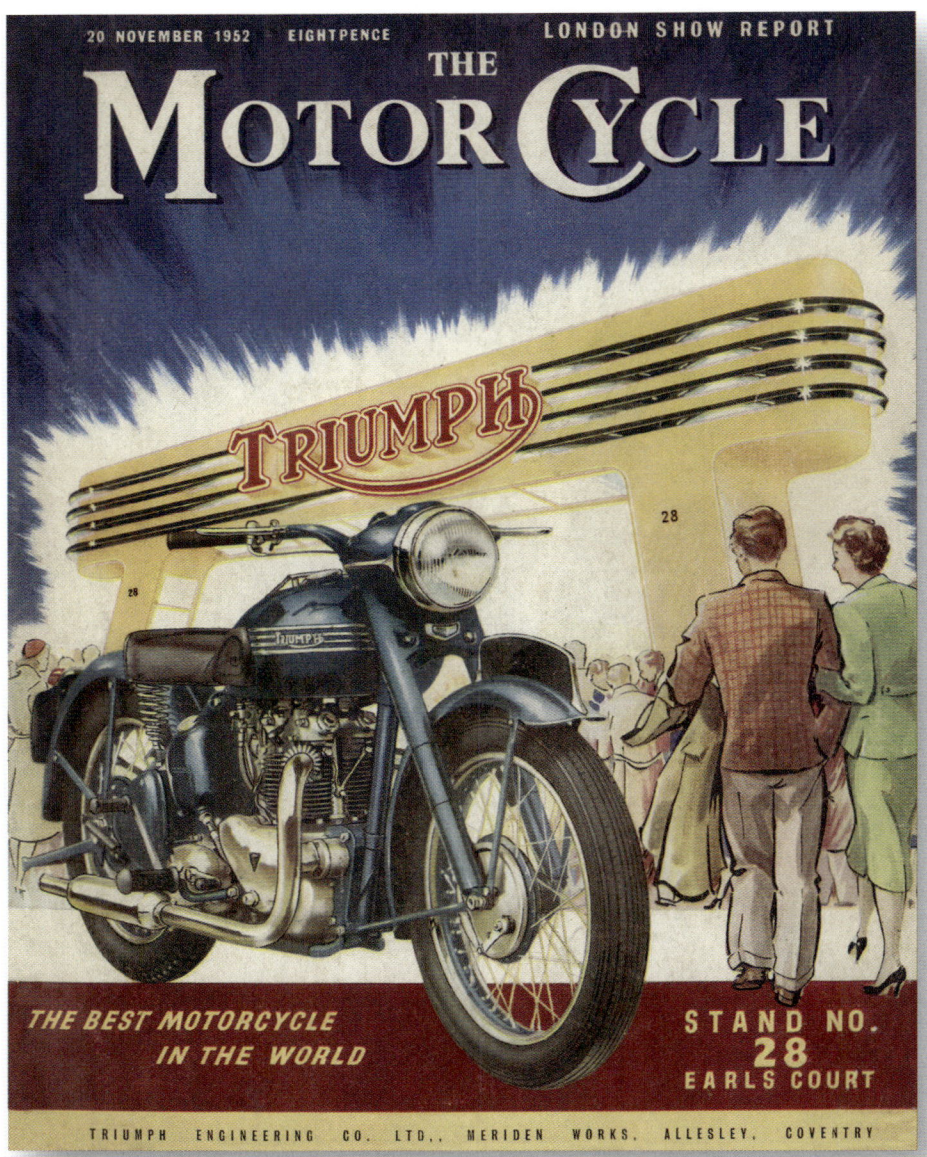

Zu Anfang der 1950er-Jahre sahen sich die britischen Motorradproduzenten, allen voran **Triumph**, als „die Besten der Welt".

Britische Motorräder der Marken Birmingham Small Arms Company, Norton Motorcycles oder eben **Triumph** galten lange Zeit als die besten Motorräder der Welt. Zum Markenzeichen der Triumph-Maschinen schlechthin wurde die Motorkonstruktion mit stehendem Zylinderblock. ▶▶

jedoch schon. Das Marketing über den Sport funktionierte im auferstehenden Europa ebenso gut wie seit jeher in den USA.

Hinsichtlich britischer Bikes war der Motorsport auf zwei Rädern untrennbar mit einem Namen verknüpft: der Isle of Man. Die kleine Insel in der Irischen See war seit 1907 Ausrichter des bis heute bekanntesten Straßenrennens überhaupt: der Tourist Trophy, kurz TT genannt. Der Clou: Bei der Rennstrecke handelt es sich um reguläre Straßen, die lediglich für das Rennen – und seit 1928 auch fürs Training – gesperrt werden. Zu Beginn bestand der Rundkurs aus 25 Kilometern Straßen und Wegen, dem „short course". Später wuchs die Strecke mit Start und Ziel in der Inselhauptstadt Douglas auf gute 60 Kilometer Länge an, was allein schon eine besondere Herausforderung darstellt. Denn nicht einmal die besten Rennfahrer können sich jede Kurve oder die zugehörigen Bremspunkte einer Runde vollständig merken.

Aus diesen und vielen weiteren Gründen mauserte sich die „Manx TT" zu einer Legende, ihre Bezwinger wurden zu Helden, deren zunächst seriennahe Maschinen wiederum zu begehrten Kaufobjekten. Einfacher und Erfolg versprechender kann

Marketing nicht sein. 1907, bei der Premiere des in zwei Klassen gestarteten Rennens, setzte sich bei den Einzylindern Charlie Collier auf seiner Matchless – der Familie gehörte das Unternehmen auch –, in der Zweizylinder-Klasse Rem Fowler auf einer Norton mit Peugeot-Motorisierung durch.

Von ganz wenigen Ausnahmen abgesehen, blieb es bis Anfang der 1960er-Jahre bei der britischen Renndominanz. Alle nennenswerten Marken verewigten sich früher oder später in den TT-Siegerlisten: AJS, Rudge, Sunbeam, Triumph und Velocette, vor allem aber Norton konnten die TT immer wieder für sich entscheiden. Erst 1935 gelang Moto Guzzi der erste Sieg einer nicht britischen Marke. Und 1939 holte der legendäre Schorsch Meier den Erfolg in der großen Klasse nach Deutschland – auf einer BMW.

Nach dem Zweiten Weltkrieg war das alte Kräfteverhältnis wiederhergestellt. Mitte der 1950er-Jahre schwächelte das Imperium allerdings, die Italiener, vor allem MV Augusta, kamen mächtig auf und holten sich alsbald Siege in Serie. Bei den mittlerweile

250-Kubikzentimeter-Motor einer **Triumph Tiger** aus dem Jahr 1961.

eingeführten Gespannrennen kam niemand an den BMW-Dreirädern vorbei. Und auch die Japaner mischten fortan kräftig mit!

1961 kam Honda, sah und siegte. Yamaha und Suzuki ließen sich nicht lange bitten und legten nach. Es dauerte bis 1967, bis sich wieder ein Fahrer eines britischen Bikes in die Siegerlisten eintragen konnte. Aber was waren diese Siege wert, wurden sie doch nicht mehr in den traditionellen Rennklassen, sondern bei den – wie es hieß – eigens für die heimischen Marken eingeführten „Pro-

duction Racer" eingefahren? Ohnehin war es nur ein kurzes Aufflackern. 1974 gab es den letzten Sieg eines britischen Motorrads bei der TT. Mick Grant gewann die Klasse Production 1000 auf einer Triumph.

Erst als sich nun auf den Straßen wie auf den Rennstrecken andeutete, dass der sich selbst überschätzenden britischen Motorradindustrie in Ostasien gewaltige Konkurrenz heranwuchs, wurde hektisch in die Entwicklung neuer Motorräder investiert. Da Honda vor allem mit der CB 450 punktete, wollten die Strategen dem Herausforderer mit ihren bis dato Ton angebenden Einzylindern in der Halbliterklasse lieber aus dem Weg gehen. Also kamen einige kräftige 650er und 750er Dreizylinder auf den Markt, mit denen vor allem BSA und Triumph wieder in die Spur kommen wollten. Doch dann holte Honda zu einem Nackenschlag aus, von dem sich weder die britische und lange Zeit auch die übrige Motorradbranche kaum mehr erholen sollte …

Da stand sie, 1968, die Honda CB 750 Four. Ihr Vierzylinder-Reihenmotor, quer eingebaut, erzeugte Kraft ohne Ende, dazu kamen ein schickes, zeitgemäßes Design und viele hervorragende Details. Keine zwei Jahre später siegte eine Serienmaschine der CB 750 Four bei den 200 Meilen von Daytona. Eindrucksvoller war technische Überlegenheit kaum zu belegen.

Das große Markensterben – die Motorradwelle ebbt ab

Obwohl britische Motorräder zu Beginn der Swinging Sixties gefragt und gesucht waren, blieben die ganz großen Verkaufserfolge dennoch aus. Zwar gab es einzelne Modelle, die sich einen wohlklingenden Namen machten. Das Gros der Maschinen war aber wenig geeignet, die Fantasie einer Käuferschaft anzuregen, die immer mehr Motorradfahren als Ausdruck von Rebellion betrachtete.

Mit ihrem 500 Kubikzentimeter großen Einzylinder-Motor brachte die **Triumph CTT** von 1929 sportliche Höchstleistungen auf den Asphalt, wie sie eigentlich erst wieder in den 1950er-Jahren erreicht wurden.

In den 1950er-Jahren war **AJS** nur noch ein Komponententräger für Norton, den Neuzugang des Motorradkonzerns AMC. Damit war das endgültige Ende der Marke abzusehen. »

AJS galt zu Beginn des 20. Jahrhunderts als herausragender Hersteller sportlicher Motorräder. Doch bereits mit der Weltwirtschaftskrise kam das Aus für die Eigenständigkeit der Marke.

Schon zu Beginn der 1960er-Jahre setzte in der britischen Motorradindustrie das große Markensterben ein, das andere Länder wie Deutschland oder auch die USA bereits hinter sich hatten. Zu den ersten Marken, die es erwischen sollte, gehörten AJS und Matchless – und damit zwei Unternehmen, die vom Beginn des Jahrhunderts bis Anfang der 1930er-Jahre zu den bekanntesten der Motorradbranche weltweit zählten. Matchless gelang ein Sieg bei der ersten TT auf der Isle of Man im Jahre 1907. Dabei war eigentlich AJS später der herausragende Hersteller von sportlichen Motorrädern.

Die Wege der beiden Familienunternehmen – die Colliers führten Matchless, die Stevens AJS – kreuzten sich 1931 auf schicksalhafte Weise. Zuvor war AJS in den Strudel der Weltwirtschaftskrise geraten und in die Zahlungsunfähigkeit gerutscht. Matchless, deutlich besser aufgestellt, sicherte sich den Konkurrenten per Übernahme und baute sein Programm damit deutlich aus. Die Colliers waren auf den Geschmack gekommen und verleibten sich zunächst noch James sowie Francis-Burnett ein, bevor sie ihrem Portfolio Mitte der 1930er-Jahre mit Sunbeam einen weiteren großen Namen hinzufügen konnten.

Das schrie förmlich nach einer Umbenennung des Unternehmens. Gleich drei große Marken waren nun in einem Konzern vereint. Zusätzlich belieferte man weitere berühmte

BSA, kurz für **Birmingham Small Arms**, war ursprünglich ein Zusammenschluss von mehr als einem Dutzend Waffenschmieden.

einem weiteren bekannten Namen unter den so zahlreichen britischen Legenden.

BSA, kurz für Birmingham Small Arms, war ursprünglich ein Zusammenschluss von mehr als einem Dutzend in und um die Industriemetropole ansässigen Waffenschmieden. Um sich von dieser rückläufigen Industriesparte unabhängiger zu machen, war schon 1903 das erste Motorrad konstruiert worden. Automobile, Flugzeuge – alles, was sich in einer zunehmend technikbegeisterten Gesellschaft gut vermarkten ließ – wurden in Folge produziert. Bis zum Zweiten Weltkrieg gehörten 67 Fabriken zu dem weit verzweigten Konzern. Nach 1945 wurde die Marke zunächst für den erfolgreichen Nachbau der Reihe DKW-RT bekannt, die unter dem Namen BSA Bantam nach Originalplänen aus Deutschland gefertigt wurde. Eine große Zahl dieses zuverlässigen Bikes ging als Nachkriegs-Erstausstattung an Behörden, darunter auch die britische Post „Royal Mail".

Nach Sunbeam gelangte 1951 auch Triumph in die BSA-Fänge. Für Erstaunen sorgte dabei der Umstand, dass die „motorcycle unit" des Konzerns fortan von Meriden, dem Firmensitz von Triumph, aus geführt wurde. Mit der Macht

Konfektionäre, die ihre eigenen Kreationen weitgehend aus Fremdkomponenten erstellten, mit Motoren. Die Spanne reichte dabei von Brough-Superior über Coventry Eagle bis zu Morgan. Im Oktober 1937 entstand so Associated Motor Cycle Ltd., kurz AMC.

So langsam setzte in der britischen Motorradindustrie eine Entwicklung ein, die ihr später zum Verderben werden sollte. Im Fokus der Geschäftsführungen stand nicht länger technische Innovation, sondern Akquise und Verkauf von Marken. Sunbeam ging schon 1940 von AMC an BSA über,

Mit ihrem großen Tank, solider Verarbeitung und 46 PS Leistung aus 654 Kubikzentimetern Hubraum sprach die **BSA Thunderbolt** vor allem Tourer an.

eines großen Konzerns im Rücken gelang es Triumph sogar, in der ersten Hälfte der Swinging Sixties zum weltgrößten Motorradhersteller aufzusteigen. AMC hingegen übernahm mit seinen Marken AJS und Matchless 1953 auch noch Norton. Was angesichts der herausragenden Reputation des Namens Norton eigentlich aussah wie ein ganz besonders großer Coup, wurde für die Stammmarken zur Existenzfrage. Der Techniktransfer erfolgte lediglich vom Neuzugang zur Bestandsfamilie. Und bald schon waren eine AJS oder

eine Matchless nichts anderes als Norton-Komponententräger. Dabei wäre es anders herum durchaus nötig gewesen, die vorhandenen Lücken in Nortons Palette zu füllen. Doch das unterblieb.

Letztlich war ein solcher Gemischtwarenladen in den nicht gerade einfachen Zeiten kaum noch überlebensfähig. Doch Größe und Vielfalt des Konzerns AMC ließen kein schnelles Ende zu. Der schleichende Tod des Unternehmens zog sich über fast das gesamte Jahrzehnt hin. 1966 wurde

Die aktuelle **Norton Commando 961** wird von einem klassischen Parallel-Twin angetrieben und rollt in drei Varianten auf die Straße.

Triumph-Fahrer zeigen gerne die Leidenschaft für ihre Marke. Und wie es sich für einen echten Biker gehört, hat er sich den Namen seines Lieblings auf die Haut tatöwieren lassen ...

AJS als Marke zu Grabe getragen, mit neuem Investor lautete das Unternehmen zunächst Norton-Matchless. Daraus wurde dann Norton-Villiers, aus dem erodierten BSA-Konzern gesellte sich kurzfristig noch Triumph hinzu – das muntere Markenrücken ging also einfach so weiter, ohne dass auch nur eine nennenswerte Verbesserung für einen der Beteiligten dabei herausgekommen wäre. Das altehrwürdige Werk in London, wo AJS und Matchless einst Geschichte schrieben, schloss 1971 seine Pforten, die Produktion war schon zwei Jahre zuvor stillgelegt worden.

Übrig blieb also schon wieder Triumph. Die suchten ihr Heil in großvolumigen Modellen. Besonders die Dreizylinder von Triumph konnten noch einmal für ein Marken-Revival sorgen. Nichtsdestotrotz hatte die britische Motorradindustrie Ende der 1960er-Jahre so ziemlich alles eingebüßt, wofür sie einst stand: Rennsporterfolge, Qualität, Faszination. Die traurigen Öllecks unter Motoren, die mit minderwertigen Werkzeugen gebaut wurden, galten als negatives Markenzeichen britischer Produkte.

Der negative Höhepunkt sollte aber erst in den 1970er-Jahren kommen: Ein bis dato nicht gekannter Arbeitskampf hatte nach mehr als einem Jahr Stillstand im von der Schließung bedrohten Triumph-Werk zur Folge, das eine Arbeiter-Kooperative die Marke übernahm und weiterführte. Gebracht hat es nicht viel. 1983 war auch dieses Kapitel beendet.

Dennoch konnte sich mit Triumph die älteste, durchgehend produzierende britische Motorradmarke erneut über Wasser halten. Heute steht sie, zusammen mit BMW und vielleicht noch Ducati, mit einem attraktiven Modell-Angebot und solidem Management für die Rückkehr Europas in die Champions League der Herstellergilde.

Auch der berühmte Name Norton konnte sich über die Zeit retten. Nach der Trennung von Triumph in den 1970er-Jahren lief die Produktion der klassischen Norton-Bikes 1977 aus. Es folgte ein unsägliches Hin und Her der Namensrechte. Dabei entstand zwischenzeitlich die Norton Motors Ltd., die mit der Produktion eines Zweischeiben-Wankel-Motorrads einige Erfolge aufweisen konnte. Zunächst entstanden Maschinen für Behörden, vor allem die britische Polizei, später auch Zivilversionen. Doch obwohl der ungewöhnliche Antrieb von Steve Hislop 1992 im wohl denkwürdigsten TT-Rennen aller Zeiten einen Sieg erringen konnte, blieb der große Durchbruch aus. Wieder verschwand Norton für einige Zeit von der Bildfläche.

Ab Mitte der 1990er-Jahre baute ein Norton-Restaurator aus den USA – basierend auf originalen Plänen – Prototypen einer Norton 952 und einer Norton 961. 2006 musste aber auch er aus finanziellen Gründen aufgeben.

Einen Parallel-Twin per **Kickstarter** zum Leben zu erwecken, benötigt einiges an Übung – und gute Beinmuskulatur.

Die **Norton Commando 961 Sport** ist eine würdige Vertreterin dieser Marke, die so oft wie keine andere die Tourist Trophy auf der Isle of Man gewann. Anfangs als limitierte „Signature Series" gedacht, wurde die 961er-Reihe inzwischen zur Serienreife gebracht.

Zuletzt stieg der britische Geschäftsmann Stuart Garner in Erscheinung. Ende 2008 sicherte er sich sämtliche Rechte an Namen, Plänen und Entwicklungen und brachte diese in die neu gegründete Norton Motorcycles (UK) Ltd. ein. Für die technische Entwicklung des Antriebs holte er sich Unterstützung bei einem renommierten Motorenbauer aus dem Rennsport. In Nachbarschaft der Rennstrecke von Donington entstand ein neues Werk, in dem seit 2010 die Baureihe 961 in drei Versionen – SE, Sport und Cafe Racer – in Kleinserie produziert wird. Die ersten Maschinen sind ausgeliefert, das Händlernetz wächst, auch außerhalb Großbritanniens.

Ob der luftgekühlte, großvolumige Twin mit 961 Kubikzentimetern Hubraum und 80 PS Leistung den Namen Norton in eine rosige Zukunft tragen kann, bleibt abzuwarten. Der große Zuspruch vieler Enthusiasten, den dieses Projekt erfährt, lässt auf jeden Fall hoffen.

Typisch britisch

Es gab viele Motorräder aus Großbritannien, die eigentümliche Besonderheiten aufzuweisen hatten, die gar

ein großer Wurf für eine ganze Dekade waren oder deren Technik zwar faszinierend, aber anfällig war. Eine der derart bemerkenswerten Maschinen war die Ariel 4F, später vor allem unter dem Beinamen „Square Four" bekannt. Der Motor war ein Entwurf aus der Feder von Edward Turner, der später als Vater des Speed Twin in die Geschichte einging. Dieser Twin war die Basis aller folgenden Zweizylinder britischer Herkunft und wurde noch bis in die 1980er-Jahre nahezu unverändert gebaut.

Seinem „Vierer" war kein allzu langes Leben beschert. Dabei war der Antrieb eine Sensation. Turner hatte im Prinzip zwei klassische Parallel-Twins genommen und diese

Noch heute ist die **Ariel Square Four** bei Oldtimer-Rennen ein echter Hingucker.

gekoppelt – zwei Zylinder vorne, zwei dahinter, in quadratischer Anordnung und verbunden über Zahnräder. 1931 kam die erste Square Four auf den Markt, zunächst mit 500 Kubikzentimetern Hubraum. Schon im Jahr darauf legte das Volumen auf 600 Kubikzentimeter zu. 1936 präsentierte Turner dann einen völlig neuen Quadrat-Vierer mit 997 Kubikzentimeter, der in seiner letzten Ausbaustufe zwischen 1953 und 1958 gut 45 PS leistete. Damit war die Ariel in den Fünfzigern für satte 160 Kilometer pro Stunde gut.

In einem Massenmarkt wie den für Motorräder stechen natürlich anspruchsvolle Produzenten besonders hervor. Vincent war so ein Unternehmen – oder auch Brough-Superior aus Nottingham. George Brough begann nach dem Ersten Weltkrieg mit der Motorradproduktion – in Kleinserie. Und er blieb dabei. Seine Motorräder sollten die Besten sein. Tatsächlich galten sie in der Produktionsphase

Zwei klassische Parallel-Twins, gekoppelt und in quadratischer Anordnung, machten den Motor der **Ariel Square Four** zu einer Sensation.

des Unternehmens zwischen den beiden Weltkriegen als „Rolls-Royce auf zwei Rädern".

Nach anfänglichen Experimenten mit kleineren Motoren kamen nur noch V2-Antriebe mit 1000, später sogar 1096 Kubikzentimetern Hubraum zum Einsatz. Sie stammten von renommierten Herstellern wie J. A. P. oder Matchless und gaben der Maschine ein unverwechselbares Aussehen. Gerade mal knapp über 3000 Exemplare verließen zwischen 1919 und 1940 die Werkshallen in Top-Qualität. Das beweist auch der Umstand, dass noch heute gut 1000 dieser Maschinen existieren.

George Brough stand zu seinen Produkten wie auch zu seinen Kunden. Obwohl nach dem Zweiten Weltkrieg kein Motorrad mehr gebaut wurde, hielt er noch bis 1969 Ersatzteile für alle jemals gebauten Modelle vor. Zu den berühmtesten Besitzern von Brough-Superior-Maschinen gehörten George Bernard Shaw und T. E. Lawrence, besser bekannt als „Lawrence of Arabia". Er orderte insgesamt acht Maschinen. Die letzte wurde nicht mehr ausgeliefert, weil er 1935 auf

ihrer Vorgängerin verunglückte und später an den schweren Kopfverletzungen starb.

Sein Tod löste aber eine Entwicklung aus, die heute untrennbar mit dem Motorradfahren verbunden ist. Einer seiner Ärzte in den sechs Tagen zwischen Unfall und Tod war der Neurochirurg Hugh Cairns. Der Unfall des legendären Lawrence of Arabia spornte ihn an, Studien zu Motorradunfällen mit Kopfverletzungen durchzuführen. Schon zu Beginn des Zweiten Weltkriegs konnte Cairns belegen, dass ein permanenter Kopfschutz viele Leben retten könnte. Seine Forschungsergebnisse flossen schließlich in die Entwicklung von Schutzhelmen und -kleidung ein.

🏍 Ein ganz anderes Kapitel hingegen ist die „Kurzgeschichte" des selbst ernannten Retters der britischen Motorradtradition. Alexander Fermor-Hesketh, dritter Baron Hesketh, war in den 1970er-Jahren berühmt geworden durch seinen privaten Formel-1-Rennstall. Als Fahrer hatte er eine der schillerndsten Figuren der Szene, seinen Landsmann James

Die lediglich in Kleinserie gebauten **Brough-Superior-Motorräder** galten als Rolls-Royce unter den Zweirädern. Von rund 3000 zwischen 1919 und 1940 gebauten Bikes rollen noch immer über 1000 Exemplare auf den Straßen.

T. E. Lawrence, besser bekannt als „Lawrence of Arabia", war großer Fan der Brough-Motorräder. Er starb an den Folgen eines Unfalls auf einer seiner acht Maschinen.

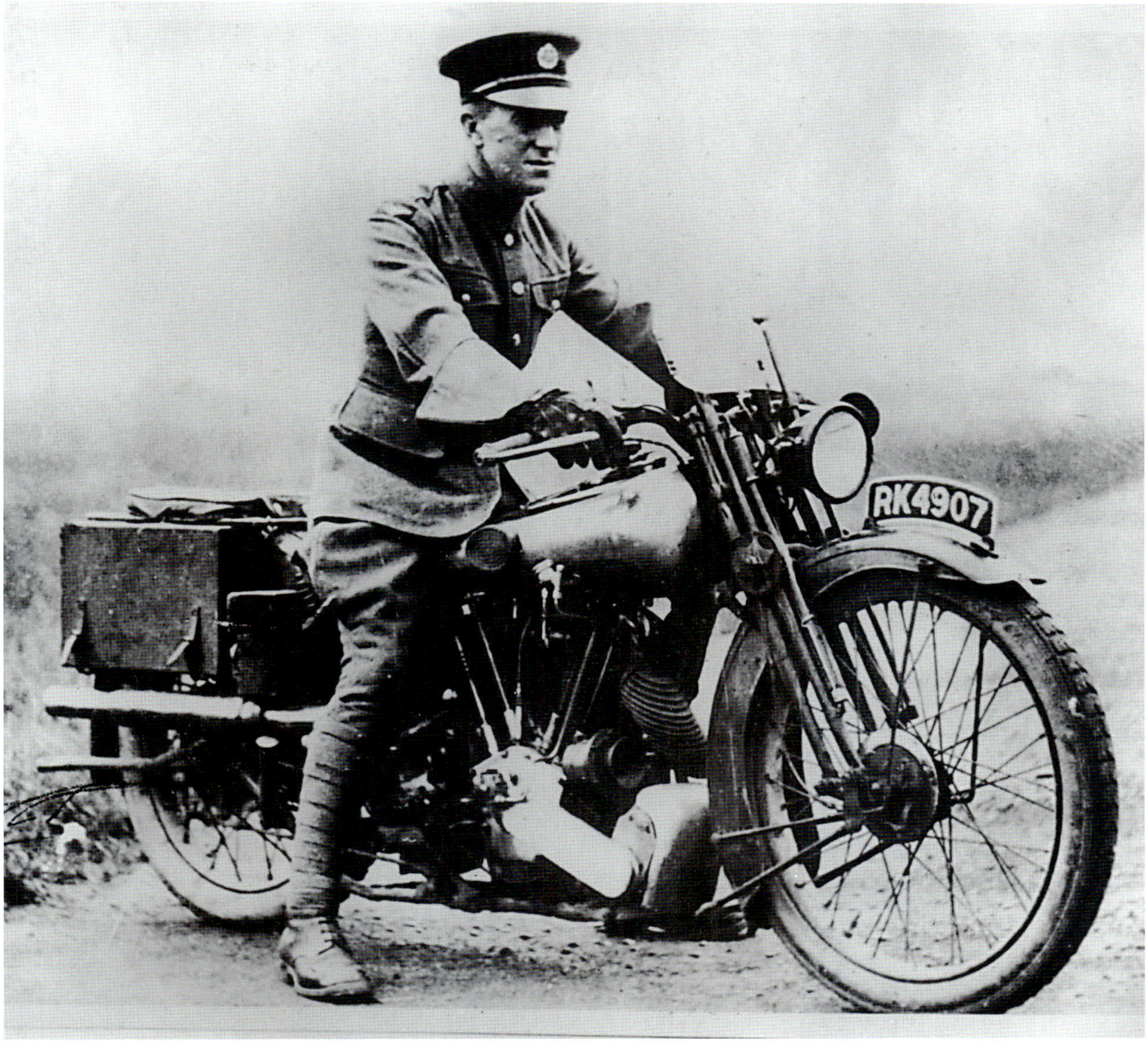

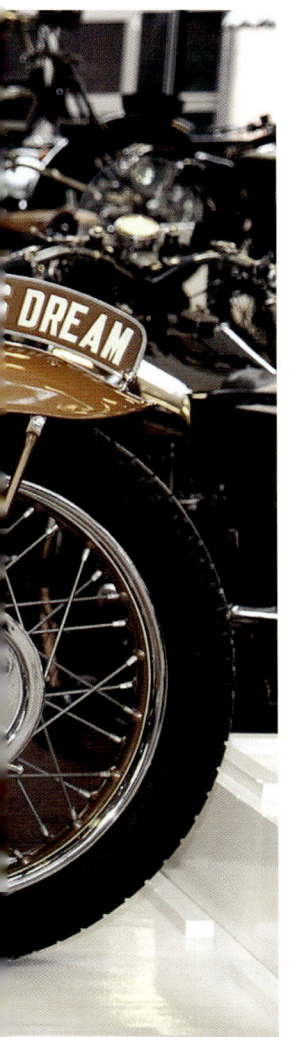

Die großvolumigen **V2-Motoren**, die zwischen 1919 und 1940 jede Brough antrieben, stammten von renommierten Zulieferern wie J.A.P. oder Matchless. Und sie gaben den Bikes ihr unverwechselbares Aussehen. »

Hunt, unter Vertrag genommen. Gemeinsam mischten die beiden sowohl den Sport als auch den zugehörigen Jetset auf.

1980 wollte Lord Hesketh die schon in Trümmern liegende britische Motorradindustrie quasi im Alleingang retten. Dazu präsentierte er eine klobige Maschine, angetrieben von einem V2 mit 1000 Kubikzentimetern, also alles andere als ein potenzielles Massenprodukt. Weil sich keine Investoren fanden, gründete er kurzerhand selbst ein Unternehmen und begann mit der Produktion.

War der Prototyp noch mit Begeisterung in der Presse aufgenommen worden, so stellte sich das mit den Produktionsmaschinen anders dar. Sie waren zu schwer, ihr Fahrverhalten bestenfalls durchschnittlich, die Technik so eben auf dem Stand der vorauseilenden Japaner. Vor allem aber litten sie an qualitativen wie konstruktiven Mängeln. Nicht selten brannte der überhitzte hintere Zylinder durch.

Und so war bereits nach 139 gebauten Maschinen schon wieder Schluss. Doch noch gab Lord Hesketh nicht auf, verließ das bankrotte Unternehmen quasi durch die Hintertüre, nur um gleich eine neue Firma zu gründen. Einziges Modell: die Hesketh V1000 – jetzt noch vollverkleidet, dafür aber mit fast allen Fehlern und Problemen der ersten Serie behaftet. Diesmal brachte er es auf eine Stückzahl von 40 Maschinen und 1984 kam dann wirklich das Ende für den blaublütigen „Retter".

Der Japan-Schreck – eine verpasste Chance

Als die japanischen Motorradhersteller Ende der 1950er-, Anfang der 1960er-Jahre anfingen, den Markt mit kleinen, leichten, dabei starken und schnellen Motorrädern zu bedienen, war einem Mann schnell klar, was das für die gesamte Motorradindustrie Großbritanniens bedeuten könnte. Edward Turner, Ingenieur und mittlerweile Vorstand von Triumph, hatte sich 1960 auf eine Reise zu den Konkurrenten in Ostasien gemacht. Er wollte sich vor Ort vom Stand der Technik überzeugen.

Desillusioniert kehrte er in die Heimat zurück. Was allen voran Honda dort auf die Räder stellte, war seinen Produkten – und denen

der Mitbewerber – meilenweit voraus. Er sah nur eine Chance: die japanischen Überflieger mit ihren eigenen Mitteln zu schlagen und ebenfalls solche Motoren und die dazu passenden Bikes zu entwickeln.

Doch er konnte die BSA-Konzernleitung nicht überzeugen, dass die Investitionen in ein solches Projekt gut angelegt wären. Kostbare Zeit verging und Turner gab frustriert seinen Posten ab. Er führte ein Halbrentner-Dasein als Direktor von Carbodies, dem zum BSA-Konzern gehörenden Unternehmen, das die Londoner Taxis baute. Hinter den Kulissen aber konnte er es nicht lassen, an seinem Rettungsprojekt für die Branche zu arbeiten.

Also schnappte er sich ein paar Triumph-Leute und ließ sie einen Prototypen rund um seinen neuen Motor bauen, der in direkter Konkurrenz zu Hondas sagenhafter CB450 stand. Sein Parallel-Twin mit doppelter, oben liegender Nockenwelle war als 350 Kubikzentimeter Kurzhuber ausgelegt. Er kit-

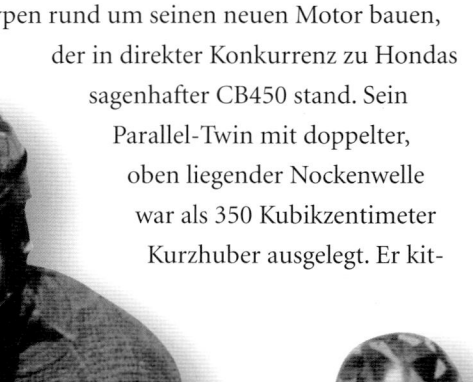

In den 1920er-Jahren machte sich diese **Brough Superior** mit Gespannwagen an den Pendine Sands auf Rekordjagd. Der elf Kilometer lange Strand an der südwalisischen Küste war damals das Mekka für Versuche, neue Top-Geschwindigkeiten zu erzielen.

Lord Hesketh hatte es sich zur Aufgabe gemacht, die britische Motorradindustrie quasi im Alleingang zu retten. Gerade mal 179 gebaute Maschinen waren dafür aber nur der bekannte Tropfen auf dem heißen Stein.

zelte so viel Leistung aus dem Triebwerk, dass der Prototyp über 180 Kilometer pro Stunde lief – und damit schneller war als die hubraumstärkere Serien-Honda, die der ganzen Branche so viel Kopfzerbrechen bereitete.

Jetzt wurde auch die Konzernleitung hellhörig und gab sofort die Umsetzung des Projekts in Produktionsreife in Auftrag. Bert Hopwood hatte als Chefingenieur die Leitung. Er zerlegte Turners Motor und stellte fest, dass eine Serienmaschine schnell eine Vielzahl an Problemen hätte aufweisen können. Kurzerhand entwickelten er und sein Team einen neuen Motor auf Turners Basis. Heraus kam der Bandit, wie das Projekt intern genannt wurde. Hopwod hatte die Kurbelwelle verstärkt, dem Motor eine Steuerkette verpasst und das ganze in einen Rahmen eingebaut, der auf dem aktuellen Renner aus der 500er-Grand-Prix-Serie basierte. Ausgestattet mit einem Fünf-Gang-Getriebe, E-Starter und Scheibenbremse vorn hätte dieses Modell durchaus das Potenzial besessen, sich der Konkurrenz zumindest stellen zu können.

Doch es sollte anders kommen. Nur 30 Maschinen wurden als Triumph Bandit und ebenso als BSA Fury in Vorserie gefertigt. Viele individuelle Fehler führten schließlich zu einem grandiosen Desaster – für BSA und Triumph, aber auch den

Der Straßenkurs auf der **Isle of Man** gilt bis heute als die anspruchsvollste Motorrad-Rennstrecke der Welt – und leider auch als die gefährlichste. Mehr als 200 Fahrer ließen auf der Piste ihr Leben.

Rest der britischen Motorrad-Herrlichkeit. So waren technische Zeichnungen für Zulieferteile fehlerbehaftet. E-Starter etwa waren zu kurz ausgeführt und mussten komplett ausgetauscht werden. Zudem sollen die Werkzeuge zur Herstellung der konstruktiv schwierigen Zylinderköpfe gemietet worden sein. Als BSA ein paar Raten nicht bezahlt hatte, holte der Besitzer die Werkzeuge kurzerhand ab – und zerstörte sie! Und Geld von der Regierung gab es für die Not leidende Industrie (noch) nicht. Das floss erst, als es schon längst zu spät war.

Und so wurde der Bandit alias Fury wieder begraben, geriet sogar fast in Vergessenheit, gäbe es nicht ein paar Restexemplare, eines davon im London Motorcycle Museum.

Das Herz der britischen Bikerseele – die Isle of Man Tourist Trophy

Sind auch viele britische Marken seit dem Zweiten Weltkrieg von der Bildfläche verschwunden, der Mythos Isle of Man Tourist Trophy lebt bis heute fort. Die Entstehung des wohl bekanntesten Straßenrennens der Welt ist einer behördlichen Anordnung zu verdanken. Weil es der englischen Regierung zu viel wurde, das allerorten Rennen auf öffentlichen Wegen ausgetragen wurden, erließ sie zu Beginn des 20. Jahrhunderts ein Verbot von Wettbewerben auf nicht permanenten Rennstrecken. In England, Schottland und Wales war dies das Aus für die beliebten Wettfahrten.

Nicht so auf der Isle of Man. Der politische und wirtschaftliche Sonderstatus dieser kleinen Insel in der Irischen See ließ es zu, dass sich die Verantwortlichen hier über das Londoner Dekret hinwegsetzen konnten. Die Insulaner hatten nur zu gut erkannt, welches Potenzial in einem Straßenrennen auf ihrem Eiland lag. Und sie sollten sich nicht täuschen. Bis heute pilgern jährlich Hunderttausende zur Isle of Man, wenn zur Tourist Trophy (kurz: TT), den Profirennen oder ihrem Amateur-Pendant Manx GP gerufen wird. Die TT findet traditionell Ende Mai, Anfang Juni statt, der Manx Grand Prix Ende August, Anfang September.

Um die Rennen durchführen zu können, werden kurzerhand ansonsten öffentlich genutzte Straßen und Wege gesperrt. Die erste Rundstrecke, der sogenannte St. John's Short Course, führte von St. John über Ballacraine, Kirkmichael und Peel zurück zum Ausgangspunkt. Die Strecke war 25 Kilometer lang, die Rennen wur-

Schon früh wussten die Verantwortlichen aus der Anziehungskraft der **Tourist Trophy** ordentlich Kapital zu schlagen. Noch heute pilgern jährlich Hunderttausende zu den Rennen auf der Isle of Man.

Der Brite **Jim Redman** dominierte die Tourist Trophy in den 1960er-Jahren – allerdings ausgerechnet auf japanischen Maschinen von Honda.

Joey Dunlop ist bis heute der unerreichte König der Isle of Man Tourist Trophy. Niemand siegte häufiger als er, insgesamt 26-mal.

Nach seinem Tod bei einem Straßenrennen in Tallinn, Estland, im Jahr 2000 wurde **Joey Dunlop** ein Denkmal auf der Isle of Man errichtet. ◀◀

den über zehn Runden ausgetragen. Die Klassen waren unterteilt in Ein- oder Zweizylinder-Serienmotorräder.

Schon 1911 wurde die Route verändert und erheblich auf 60,7 Kilometer ausgeweitet – mit Start und Ziel jetzt in der Inselhauptstadt Douglas. Die Junior-Klasse bis 350 Kubikzentimeter Hubraum umfuhr ihn viermal, die 500er Senior-Klasse musste fünf dieser unglaublichen Runden drehen, auf Straßen, die noch bis Mitte der 1920er-Jahre nicht einmal durchgängig asphaltiert waren.

Weil es angesichts der jährlich zunehmenden Geschwindigkeiten, mit denen die wagemutigen Piloten um die Insel jagten, zu gefährlich wurde, ließen die Verantwortlichen den Rundkurs nun auch schon während des Trainings sperren. Zuvor rasten die Rennfahrer durch den – wenn auch nicht gerade üppigen – öffentlichen Verkehr.

Erfolgreichster Fahrer aller Zeiten war der unvergessene Joey Dunlop, der 26 TT-Titel holen konnten. Ihm folgt, mit 15 Titeln, John McGuinness, dem dafür die Krone für die schnellste Runde gehört, aufgestellt 2009 auf einer Honda CBR 1000: Er umrundete den Snaefell Mountain Course in 17:12:30 Minuten mit einer Durchschnittsgeschwindigkeit von 211,754 Kilometer pro Stunde – auf öffentlichen Straßen wohlgemerkt! Zum Vergleich: Auf den permanenten Rennstrecken dieser Welt erreichen Motorrad-Rennfahrer kaum mehr als 160 Kilometer pro Stunde im Rundenschnitt.

Angesichts solcher Zahlen verwundert es kaum, dass die TT eine extreme Herausforderung an Mensch und Material darstellt. Eine Herausforderung, die mit hohen Risiken für Leib und Leben der Fahrer verbunden ist. Anders als auf permanenten Rennstrecken gibt es kaum Sturzzonen, eng geht es zwischen Häusern, Böschungen und Steilwänden zu, Brücken und andere Hindernisse wurden kaum oder gar nicht entschärft. Und so vergeht kaum ein Jahr ohne tödliche Unfälle. Den Mythos der Isle of Man Tourist Trophy indes scheint dieser Umstand eher noch befördert zu haben.

John McGuinness hält den Geschwindigkeitsrekord für den Snaefell Mountain Course auf der Isle of Man – mit einem Schnitt von 211,754 Kilometern pro Stunde!

Die großen Vier aus Fernost

Plötzlich waren sie da – wie aus dem Nichts. Die vier großen Motorradhersteller aus Japan – Honda, Kawasaki, Suzuki und Yamaha – eroberten den Motorradmarkt Ende der 1960er-Jahre mit einem technischen Feuerwerk, darunter auch das am häufigsten verkaufte Motorrad der Welt.

Die **Honda CB 750 Four** wurde vom Start weg zum Maß aller Dinge in der Motorradwelt. Und sie versetzte vor allem der britischen Motorradindustrie den Todesstoß.

In den 1950er-Jahren kam es zu gravierenden Veränderungen auf dem Motorradmarkt. Das Automobil verdrängte das günstigere Motorrad als Verkehrsmittel des Alltags, da dank des wirtschaftlichen Aufschwungs die Menschen besser verdienten. Auch die Sehnsucht nach mehr Komfort und Reisen in weiter entfernte Länder wurde geschürt – eine Sehnsucht, die die Motorräder jener Zeit (noch) nicht befriedi-

gen konnten. Und so litten die etablierten europäischen Zweiradhersteller unter dramatisch zurückgehenden Verkaufszahlen, nicht wenige der großen Namen verschwanden binnen weniger Jahre völlig von einem radikal veränderten Markt.

In vielen Ländern Westeuropas wurde die Faszination das Motorrads erst in den 1970er-Jahren wiederentdeckt,

Hondas Model A von 1947 hatte noch etwas von einer Rückkehr zu den Wurzeln des Motorrads: Fahrradrahmen, Riemenantrieb, Pedale zum Mittreten. Kein Vierteljahrhundert später überrollte die Marke den Weltmarkt.

die zu jener Zeit angebotenen Modelle jedoch vor allem in der Freizeit und nicht mehr als Hauptverkehrsmittel für den Alltag genutzt.

Mit Macht drängten in dieser Situation Hersteller aus Japan in die entstandene Lücke auf dem Markt, auf dem nur noch wenige einheimische Marken vertreten waren. Honda, Kawasaki, Suzuki und Yamaha bauten vergleichsweise günstige und trotzdem gute Maschinen. Gleichzeitig verstanden sie es, das Potenzial ihrer Bikes in erfolgreichen Renneinsätzen um den Globus zu nutzen. Nach Belieben dominierten sie binnen kürzester Zeit sämtliche Rennklassen auf der Straße wie auch im Gelände.

Geschickt setzten sie die daraus resultierenden Wünsche der potenziellen Käufer um, boten sowohl sportliche Fahrzeuge an als auch Reisemotorräder, die dem Verlangen nach Freiheit Ausdruck verliehen. Dabei konnten einige dieser Firmen auf eine lange Erfahrung im Maschi-

Bei der Ur-**Gold-Wing** von 1974 setzte Honda erstmals auf einen Boxer-Motor als Antriebskonzept – und stellte sich damit in direkte Konkurrenz zu BMW. Ein Kultobjekt war geboren.

171

Der legendäre Dreiviertel-Liter Reihen-Vierer blieb über Jahrzehnte tonangebend –
wie hier im 1979er Modell der **CB 750**.

nenbau zurückblicken, die sie nun für die Motorradproduktion nutzten.

Honda geht in Front

Ein Superlativ auf zwei Rädern: Das ist die Honda Super
Cub. Sie ist nicht nur das meist produzierte Motorradmo-
dell der Welt, sondern mit über 60 Millionen Exemplaren
sogar das am häufigsten hergestellte Kraftfahrzeug der Welt.
Sie begründete den Erfolg eines Motorradherstellers, der bis
heute zu den Großen im Geschäft der motorisierten Zweiräder gehört.

Der Staub des Zweiten Weltkriegs hatte sich gelegt, die
Strahlung der beiden Atombomben sich abgeschwächt, da
wurde 1948 in Tokio von Soichiro Honda die „Honda
Motor Co." ins Leben gerufen. Das Gründungskapital
betrug umgerechnet ganze 8400 Euro! Nicht gerade viel,

wenn man sich das ehrgeizige Ziel auf die Fahnen geschrieben hat, Kraftfahrzeuge zu entwickeln und zu produzieren.

Nur vier Jahre später brachte Honda den „Cub" auf den
Markt, einen Hilfsmotor, der sich binnen Minuten am Hinterrad von Fahrrädern montieren ließ. Bereits im zweiten
Produktionsjahr wurden 6500 Stück verkauft. Gleichzeitig
sammelte man im Werk Erfahrungen mit der Produktion
größerer Stückzahlen, was sechs Jahr später der Entwicklung
des Honda-Erfolgsmodells zugutekommen sollte. Und um
die kümmerte sich Firmengründer Soichiro Honda höchst-
persönlich. 1958 begann dann die eigentliche Erfolgsgeschichte, die Honda Super Cub erblickte das Licht der Welt.
Als der leichte Viertakter der Presse vorgestellt wurde, dürfte
wohl kaum jemand geahnt haben, wie populär das Motorrad werden sollte.

Bereits der Name verrät die Strategie, die Honda mit der
Super Cub verfolgte: „Cub", das steht für „cheap urban

Mit der **VF750F** läutete Honda 1982 ein völlig neues Kapitel im Motorenbau ein: vier Zylinder, aber jetzt in V-Anordnung, galten als revolutionär. Die kompakte Bauweise verschaffte den VF-Modellen zu einer schmalen Silhouette.

bike" – ein günstiges Stadtmotorrad sollte die Maschine also sein, die aufgrund eines niedrigen Preises den Massenmarkt bedienen konnte und zudem ideal für die großen Ballungszentren mit ihrem wachsenden und zunehmend kollabierenden Verkehr war.

🏍 Die ersten Super Cubs mit dem Typcode C100 liefen im Honda-Werk in Suzuka vom Band. Ihr 50-Kubikzentimeter-Motor entwickelt rund vier PS, was Soichiro Honda „den Versuchen mit Rennmotoren verdankt", wie er in seinen Memoiren schreibt. Im Gegensatz zu späteren Versionen verfügte die erste Serie der C100 noch über einen OHV-Motor.

Die Leistung des luftgekühlten Motors kam aus einem Zylinder mit einer Bohrung von 40 Millimetern und einem Hub von 30 Millimetern. Damit wurde eine Geschwindigkeit von bis zu 80 Kilometern pro Stunde erreicht. Übertragen wurde diese Kraft durch ein Drei-Gang-Getriebe – wobei später auch Modelle mit vier Gängen angeboten wurden. Gestartet wurde der Motor mit einem Kickstarter, wobei allerdings teilweise schon ein bequemer Elektrostarter erhältlich war. Trommelbremsen an den Vorder- und Hinterrädern brachten das Gefährt zum Stehen. Die 75 Kilogramm leichte Super Cub hatte einen gepressten Stahlrahmen und war – bei frühen Modellen – vorne und hinten

mit Schwingen gefedert. Die vordere Kurzschwinge wurde bei späteren Modellen durch eine Telegabel ersetzt. Das Beinschild schützte den Fahrer vor Wind und Spritzwasser von der Straße.

Das ist die nackte Beschreibung eines Modells, das den Markt für leichte Motorräder auf Jahrzehnte hinaus beherr-

Der Ur-Vierer: Klassisches Design, überragende Verarbeitungsqualität und ein Motor, der alles bisherige in den Schatten stellte, waren die Qualitäten der **CB 750 Four** von 1969. ➤➤

Auch in den kleinen Hubraumklassen konnte der Reihen-Vierer als Antrieb überzeugen. So in dieser **CBX400F** von 1981.

schen sollte. Skeptisch hatten Fachwelt und Konkurrenz anfangs die Versuche beobachtet, in dieser Klasse Viertakter anstatt der sonst üblicherweise eingebauten Zweitakter einzusetzen. Doch Honda ließ sich davon nicht beirren – zum Glück für das Unternehmen, denn die Super Cub sollte der Firma gutes Geld einbringen. Und nicht nur das. Die Super Cub steht wie kein anderes Modell für den Beginn erfolgreichen Fahrzeugbaus und innovativer Technik, mit dem japanische Unternehmen den Rest der Welt quasi überrollten und vor allem in Asien und Europa große Erfolge erzielten.

Die Honda-Ingenieure ruhten sich auf dem schnellen Erfolg keineswegs aus. Einige Jahre, nachdem die ersten Super Cubs von den Fertigungsbändern rollten, wurde der Motor modifiziert. Die Nockenwelle verlagerte man nach oben, die Motorenpalette wurde erweitert, der Hubraum auf 70 und 90 Kubikzentimeter vergrößert. Entzündet wurde das Benzin-Luft-Gemisch seit den 1970er-Jahren durch eine elektronische Kondensatorzündung, nachdem in den Vereinigten Staaten die Umweltstandards verschärft worden waren.

In den 1980er-Jahren, rund 25 Jahre nach der ersten Super Cub, kam die GN-5 heraus, die mit 100 Kubikzentimetern den doppelten Hubraum des Premierenmodells hatte. Doch das war nicht die einzige, deutliche Veränderung: Bodenwellen dämpften nun eine Telegabel am Vorder-

rad ab. Und anstelle von drei Gängen konnte der Fahrer nun noch einen vierten Gang nutzen.

Diese Modifikation brachte die Super Cub auch noch in das nächste Jahrzehnt, bevor nochmals am Motor gefeilt wurde. Das Ergebnis waren Antriebe mit 110 und 125 Kubikzentimetern Hubraum. Die Trommelbremsen wichen Scheibenbremsen, der Stahlrohrrahmen wurde durch eine Kunststoffverkleidung verdeckt. Honda gab diesen Maschinen die Bezeichnung NF, besser bekannt wurden sie jedoch unter dem Namen Honda Wave Series.

Die Welt scheint der Super Cub noch nicht überdrüssig, denn die Verkaufszahlen des „ewigen Mopeds" steigen weiter. Zum einen liegt dies sicher an den Modifikationen, die die Ingenieure im Laufe der Jahrzehnte vorgenommen haben. Zum anderen aber spricht das zeitlose Design des Ursprungsmodells immer noch die Fahrer an, die eine leichte und wendige Maschine suchen.

Im April 2008 – genau 50 Jahre nach Beginn der Serienproduktion der Super Cub – wurde die 60-millionste Super Cub verkauft. In rund 160 Ländern auf der ganzen Welt stand oder steht das Modell in den Schauräumen oder Hinterhöfen der Händler. Und mehr noch: Der Fernsehsender Discovery Channel kürte die Super Cub in einer Dokumentation über die Motorradgeschichte zum „Größten Motorrad aller Zeiten". Und in Vietnam ist die Maschine

Die **CBR 400F Endurance** (englisch für: Ausdauer) von 1984 wies schon im Namen auf die Qualitäten des Honda-Vierzylinders hin. Allen Unkenrufen zum Trotz erwiesen sich die Reihen-Vierer nämlich als überaus langlebig und zuverlässig.

Die **VFR 750F** von 1986 erreichte bereits eine große Fangemeinde. Das vollverkleidete Bike gilt bis heute als veritabler Tourer mit sportlichen Ambitionen.

gar so populär, dass Motorräder grundsätzlich „xe Honda" genannt werden. Gründe für den Erfolg sind nicht nur der niedrige Preis. Das Motorrad ist leicht zu fahren, da die automatische Kupplung die Schaltarbeit abnimmt. Dabei präsentiert sich die Super Cub im Benzinverbrauch sehr genügsam: Auf knapp 150 Kilometer hat es ein Modell mit einem einzigen Liter Benzin gebracht. Da auch Wartung und Reparaturkosten recht günstig sind und sich die Super Cub selbst für den Transport schwererer Lasten eignet, ist der Dauerbrenner aus Japan ein sehr wirtschaftliches Fahrzeug.

Der Siegeszug der 750 Four

Die Super Cub ist jedoch nicht nur ein Motorrad. Sie markiert gleichzeitig auch den Beginn des Siegeszuges der Motorräder aus Japan. Und für dessen Fortsetzung steht eine weitere Maschine aus dem Honda-Werk: die CB 750 Four.

Selbst bei Honda war man überrascht über die Nachfrage, die sich kurz nach der Vorstellung des neuen

Mit der **NR 750** brachte Honda 1992 einen Ableger der erfolgreichen Rennmaschinen auf die Straße. Das gewöhnungsbedürftige Design fand aber nicht so viele Käufer wie gedacht.

Modells im Oktober 1968 auf der Tokyo Motor Show entwickelte. Sogar der Chef selbst rechnete nur mit einem kleinen Liebhaberkreis und nicht mit einer Massennachfrage. Dabei hatte man sich nicht mehr und nicht weniger vorgenommen, als eine neue Marke zu setzen. 20 Mitarbeiter machten sich 1966 unter Projektleiter Yoshirou Harada und Motorkonstrukteur Masaru Shirakura daran, eine neue Maschine zu entwickeln, die auch bei höheren Geschwindigkeiten ein bequemes und komfortables Reisen ermöglichte.

Bereits ein Jahr später wurde das blaue Vorserienmodell Dream CB 750 Four vorgestellt, 1969 dann die erste Serienmaschine in Las Vegas präsentiert. Und die hatte es in sich, zeigte in puncto Leistung sogar BMW und Triumph die Rücklichter.

76 PS entwickelte das Vierzylinder-Triebwerk aus einem Hubraum von knapp 750 Kubikzentimetern. Der Motor mit seiner oben liegenden Nockenwelle war luftgekühlt, quer zur Fahrtrichtung eingebaut und um 15 Grad geneigt. Auf die Straße gebracht wurde diese für damalige Verhältnisse gewaltige Kraft von einem Fünf-Gang-Getriebe, die Höchstgeschwindigkeit lag bei 200 Kilometern pro Stunde. Auch die Beschleunigung wusste zu beeindrucken: Die 100-Stunden-

kilometer-Marke erreicht die 750 Four nach 4,6 Sekunden. Markantes Merkmal des Motors war jedoch die 4x4-Auspuffanlage. Und als Neuentwicklung wurde die Maschine am Vorderrad durch eine Scheibenbremse gebremst.

Fast zehn Jahre lang wurde diese Maschine immer wieder leicht verändert in den Honda-Werken produziert. Trotz der anfänglichen Bedenken hinsichtlich der Mechanik hatten 750-Four-Fahrer lange Freude an ihrem Motorrad. Die 750er erreichte Laufleistungen von über 150 000 Kilometern und damit deutlich mehr als der damals übliche Standard.

Zu den im Lauf der Jahre an der Maschine vorgenommenen Änderungen gehört das Hondamatic-Automatikgetriebe, das zwischen 1976 und 1978 gebaut wurde. Mit dem linken Fuß wechselte der Fahrer zwischen Neutralstellung, der Low- und der Drive-Fahrstufe. Allerdings war das Interesse der Käufer nicht sonderlich groß, weshalb man nach zwei Jahren von der Produktion dieser Variante absah.

Bei so viel Leistung war klar, dass die CB 750 auch auf den Rennstrecken schnelle Runden drehte – und das sehr erfolgreich. Mit getunten Maschinen erzielten die Fahrer große Erfolge, so beim Zehn-Stunden-Rennen im japani-

Im Kampf um Welt-
meisterschaften
zählen **Honda-
Rennmotorräder**
seit den 1960er-
Jahren immer wie-
der zu den heißes-
ten Titelanwärtern.

schen Suzuka im August 1969 oder beim 24-Stunden-Langstreckenrennen Bol d'Or in Montlhéry.

Doch es waren nicht nur die schnellen Maschinen, die weltweit gut verkauft wurden. Mit den Modellen der Serie CB 500 erreichte Honda in den 1990er-Jahren Käuferschichten, die ein solides Motorrad suchten, ohne dafür gleich die gesamten Ersparnisse opfern zu müssen. Die CBF-Modelle mit einem Hubraum zwischen 500 und 1000 Kubikzentimetern befriedigten in verschiedenen Varianten die Bedürfnisse von Sporttourern und Liebhabern von Naked Bikes, also Maschinen ohne Teil- oder Vollverkleidung. Typische Landstraßen-Motorräder waren die Hornet-Modelle, die in Form einer 600er 1998 auf den Markt gebracht und in späteren Jahren mit mehr Leistung versehen wurden.

Ein Honda-Modell wurde zum Inbegriff bequemen Cruisens: die Gold Wing. Mit dem ersten Modell, der GL 1000, überraschte Honda 1974 die Fachwelt. Ein Motorrad mit einem Liter Hubraum, wassergekühltem Vierzylinder-Boxermotor mit 82 PS sowie Kardanantrieb war zuvor noch nicht auf den Straßen unterwegs gewesen. Sowohl Hubraum als auch Leistung wurden im Lauf der Jahre immer weiter nach oben getrieben. Als Ausnahme im Motorradbereich war die Gold Wing sowohl mit Airbag als auch Rückwärtsgang erhältlich – was bei einem Gewicht von über 400 Kilogramm auch notwendig erscheint.

Im Segment der Reiseenduros machte Honda schließlich mit der Africa Twin sowie der Transalp von sich reden, die bis heute mehrfach erfolgreich weiterentwickelt wurde.

Die 1972 auf der
IFM vorgestellte
Kawasaki 900 Z1
verfügte mit ihrem
Reihenvierer über
einen bärenstarken
Antrieb. Das Modell
erfreute sich großer
Beliebtheit und
legte den Grund-
stein für den Ruf
des Unternehmens
als Hersteller über-
aus sportlicher All-
tagsmotorräder.
Eine Schönheit war
das Big Bike mit der
Vier-in-Vier Aus-
puffanlage zudem.

Kawasaki setzt auf Sportlichkeit

In Europa ist Kawasaki vor allem als Motorradhersteller bekannt. Doch das Unternehmen aus Kobe ist auch in der Luft- und Raumfahrttechnik tätig, baut Eisenbahnen und Windenergieanlagen, Roboter und Schiffe. Und genau damit begann auch die Geschichte des Unternehmens, das sich im Lauf der Jahrzehnte zu einem Wirtschaftsimperium entwickeln sollte. Nach dem Zweiten Weltkrieg musste der für das japanische Militär produzierende Konzern neue Betätigungsfelder suchen – und dazu gehörten auch Motorräder.

Den Anfang machte ein Einzylinder-Viertaktmotor mit 150 Kubikzentimeter Hubraum, der von Kawasaki produziert wurde. Mit der W1 stieg Kawasaki 1966 in die Produktion von kompletten Motorrädern ein. Angetrieben wurde sie von einem 650-Kubikzentimeter-Motor, der 50 PS leistete. In mehreren Varianten lief sie bis 1974 vom Band.

Drei Jahre später kam die 500 H1 Mach III auf den Markt: ein Dreizylinder-Zweitakter, der mit seinem 500 Kubikzentimetern Hubraum und einer Leistung von 60 PS alle Konkurrenten an der Ampel stehen ließ.

Auch mit der 900 Z1 super4 setzte Kawasaki 1972 auf Geschwindigkeit. Durch den Hubraum mit 900 Kubikzentimetern und eine Leistung von 82 PS war der luftgekühlte Reihen-Vierzylinder ein Kraftpaket, das die 900er zum damals stärksten Motorrad der Welt machte. Mit den Folgemodellen wurde die Leistung noch weiter auf bis zu 120 PS bei einem Hubraum von 1100 Kubikzentimetern ausgebaut.

In eine völlig andere Richtung orientierte sich die japanische Motorradschmiede mit der Z200, die 1977 der Öffentlichkeit vorgestellt wurde. Der erste Einzylinder-Viertaktmotor aus dem Kawasaki-Werk mit einem Hubraum von 200 Kubikzentimetern und einer Leistung von 17 PS richtete sich vor allem an Einsteiger; vier Jahre später wurde das Bike von der stärkeren Z250 abgelöst.

1983 war das Geburtsjahr einer Legende: In den USA präsentierte das Unternehmen die GPZ 900 R, die unter dem Namen Ninja zu einem Symbol für sportliche Kawasaki-Motorräder werden sollte. Drei Jahre später folgte die Prämiere der GPZ 600 R, die dem Unternehmen aufgrund des Designs der Maschine einen großen wirtschaftlichen Erfolg brachte. Die 1987 auf den Markt gebrachte, 50 beziehungsweise 60 PS starke GPZ 500 S mauserte sich zu einer der erfolgreichsten Sporttourer des Herstellers.

1994 folgte die ZX-9R „Ninja", ein Supersportler mit 899 Kubikzentimeter großem Vierzylinder-Reihenmotor und 141 PS, ein Jahr später die Ninja ZX-6R mit einer Motorleistung von 100 PS, die sie aus dem Stand in 3,6 Sekunden auf 100 Kilometer beschleunigen ließ. Nach dem Erfolg des ersten Modells, das bis 1997 gebaut wurde, brachte Kawasaki in den kommenden Jahren immer wieder neue und auch leis-

Die Ninja-Modelle werden zum Synonym für sportliche Kawasaki-Motorräder. Einer der Höhepunkte ist die 2004er-Version **ZX-10R**. Bei ihrer Vorstellung war sie das stärkste Superbike auf dem Markt und leistete 175 PS.

Kawasakis sprichwörtliche Sportlichkeit kombiniert die **Z-Baureihe** zunehmend mit Tourer-Qualitäten. Damit können sich im neuen Jahrtausend auch Fans anderer Marken anfreunden.

Zeitgeschehen

Der Nahostkonflikt war 1973 Auslöser für eine weltweite Ölkrise. Innerhalb weniger Tage stieg der Preis um 70 Prozent. In einigen Ländern wurden daraufhin unter anderem neue Tempolimits eingeführt.

Die Monate September und Oktober 1977 sahen die schwerste Krise Deutschlands in der Nachkriegszeit. Die Rote Armee Fraktion (RAF) verbreitete mit zahlreichen Terroranschlägen Angst und Schrecken in der Bevölkerung. Einen Vorgeschmack auf Terroranschläge im eigenen Land hatte es schon 1972 während der Olympischen Sommerspiele in München gegeben, bei der palästinensische Terroristen die israelische Mannschaft angegriffen hatten.

Ab Anfang der 1980er-Jahre gründeten sich quer durch ganz Europa die ersten grünen Parteien. Sie waren die Speerspitze einer Friedens- und Umweltbewegung, die auch etliche Nicht-Regierungs-Organisationen wie Greenpeace (1971) hervorbrachte.

1985 wurde Michail Gorbatschow Generalsekretär der KPdSU. Er läutete einen gesellschaftlichen Wandel in der Sowjetunion ein. Nach dem Fall der Berliner Mauer am 9. November 1989 lösten sich die kommunistischen Regime Europas auf – der Kalte Krieg war beendet.

tungsstärkere Nachfolger heraus: Die Ninja ZX-12R – bei ihrer Präsentation 2000 der neue Stolz von Kawasaki – brachte bei einem Hubraum von 1199 Kubikzentimetern 178 PS auf die Straße. Mit der Ninja ZX-10R veränderten sich Design und Charakteristik der Ninja, was vor allem neuen Abgasnormen geschuldet war.

Neu auf den Markt kamen Anfang des neuen Jahrtausends die zweite Generation der Z1000 und die Z750, die sich durch ein verändertes Design auszeichneten. Die ER-6-Reihe wurde durch den Allrounder Versys mit längeren Federwegen, Upside-Down-Gabel und Aluminium-Schwinge komplettiert. Als Hubraum-Bolide verkauften die Händler erstmals 2007 die 1400 GTR, die dem Trend zu großen Sporttourern gerecht wird.

Suzuki treibt Leistung auf die Spitze

Wie bei Kawasaki beginnt auch bei Suzuki die Firmengeschichte nicht mit Kraftfahrzeugen. Vielmehr fing Unternehmensgründer Michio Suzuki mit der Herstellung von Webstühlen an. Das Unternehmen wuchs und baute bereits Automobile, musste dann aber im Zweiten Weltkrieg vor allem Munition produzieren.

Im Juni 1952 stellte Suzuki sein erstes motorisiertes Zweirad vor: ein Fahrrad mit einem 36-Kubikzentimeter-Motor, der auch separat erhältlich war und ein PS leistete. Zwei Jahre später kam mit der Colleda das erste richtige Motorrad des Unternehmens auf den Markt. Es hatte einen 90-Kubikzentimeter-Viertaktmotor mit einer Leistung von drei PS, der in den folgenden Jahren in stärkeren Varianten angeboten wurde. Nachdem die Motorradsparte bedeutend geworden war, benannte sich das Unternehmen 1954 in Suzuki Motor Co. um und nahm die Webstühle aus der Produktion heraus.

Mit den **Intruder-Modellen** läutet Suzuki ein Revival der Chopper-Welle ein. „Easy Rider auf Japanisch", das bedeutet zwei voluminöse Zylinder in V-Anordnung und Kardanantrieb, bis dato im Chopperbau geradezu verpönt.

Suzukis GSX-R-Baureihe bringt ständig neue Leistungsrekorde auf die Straße. Neben der **GSX-R1100**, hier von 1986, kann vor allem die 1300er Hayabusa als erstes Serienmotorrad, das mehr als 300 km/h erreicht, auf sich aufmerksam machen.

Ende 1968 präsentierte Suzuki auf der Londoner Motorshow in Earl's Court die T 500 mit knapp 48 PS. Sie stellte den Auftakt einer Expansion auf dem europäischen Markt dar. Im Jahr 1976 wurde die GS-Baureihe eingeführt. Basis waren die GS 400 als Zweizylindermaschine und die GS 750 D, das erste Vierzylindermotorrad von Suzuki. Mit der Einführung der Viertaktmotoren verschwanden die Zweitakter in den großen Hubraumklassen aus dem Programm. Nur in den unteren Hubraumklassen bis 500 Kubikzentimeter bleiben Zweitaktmotoren bis in die 1980er-Jahre im Sortiment, unter anderem im Motocross-Bereich.

1984 stellte Suzuki auf der Internationalen Fahrrad- und Motorradausstellung in Köln die GSX-R 750 vor. Der Supersportler war eines der ersten Motorräder der ursprünglichen Superbike-Klasse (750er-Vierzylinder) und sollte die Entwicklung der Sportmotorräder wie kaum ein anderes

beeinflussen. Die erste Modellreihe besaß einen luft-/ölgekühlten Motor, wog weniger als 200 Kilogramm und leistete mehr als 100 PS. Von 1992 an wurde der Motor der GSX-R Baureihe durch Wasser gekühlt, was am Kürzel „W" zu erkennen war. Einspritzermotoren wurden von 1998 an bei den 750er-Modellen eingebaut, während die 600er-Maschine noch drei weitere Jahre mit einem Vergasermotor auskommen musste.

Der Motor der 2006 eingeführten GSX-R 750 K6 ist ein flüssigkeitsgekühlter Reihenvierzylinder mit zwei oben liegenden Nockenwellen und je vier Ventilen pro Zylinder. Noch immer gilt sie als guter Kompromiss aus Leistung und Gewicht in einer an Konkurrenz armen Klasse.

Yamaha setzt als jüngstes Unternehmen des japanischen Quartetts von Beginn an und bis in die 1990er-Jahre auf Zweitakter – wie bei dieser **leichten Geländemaschine** von 1970.

Die **XS1100S** von 1981 gehört in die lange Reihe erfolgreicher Yamaha-Tourer, die alle auf dem Grundkonzept Reihen-Vierer mit Kardanantrieb beruhen.

Die 2008er-Version der **FZ1 ABS** mit ihrem Alu-Druckgussrahmen ist ein noch aktueller Sproß der beliebten Fazer-Baureihe von Yamaha. «

Ein anderer Meilenstein in der Motorradgeschichte von Suzuki war die GSX 1300R Hayabusa. Die 1999 vorgestellte Maschine war das erste Serienmotorrad, das auf über 300 Kilometer pro Stunden beschleunigt. Der bis heute hergestellte und mehrfach überarbeitete Vierzylinder besitzt einen Hubraum von 1299 Kubikzentimetern und eine Leistung von 175 PS, außerdem ein stabiles Fahrwerk und einen Windschutz, der solche Geschwindigkeiten erlaubt. Die aktuelle Version der Hayabusa bringt bei einem Hubraum von 1340 Kubikzentimetern 197 PS auf den Asphalt!

Yamaha treibt die Zweitakt-Entwicklung voran

Wesentlich jünger als Kawasaki oder Suzuki ist die 1955 gegründete Yamaha Motor Corporation. Die Motorradentwicklung des Unternehmens wurde anfangs von der japanischen Regierung unterstützt und setzte zu Beginn auf Zweitakter. Das erste Motorrad, das das Werk von Yamaha verließ, war die YA-1, die nach dem Vorbild der DKW RT 125 gebaut wurde. Die „Rote Libelle" trieb ein luftgekühlter Einzylinder-Zweitakter mit 123 Kubikzentimetern Hubraum und 5,6 PS Leistung an, was das Gefährt auf 80 Kilometer pro Stunde beschleunigte. In den darauffolgenden Jahren erschienen weitere, von der YA-1 abgeleitete Modelle mit mehr Leistung.

Aus diesen Motorrädern ging eine Reihe von leistungsstarken Zweizylinder-Zweitaktern hervor, die auch auf den europäischen Markt kamen. Eines der ersten verfügbaren Modelle war 1964 die YDS3 mit einem 250-Kubikzentimeter-Motor

Mit der **XT 500** hat Yamaha nicht nur ein robustes und später legendäres Motorrad geschaffen, sondern gleich ein ganzes Segment begründet: die Enduros.

und 24 PS. In lockerer Folge brachte Yamaha weitere Varianten dieses Modells heraus, die zum Teil mit einem um 100 Kubikzentimeter größeren Motor und entsprechend mehr Leistung ausgestattet wurden.

Sehr erfolgreich war das Unternehmen mit der RD 250 und der RD 350, die 1973 mit 30 beziehungsweise 39 PS auf den Markt kamen. Als Neuentwicklung hatten sie Membranventile in der Saugseite des Einlasstraktes, was den Gaswechsel verbesserte und den Drehzahlbereich erweiterte. Auch eine kluge Abgasführung steigerte die Spritzigkeit der Maschine. Sämtliche in Deutschland erhältlichen Zweitakt-Modelle von Yamaha hatten im Gegensatz zur Konkurrenz einen separaten Öltank und eine Ölpumpe.

1980 kam das Aus für die luftgekühlten RD-Motoren. Die nun gebauten Zweitakter setzten ganz auf Wasserkühlung. Die im Rennsport erfolgreichen Maschinen erschienen nun auch als Straßenversionen unter der Bezeichnung

RD 250 LC und RD 350 LC – RD 350 in den Läden. Gleichzeitig zur Entwicklung der Zweitakter stellte Yamaha mit der XS 1 1969 einen Parallel-Twin mit 650 Kubikzentimetern Hubraum vor, der von 1974 an durch die XS 650 ersetzt wurde. Das bis 1984 gebaute, 50 PS starke Motorrad galt als sehr zuverlässig und war deshalb sehr beliebt.

Erfolgreich ist Yamaha bis heute mit den Fazer-Modellen. Die Sporttourer gelten als alltagstauglich und sind wegen ihres vergleichsweise günstigen Preises weit verbreitet. Das erste Modell mit einem Hubraum von 599 Kubikzentimetern und 95 PS erschien 1998 in Form der FZS 600 Fazer. Es ersetzte die Yamaha XJ als Einstiegsmodell. Als stärker motorisiertes Modell folgte 2001 die FZS 1000 Fazer mit 143 PS Leistung. Beide Modelle wurden Mitte der 2000er-Jahre durch die FZ6 beziehungsweise die FZ 1 ersetzt. 2010 erschien die FZ 8 mit einem 779-Kubikzentimeter-Motor. Ein ganz anderes Publikum erreichte Yamaha hingegen mit der Ur-Enduro XT 500 und den daraus entwickelten Modellen, die in der aktuellen Super Ténéré gipfelten.

XT 500 – die Ur-Enduro

Der Begriff „Enduro" kommt aus dem Englischen, lehnt sich an das Wort „endurance" an und bedeutet Ausdauer. In der Motorradwelt trat er erstmals Mitte der 1970er-Jahre in Erscheinung – und zwar auf dem Seitendeckel der Yamaha XT 500, die den Erfolg eines ganzen Motorradtyps begründen sollte.

Kennzeichen von Geländemotorrädern waren bis dahin grobstolliges Reifenprofil, lange Federwege und eine aufrechte Sitzposition, um die Maschine bei Fahrten über Stock und Stein besser beherrschen zu können. Doch bisher entstammten diese Maschinen vor allem den Werkstätten der Schrauber, die Straßenmodelle nach ihren eigenen Vorstellungen umbauten. Außerdem waren diese Motocrossmaschinen weniger für den Straßenbetrieb oder gar Langstrecken ausgelegt. Man fuhr mit ihnen durch das Gelände und nicht in den Urlaub.

Und genau an diesem Punkt kam das Zwitterwesen der Yamaha

Ausgelegt als Langstrecken-Reisemotorrad hat sich die **XTZ 1200** meilenweit von ihrem Urvater, der **XT 500**, entfernt.

Die seit 2010 verfügbare Yamaha **XTZ 1200** stellt den Höhepunkt der Enduro-Entwicklung des japanischen Herstellers dar. Das Modell soll vor allem der GS-Reihe von BMW Paroli bieten. «

XT 500 ins Spiel. 1976 erstmals der Presse vorgestellt, galt sie als das erste geländegängige Großserienmotorrad. Der Vorgänger der XT 500 war die TT 500, die über die nordamerikanische Prärie pflügte. Das Spaßgefährt war jedoch nicht auf deutschen Straßen zugelassen, wenngleich dennoch rund 200 der 33 PS starken Maschinen per Einzelzulassung den Segen der deutschen Straßenverkehrsbehörden bekamen.

Ein Jahr später konnten sich die XT-Käufer den Weg zum TÜV sparen. Ab 1977 wurde die XT 500 offiziell nach Deutschland importiert – mit anderer Auspuffanlage und durch einen geänderten Ansaugstutzen auf 27 PS gedrosselt. Dies war einer günstigeren Versicherungseinstufung sowie der für höhere Geschwindigkeiten ungeeigneten Fahreigenschaften geschuldet – so zumindest die offizielle Begründung. Bereits im ersten Jahr wurden knapp über 2000 XT-500-Maschinen zugelassen – für ein neues Modell, gar ein neues Konzept eine stattliche Zahl! Und diese wurde noch gesteigert. 1981 wurden 4160 Maschinen dieses Typs verkauft, womit Yamaha mit seinem Erfolgsmodell den Zenit erreichte. Bis zum Bauende 1989 wurden allein in Deutschland rund 25 000 XT 500 verkauft. Die Käufer schätzten wohl vor allem die Leistungsstärke und die Robustheit des Motorrads.

Angetrieben wurde die XT von einem vergleichsweise einfach konstruierten luftgekühlten Einzylinder-Viertaktmotor mit Trockensumpfschmierung, oben liegender Nockenwelle und zwei Ventilen. In dem 499 Kubikzentimeter großen Hubraum mit einer Bohrung von 87 mm und einem Hub von 84 mm wurde eine Leistung von 27 PS erzeugt. Damit erreichte die XT 500 eine Höchstgeschwindigkeit von 135 Kilometern pro Stunde. Gestartet wurde der drehmoment-

starke Motor mit einem gerne zurückschlagenden Kickstarter, was zu dem einen oder anderen Wadenbeinbruch geführt haben soll. Fünf Gänge übertrugen die 27 PS auf die Straße.

Für das Fahrwerk der XT standen frühere Zweitaktmaschinen Pate. Auffallend war der mit 195 Millimetern ungewöhnlich lange Federweg der Stereo-Federbeine. Mit 8,5 Litern fiel der Tank der XT 500 relativ klein aus. Das

Die **XTZ 750 Super Ténéré** holte mit ihrem bärenstarken Parallel-Twin die Leistungskrone bei den Enduros von Honda zu Yamaha zurück.

Bis zum Bauende 1989 wurden alleine in Deutschland rund 25 000 Yamaha **XT 500** verkauft. Grund für die Beliebtheit waren vor allem die Leistungsstärke und die Robustheit des Motorrads.

bewog manche Besitzer dazu, diesen nach dem Vorbild der Rallye Paris-Dakar-Maschinen auf bis zu 20 Liter zu erweitern und so die Reichweite erheblich zu vergrößern.

Nachahmer von BMW, Honda & Co.

Der Erfolg der XT 500 machte natürlich auch andere Motorradhersteller auf diesen Motorradtyp aufmerksam, der Zug um Zug immer mehr an den Straßeneinsatz angepasst wurde und die Geländemerkmale mehr und mehr hinter sich ließ. Beispiele dafür sind die R 80 G/S und die späteren GS-Modelle von BMW, KTM mit der LC 8 Adventure, Honda mit der Africa Twin oder der Transalp, Aprilia mit der Pegaso oder Suzuki mit der DL 650 V-Strom.

Auch Yamaha selbst brachte mit der XT 600 im Jahr 1986 einen Nachfolger des Erfolgsmodells auf den Markt. Sie war eine vom Design her veränderte Variante der XT 600 Z Ténéré, die anstelle des 11,5-Liter-Tanks einen 28-Liter-Tank besaß. Der Motor mit 595 Kubikzentimetern Hubraum leistete bis zu 46 PS und beschleunigte die Maschine auf maximal 155 Kilometer pro Stunde. 1990 bekam die XT 600 eine Rundumerneuerung spendiert. Der Kickstarter wurde durch einen Elektrostarter ersetzt, der Tank um knapp 2,5 Liter vergrößert. Die so bezeichnete XT 600 E bekam kurz darauf wieder eine Kickstart-Schwester, die XT 600 K. 1995 liefen die letzten Maschinen dieser Baureihe vom Band.

Ein Jahr nach der Überarbeitung der XT 600 kam 1991 die als Nachfolger geplante XTZ 660 auf den Markt. Der wassergekühlte Fünf-Ventil-Einzylinder mit 659 Kubikzentimeter Hubraum brachte es auf 48 PS. In den neu konstruierten Rahmen wurde analog zur XT 500 der Öltank integriert. Mit ihren 195 Kilogramm Leergewicht wandelte sich die XT-Reihe endgültig vom Gelände- zum Reisemotorrad.

Nachdem 1996 die XTZ 750 Super Ténéré aus dem Lieferprogramm gestrichen wurde, war lange Zeit die XTZ 660 Ténéré die hubraumstärkste Reise-Enduro von Yamaha, ja sogar von allen japanischen Herstellern.

Wiederkehr der Super Ténéré

Dem Bedarf an stärkeren Motoren trug Yamaha 1989 Rechnung, als man die XTZ 750 Super Ténéré, auf die Straße brachte, die vor allem der nach wie vor erfolgreichen Honda Africa Twin Konkurrenz machen sollte. Angetrieben wurde die Super Ténéré von einem wassergekühlten Parallel-Twin mit 749 Kubikzentimetern Hubraum, der 69 PS Leistung lieferte. Damit war die XTZ 750 wieder die leistungsstärkste Serien-Reise-Enduro. Wie bei der XT 600 betrieb Yamaha 1990 auch bei der XTZ 750 Modellpflege und veränderte Fußbremshebel und Batterieladeregler. Sechs Jahre später kam dennoch das Aus für die Maschine.

Mehr als ein Jahrzehnt nach dem Produktionsende der Super Ténéré griff Yamaha ein Stück Firmengeschichte wieder auf. 2010 stellte das Unternehmen die neue Super Ténéré vor: Die XT 1200 Z ist deutlich leistungsstärker als ihre Vorgängerin. Der 1199-Kubikzentimeter-Motor entwickelt 110 PS und verfügt über eine elektronische Einspritzanlage, eine elektronische Anpassung der Fahreigenschaften und ABS. Allerdings ist auch ihr Gewicht deutlich höher. Fahrer müssen nun ein rund 260 Kilogramm schweres Gefährt in die Kurve legen. An die einstige Geländemaschine XT 500 erinnert nur noch die Form, die Verwendung hat sich grundlegend geändert. Denn die heute erfolgreichen Enduro-Modelle sind vor allem auf Komfort und Reisetauglichkeit ausgelegt. Dabei rollen sie zu über 90 Prozent nur noch auf asphaltierten Wegen. Dem Erfolg dieses Segments war das aber bisher in keiner Weise abträglich – eher im Gegenteil.

Die Vorreiterrolle im Enduro-Segment hat Yamaha nicht zuletzt den Erkenntnissen aus dem **Cross-Sport** zu verdanken.

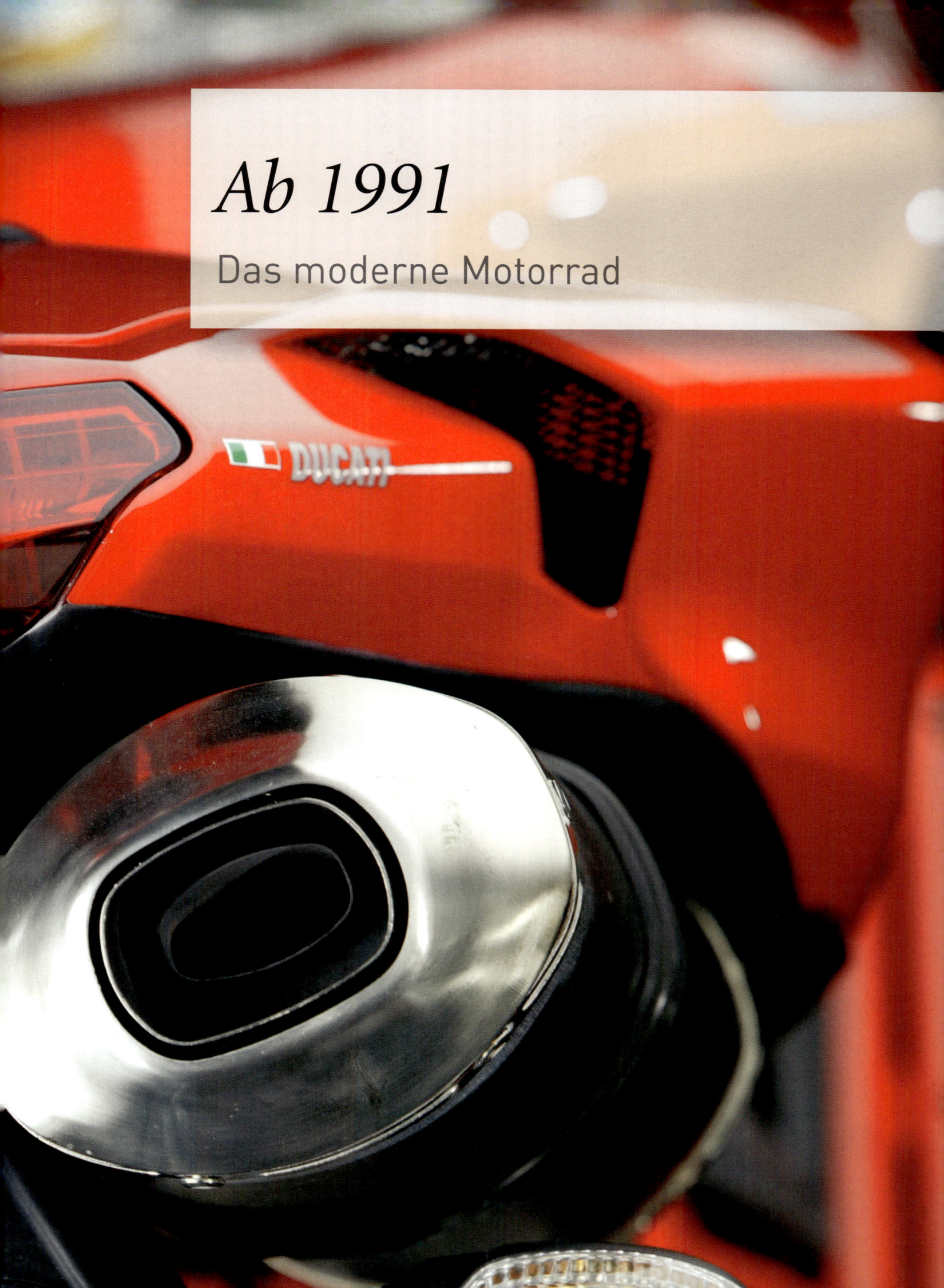

Ab 1991

Das moderne Motorrad

Europa erfindet sich neu

Nach Jahrzehnten der Schockstarre kommen viele der traditionsreichen europäischen Motorradhersteller seit den 1990er-Jahren zurück. Sie profitieren von demografischer Entwicklung und einem neuen Trend: der Wandlung des Motorrads hin zum Lifestyle-Objekt.

Nach der Atempause der 1960er-Jahre und den folgenden zwei vom Aufstieg der japanischen Hersteller geprägten Dekaden wendete sich zu Beginn der 1990er-Jahre das Blatt. Technische Meilensteine und Entwicklungen gingen wieder zunehmend von Europa aus, der Geburtsstätte des Motorrads. Marken mit traditionsreicher Geschichte sind aus den Ruinen ihres Schattendaseins auferstanden und definierten die Lust

am Motorradfahren neu. Neue Hersteller drängten auf den Markt und sorgten gemeinsam mit den Platzhirschen für eine lange Zeit nicht gekannte Marken- und Modellvielfalt.

Zugutekam allen Beteiligten die demografische Entwicklung. Wer in der Blütezeit des Motorradbooms in den 1970er-Jahren mit dieser Technik aufgewachsen war, entdeckte sie jetzt im reiferen Alter neu für sich. Allerdings

Grundstein für einen geradezu unvergleichlichen Erfolg der Marke BMW sind die **GS-Modelle**.

waren mit Lebensalter – und Bankkonto – der Kundschaft auch deren Ansprüche gewachsen. Die Technik allein war nicht mehr ausschlaggebend für die Kaufentscheidung. Von einem modernen Motorrad wurde einfach erwartet, dass es problemlos seinen Dienst verrichtet.

Vielmehr setzte ein starker Trend zur emotionalen Markenbindung der Käuferschaft ein. Motorräder verkörperten für die Generation der über 40-Jährigen die Möglichkeit, aus einem stressigen Alltag auszusteigen und neue Kraft zu schöpfen. Motorradfahren wird zum Lifestyle, die Protagonisten zu Überzeugungstätern.

Diesen Trend haben die europäischen Hersteller viel eher und feinfühliger wahrgenommen als die fernöstliche

Der Vierventiler hat den eigentlich schon mehrfach totgesagten **Boxer** nicht nur am Leben erhalten, sondern ihn auch zu neuen Höhen getrieben.

Konkurrenz. Zwar dominierten die Big Four aus Japan weiter die Zulassungsstatistiken, nicht aber Seele und Gemüt der Käufer. Mit viel Herzblut wurden Diskussionen über die Faszination des Motorradfahrens geführt. Fast immer sind in diesen Gesprächen europäische Modelle die Hauptdarsteller.

Wie kein anderer Hersteller wusste BMW diese Trends für sich zu nutzen. Die bayerischen Motorradbauer – die streng genommen in Berlin-Spandau ihre Maschinen produzieren – begannen, jede noch so kleine Nische zu besetzen, die sich im Rahmen ihrer technischen Möglichkeiten auftat. Neben den bekannten Boxermotoren und den modernen Vierzylindern der K-Reihe etablierten sie rund um den zugekauften Rotax-Einzylinder ein erfolgreiches Einstiegssegment.

Triumph, der wiederauferstandene britische Phoenix unter den Traditionsmarken, konnte unter neuer Führung und durch Rückbesinnung auf traditionelle Werte Boden gutmachen. Marktanteile eroberten auch die großen italienischen Namen Ducati und die zum Piaggio-Konzern gehörenden Marken Aprilia und Moto Guzzi. Mit KTM betrat zudem ein jugendlich-forscher Player erfolgreich das Spielfeld. Ein spannendes Jahrzehnt bis zur Jahrtausendwende begann.

BMW GS – vom Globetrotter-Bike zum Zulassungs-Sieger

Kein anderes aktuelles Motorrad hat den Markt in den letzten Jahrzehnten derart dominiert wie die BMW GS. Ob im Geländesport oder als Reise-Enduro – in ihrer konzeptionellen Vielfalt haben sich die BMW-GS-Modelle in drei Jahrzehnten fest etabliert. Dabei war die Geburt dieses außergewöhnlichen Motorrads keine Selbstverständlichkeit. Den Anstoß gab letztendlich der Gewinn der deutschen Geländemeisterschaft durch BMW im Jahr 1979.

Es war bei BMW durchaus Tradition, Motorräder auch im leichten Geländeeinsatz bei Sportwettbewerben starten zu lassen. Das Image der robusten Zweizylinder zu steigern, war das Ziel solcher Teilnahmen an Geländefahrten. So fuhr bereits der Prototyp der R 32 im Mai 1923 bei der „Fahrt durch Bayerns Berge" mit. Und 1926 nahmen zwei BMW-Fahrer mit R-37-

Den Geruch von Freiheit und Abenteuer im Gepäck und die Gewissheit, ein grundsolides Motorrad zu besitzen, sind Grund genug, sich für ein **GS-Modell** zu entscheiden.

Straßensportmaschinen an der Sechstagefahrt im englischen Buxton teil und gewannen die Gold- und Silbermedallien. Es handelte sich übrigens um serienmäßige Straßenmaschinen – eine spezielle Geländeausrüstung gab es damals nicht.

In den 1950er-Jahren stieg das Unternehmen nach der Kriegsunterbrechung gleich wieder in den Geländesport ein, obwohl dieser damals bereits von kleinen, leichten Zweitaktern dominiert wurde. Dennoch konnten die BMW-Fahrer auf ihren ungleich schwereren Boxern einige große Achtungserfolge einfahren, eine umso bemerkenswertere Leistung.

Nach einer Auszeit in den 1960er-Jahren entwickelte BMW 1970 auf Basis der R 75/5 ein neues Geländesportmodell und gewann auf Anhieb die deutsche Geländemeisterschaft. Zahlreiche Privatiers feierten in Folge mit modifizierten BMW-Modellen weitere Erfolge. Das veranlasste die Münchener schließlich, Ende der 1970er-Jahre wieder werksseitig in die Szene einzusteigen – mit einer aufsehenerregenden Neuentwicklung unter der Bezeichnung GS 800. Zu jener Zeit stand das „GS" noch für Geländesport. Die zur GS 80 weiterentwickelte Maschine trat mit einem 798-Kubikzentimeter-Motor mit 55 PS an und brachte ein Wettkampfgewicht von nur 138 Kilo-

Sporterfolge bei der **Rallye Dakar** wusste BMW von Anfang geschickt für sich zu nutzen.

Auch wenn die **GS** gerne im Wald- und Wieseneinsatz gezeigt wird, ihr Metier wurde ganz schnell die Straße. »

gramm auf die Waage. Die deutschen Meisterschaften 1979 und 1980 waren der Lohn der Entwicklungsarbeit.

Mittlerweile spekulierten Fachleute schon seit einiger Zeit hinter vorgehaltener Hand über eine Serien-Enduro auf Basis der Sportmaschinen. Das Enduro-Segment, etabliert vor allem durch den phänomenalen Verkaufserfolg des Yamaha-Einzylinders XT 500 in den 1970er-Jahren, galt als prestige- und zukunftsträchtig. Doch alle nennenswerten Maschinen dieser Kategorie mussten bis dato mit einem Zylinder und entsprechend schwachen Fahrleistungen auskommen.

1980 kam sie dann auf den Markt, die erste zweizylindrige Groß-Enduro. Die R 80 G/S mit dem bewährten 800-Kubikzentimeter-Boxermotor, Kardanantrieb und der dem Geländesport entlehnten Einarmschwinge war nicht nur technisch eine Sensation. Mit ihr begründete BMW nach Jahrzehnten japanischer Dominanz gleich ein völlig neues Motorrad-Segment: die großvolumigen Reise-Enduros. Damit einherging auch eine Änderung in Schreibweise und Bedeutung: Aus „GS" wurde „G/S", das nunmehr für „Gelände und Straße" stand.

Als Hinterradführung diente das BMW Monolever. Dabei war diese Erfindung aus der Not heraus geboren, Gewicht im Wettbewerbseinsatz sparen zu müssen. Weil der traditionell an den Boxern verbaute Kardan diesem Ziel im Weg stand,

ersannen die Ingenieure diese geniale Konstruktion. Dabei wird der Kardantunnel zur Einarmschwinge. Mit diesem Clou schufen die Entwickler aber einen wesentlich wichtigeren Vorteil, der bis heute alle großvolumigen GS-Modelle begleitet: uneingeschränkte Servicefreundlichkeit. So ließ sich das Hinterrad bei einer Panne in kürzester Zeit ausbauen und reparieren. Dazu mussten lediglich die Radmuttern gelöst werden. Das sollte sich in den kommenden Jahren vor allem im harten Rallye-Einsatz bewähren, auf den sich die Werksteams alsbald konzentrierten.

Schließlich war man sich in München bewusst, dass Erfolge bei den großen und überaus beliebten Marathons jener Zeit, allen voran der Rallye Dakar, bei potenziellen Käufern eine hohe Aufmerksamkeit mit sich bringen würde. Umso größer war der Jubel, als bereits 1981 der Franzose Hubert Auriol die Dakar auf einer BMW GS gewinnen konnte und er diesen Erfolg 1983 gleich noch einmal wiederholte. Damit aber nicht genug. In den beiden folgenden Jahren fuhr der ehemalige Motocross-Weltmeister Gaston Rahier der Konkurrenz auf seiner GS auf und davon!

Damit war der Grundstein auch für einen wirtschaftlichen Erfolg des als unverwüstlich geltenden Modells gelegt. Wer immer sich mit dem Motorrad auf Fernreise machen wollte, wählte in jener Zeit – und eigentlich noch heute – eine GS dafür aus. Insgesamt wurden mehr als 20 000 Exemplare der Ur-G/S abgesetzt. Natürlich gab es im Angesicht der Dakar-Erfolge auch die dazu passenden Sondermodelle, womit BMW eine neue Haustradition begründete.

Um der anspruchsvollen Klientel ein wenig mehr Dampf zu verschaffen, folgte 1987 die R 100 GS, die aber parallel zur runderneuer-

Die **R 100 GS** entwickelte sich quasi aus dem Stand zum Verkaufsschlager im BMW-Motorradprogramm.

Mit den **Dakar-Sondermodellen** wurde den GS-Käufern ein Hauch Exotik auf den langen Weg durch die Welt gegeben. Wegen Lizenzproblemen wurde der Name Paris–Dakar bald in der Abkürzung PD versteckt. ➤➤

ten R 80 GS – jetzt wieder ohne Schrägstrich geschrieben – verkauft wurde. Zusätzlich wurde mit der R 65 GS ein Einstiegsmodell lanciert, das vor allem auf die Neuregelung des Führerscheins in Deutschland (27-PS-Klasse) zielte. Alle Modelle wiesen von nun an eine weitere technische Neuheit auf: Aus dem Monolever wurde der BMW Paralever, eine völlig neu konstruierte Doppelgelenkschwinge, mit der die Techniker endlich den Lastwechselreaktionen des Kardans Herr wurden. Diese hatten nicht nur den GS-Modellen zuvor den wenig löblichen Beinamen „Gummikuh" eingebracht.

Weitere Verbesserungen betrafen die Vorderradgabel, mit der zusammen auch eine stärkere Bremsanlage Einzug in die GS-Reihe fand. Außerdem wurden die Reifen auf neue Kreuzspeichenräder aufgezogen, was die Verwendung schlauchloser Pneus ermöglichte. Während die R 80 GS weiterhin mit 50 PS, aber deutlich verbessertem Drehmoment über Straßen und Wege rollte, brachte es die R 100 GS immerhin schon auf 60 PS.

Die größte GS wurde auch gleich der Verkaufsschlager. Gut dreimal so viele Einheiten (knapp über 34 000) wie von der kleineren Schwester konnten über den Verkaufszeitraum bis

Die **R 1200 GS** ist derzeit in vielen Ländern das Maß aller Dinge. An ihr müssen sich die Konkurrenten stets messen lassen. In puncto Verkaufszahlen zumindest bleibt sie unerreicht.

Paralever und Telelever

Über Jahrzehnte waren Motorräder mit Kardanantrieb im Allgemeinen und die BMW-Boxer im Besonderen dafür bekannt, dass sie auf Lastwechsel deutlich reagierten: Der Aufstellmoment beim Gas geben sorgt für ein deutlich Anheben der Maschine, Gas wegnehmen bewirkt ein ebenso deutliches Einfedern. Den Motorradjournalisten Ernst „Klacks" Leverkus veranlasste dies zu der Bemerkung, die BMW sei eine „Gummikuh". Schließlich erhebe sich das Rindvieh auch mit dem Hinterteil zuerst. Schlimmer wog aber wohl, dass ungeübte Fahrer in prekäre Situationen geraten konnten, wenn sie die Ausmaße der Reaktionen unterschätzten.

Der Paralever reduziert diese auf ein Minimum, weil die hebenden Kräfte mit einer zusätzlichen Strebe am Hinterrad aufgefangen werden. Der Telelever, bestehend aus einem zwischen Längslenker und oberer Gabelbrücke eingebauten Federbein, hingegen kommt am Vorderrad zum Einsatz und bietet so wesentliche Sicherheitsvorteile: Die Gesamtstabilität verbessert sich durch den tiefliegenden Längslenker, beim Bremsen taucht die Front des Motorrads nicht so tief ein wie bei klassischer Gabelfederung. Allerdings ist diese Konstruktion, an der BMW mittlerweile die Patentrechte besitzt und sie daher als einziger Hersteller einsetzt, deutlich aufwendiger und schwerer. Sportliche Fahrer kritisieren zudem eine schlechtere Rückmeldung vom Vorderrad.

1995 abgesetzt werden. Und schon ein Jahr nach ihrer Einführung eroberte die R 100 GS den Zulassungsthron in Deutschland.

Das Bessere ist des Guten Feind – so auch in der Geschichte der BMW GS. Der Zweiventiler-Boxer hatte in den GS-Modellen seinen letzten Höhepunkt erreicht. Die grundlegende Konstruktion dieses Motors machte aber eine angemessene Weiterentwicklung unmöglich. Und so stellte BMW 1993 eine komplett neue Baureihe mit Vierventil-Boxermotor vor. Pikanterie am Rande: Eigentlich hatten sich die Verantwortlichen in München schon vom Boxer-Konzept verabschiedet. Der K-Reihe mit dem längs eingebauten Reihen-Vierzylinder sollte die Zukunft gehören. Doch der ungeahnte Erfolg der GS machte diesen Plänen – zum Glück aus heutiger Sicht – den Garaus.

Und so stand im September 1993 die brandneue R 1100 GS mit 25-Liter-Tank und zweiteiliger Sitzbank auf der IAA

Mit vier Modellen zwischen 650 und 1200 Kubikzentimetern deckt die **BMW-GS-Reihe** das Enduro-Segment nahezu lückenlos ab. ≫

in Frankfurt. Neben dem Vierventiler-Herz der Maschine stand auch die Telelever Vorderradführung im Scheinwerferlicht. Dieses Konzept bedeutete den Abschied von der bisher verwendeten Teleskopgabel.

Beim Telelever gibt es nur noch ein Federbein – und das auch nicht mehr in der eigentlichen Gabel, sondern verbaut zwischen Lenkkopf und einem drehbar am Motorgehäuse gelagerten Längslenker. Damit erreichten die Ingenieure eine bis dato unbekannte Stabilität am Vorderrad. Gleichzeitig trieben sie den Enduros das tiefe Eintauchen beim Bremsen aus. Allerdings wurde dieser technische Erfolg mit höherem Gewicht und deutlich höherem Konstruktionsaufwand erkauft – was seiner Popularität bis heute keinen Abbruch tut.

Auch leistungsmäßig setzte BMW der R 1100 GS erneut die Krone auf. Ihre Fahrer konnten jetzt auf 80 Pferdestärken zurück-

Auch beim Vierventiler **R 1150 GS** spielte die Offroad-Sportlichkeit noch immer eine große Rolle.

greifen, ein maximales Drehmoment von 97 Newtonmetern sorgte für Dampf in allen Lebenslagen. Mit der ebenfalls eingeführten Benzineinspritzung hielt sich der Verbrauch zudem in Grenzen, was wiederum die Reichweite der GS erhöhte. Fernreisende dankten es BMW mit immer neuen Abenteuern, von denen nicht wenige als Bücher oder gar Filme veröffentlicht wurden.

🏍 1998 stellten die Münchener der großen GS eine kleine Schwester, die R 850 GS mit 70 PS, zur Seite. Im Jahr darauf erhöhte sich der Hubraum beim Topmodell auf 1130 Kubikzentimeter, die Bezeichnung änderte sich auf R 1150 GS. Mit nun-

Abenteuerlust wecken bei den **Adventure-Modellen** auch die grobstollige Bereifung und die zahlreichen Schutzbügel. »

Hinsichtlich Ausstattung und Individualisierung sind die Adventure-Modelle der BMW **R 1200 GS** kaum noch zu übertreffen. ≪

mehr 85 PS ließ sich das neuerliche Erfolgsmodell auf knapp 200 Kilometer pro Stunde beschleunigen. Und sie setzte natürlich eine schon lieb gewonnene Tradition fort: als meist verkauftes Motorrad in den Zulassungsstatistiken in Deutschland und mittlerweile zahlreichen anderen Ländern weltweit.

Allerdings hatte die R 1150 GS auch deutlich an Gewicht zugelegt. Vollgetankt brachte sie nunmehr 263 Kilogramm auf die Waage, nochmals 20 Kilogramm mehr als die Vorgängerin. Damit war eine Grenze erreicht, die das Motorrad für kleinere Fahrer nurmehr schwer beherrschbar machte. Gleiches galt auch für die erstmals 2001 vorgestellte Adventure-Version, die sich in einigen Globetrotter-Ausstattungsmerkmalen, vor allem dem großen 30-Liter-Tank, von der herkömmlichen GS unterschied und sogar zu Filmehren kam.

Im April 2004 starteten die Schauspieler Ewan McGregor und Charley Boorman zu einem 115 Tage währenden und über 30 000 Kilometer langen Trip von London über Russland und die Mongolei nach Alaska und weiter bis zum Ziel in New York. Die Reise, die auf das Kinderhilfswerk UNICEF aufmerksam machen sollte, lief als zehnteilige Dokumentarserie „Long Way Round" in zahlreichen Ländern im Fernsehen, wurde auf DVD und als Buch veröffentlicht. Auch McGregor und Boorman hatten ein ums andere Mal mit dem hohen Gewicht ihrer vollbepackten GS-Adventure zu kämpfen, zollten den Motorrädern aber für ihr Durchhaltevermögen angesichts der Strapazen oder Umstände wie mangelhafter Benzinqualität größten Respekt.

2007 wiederholten die beiden ihr Abenteuer, dieses Mal mit der aktuellen R 1200 GS Adventure auf der Strecke von Schottland nach Kapstadt in Südafrika, was als „Long Way Down" dokumentiert wurde. Die R 1200 GS ist denn auch das aktuelle Modell in der langen Ahnenreihe von drei Jahrzehnten BMW GS.

Seit März 2004 im Markt ist sie seither in ununterbrochener Folge das am meisten verkaufte Motorrad in Deutschland und anderen Ländern – zumeist mit deutlichem Abstand zu Platz Zwei. Mit 110 PS und einem maximalen Drehmoment von 120 Newtonmetern, die sie den Zylinderköpfen der Sport-Enduro HP2 verdankt, stellt sie auch eine neue Leistungsstufe in der GS-Evolution dar. Gleichzeitig hat das schon auf den ersten Blick zierlicher wirkende Motorrad 30 Kilogramm gegenüber der Vorgängerin abgespeckt. Selbst das umfangreicher ausgestattete Adventure-Modell, seit März 2006 verfügbar, kommt mit 259 Kilogramm nicht an die vorherige Höchstmarke heran. So lässt sich die R 1200 GS deutlich besser handhaben, was ihr eine noch größere Fangemeinde weltweit garantiert. Ohne Zweifel ist sie eines der besten Serienmotorräder der Welt.

Diese Wertigkeit drückt sich natürlich auch in Zahlen aus. Allein 2008 wurden 35 305 neue Maschinen der R 1200 GS und Adventure ausgeliefert – und damit mehr als von der seinerzeit schon so erfolgreichen

R 100 GS überhaupt. Mit einer R 1200 GS lief im Mai 2009 zudem die 500 000. BMW GS im Motorradwerk in Berlin-Spandau vom Band.

Die R 1100 RS – BMW kehrt zum Boxer-Prinzip zurück

Ende der 1980er-Jahre war etwas für die BMW-Stammkundschaft Unerhörtes geschehen: Die Unternehmensleitung hatte verlauten lassen, den Zweizylinder-Boxerantrieb nicht mehr weiterzuentwickeln. 60 Jahre lang – von der ersten BMW, der R 32, angefangen bis in diese Zeit – stand das Motorenkonzept für die Marke und umgekehrt. Und nun sollte Schluss damit sein?

Zum einen lag dies an der Einführung der K-Baureihe mit längs eingebautem Reihen-Vierer. Auf dieses Konzept setzte man für die Zukunft. Zum anderen machten

Die **BMW HP2 Enduro** ist eigentlich eher ein kompromisslos auf Off-Road-Sport ausgerichteter Crosser.

es immer strengere Emmissionsauflagen schwer, den „historischen" Boxer anzupassen. Und nicht zuletzt hatte man in München – zumal selbst Automobilhersteller – nur allzu gut das Schicksal von VW vor Augen, die lange, fast zu lange, am ebenfalls boxerbetriebenen Käfer festgehalten hatten und damit fast untergegangen wären. Erst in allerletzter Sekunde war mit dem Golf der Rettungsanker gefunden worden.

So lange mochte man in München nicht abwarten. Die Zukunft sollte vier Zylinder haben, vielleicht drei, aber auf jeden Fall in Reih und Glied. Allerdings hatten die Strategen die Rechnung ohne ihre Kundschaft gemacht. Die meist mit ihrem geliebten Zweizylinder-Boxer gealterten Biker mochten sich mit dem Konzept der K-Reihe nicht anfreunden. So führte die K 100 und ihre Nachfolger BMW zwar neue Kundenkreise zu, man war aber drauf und dran, die Stammkundschaft zu vergraulen.

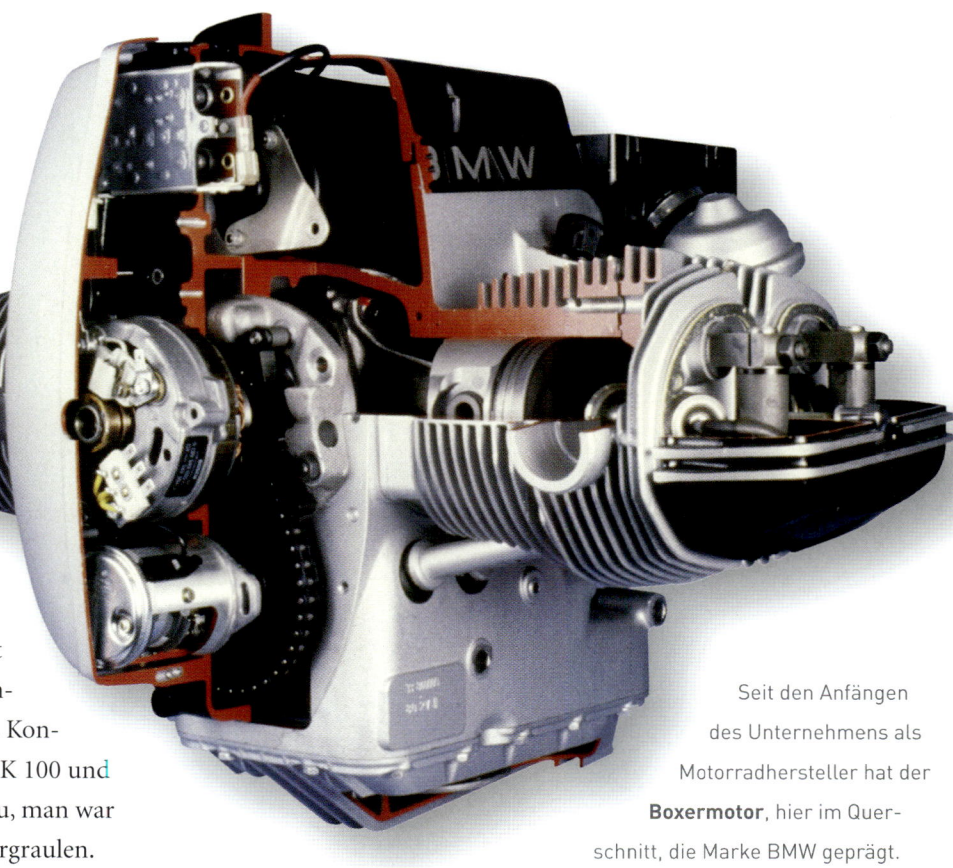

Seit den Anfängen des Unternehmens als Motorradhersteller hat der **Boxermotor**, hier im Querschnitt, die Marke BMW geprägt.

Wie aus dem Nichts erschien dann 1993 die R 1000 RS – mit Boxermotor! Doch der hatte mit dem Vorgänger nur noch das Motorenkonzept gemein. Es war ein moderner Vierventiler entwickelt worden, dessen Steuerung mittels Steuerkette und Stoßstangen erfolgte. Die aus der K-Reihe bekannte Paralever-Technik trieb der 1100er-Version die Lastwechselreaktionen am Kardan aus.

Wirklich revolutionär war aber, was sich unter dem vorderen Teil der modern gezeichneten Vollverkleidung verbarg. Mit dem Telelever hielt ein Dämpfungssystem am Vorderrad Einzug, das die Stabilität der großen Maschinen deutlich verbesserte, weil es das Eintauchen beim Bremsen fast vollständig unterband.

Aus ihren 1085 Kubikzentimetern Hubraum schöpfte die R 1100 RS 90 PS Leistung. Befeuert wurde der Antrieb von einer Benzineinspritzung, eine Bosch-Motronic mit Schubabschaltung hielt den Verbrauch in Grenzen. Das sportliche Kleid täuschte darüber hinweg, dass es sich um einen reinrassigen Tourer handelte, Komfortdetails wie verstellbare Sitzhöhe, Lenkerstellung, auf den Fahrer anpassbares Windschild und Handbremshebel ließen aufhorchen. Bei Bedarf konnte sogar ABS geordert werden.

Acht Jahre lang bis 2001 blieb die R 1100 RS, BMWs Einstieg in eine neue Boxer-Generation, im Programm.

Triumph setzt auf drei Zylinder

Das letzte Jahrzehnt des vergangenen Jahrtausends begann für die Motorradwelt mit einem Paukenschlag. Triumph, die legendäre britische Marke, die nach dem schmachvollen Abgesang der gesamten, einst so stolzen britischen Motorradindustrie bis in die frühen 1980er-Jahre überlebt hatte, präsentierte sich auf der Internationalen Fahrrad- und Motorradausstellung IFMA in Köln, mit neuen Modellen. Die waren über einen Zeitraum von rund sechs Jahren ganz im Stillen entwickelt worden. Hinter dieser Sensation steckte ein Mann, der mit Millionen Pfund versuchte, die Marke zu revitalisieren.

Dabei hatte es ab Anfang der 1970er-Jahre nicht gut ausgesehen für den ältesten, noch produzierenden Motorradhersteller überhaupt. Unter der BSA-Ägide war man in Meriden zwar zwei Jahrzehnte lang erfolgreich gewesen, hatte technisch aber, wie alle Marken des Vereinigten Königreichs, den Anschluss verloren. Gegen das, was aus Japan auf den nach Leistung gierenden Markt schwappte, war man auf der Insel nicht aufgestellt.

Ganz ähnlich, wie es die Entwicklung bei den Automobilherstellern zeigte, wollten die Motorradproduzenten ihrer „Götterdämmerung" durch Zusammenschluss entgegenwirken. Der BSA-Konzern fusionierte mit Norton und Villiers zu Norton-Villiers-Triumph – nicht zuletzt, um in den Genuss staatlicher Fördermittel zu kommen, die zu jener

Gerade am Beispiel **Triumph Thunderbird** zeigt sich, welch individuelle Vielfalt heutzutage in einer Baureihe steckt.

Zeit in Großbritannien reichlich flossen, um eigentlich marode Industriezweige künstlich am Leben zu erhalten.

Doch wie fast immer unter solchen Umständen war der Zusammenschluss keine Traumhochzeit. Zu unterschiedlich waren die Interessen der drei Hersteller. Hinzu kam, dass zusammen mit der staatlichen Einflussnahme einfach zu viele

Die **Thunderbird** wird von einem kräftigen Triple angetrieben. Anfangs hielten die Bremsen nicht ganz mit der Motorleistung mit.

Auch dieser stylische Cruiser ist eine Drei-
zylinder-**Thunderbird**.

Mehr Leistung und ein aggressiverer Look machen aus
der **Thunderbird Storm** den bösen Bruder der Baureihe.

Als Antrieb der **Speedmaster** dient der aus der Bonneville bekannte
Parallel-Twin.

Besonders gefragt sind **verchromte Accessoires** für diese
Baureihe.

Chrom, Schwarz und vor allem schlicht – so muss selbst eine moderne **Bonneville** ausgestattet sein.

Mit der **Bonneville** als Retro-Bike bedient Triumph die zahlreichen Anhänger der klassischen britischen Parallel-Twins. »

Köche in einem schon reichlich versalzenen Brei rührten. Als die neue Konzernleitung dann auch noch den Beschluss fasste, das Werk in Meriden zu schließen, kam es dort zur Meuterei – ein einzigartiger Vorgang in der Geschichte des Motorrads.

Die Belegschaft besetzte das Werk und kämpfte gegen die Schließung – der folgende Arbeitskampf sollte rund 20 Monate dauern. Zwar wurde die Besetzung im November 1974 beendet, doch die Verhandlungen um die Zukunft des Werks gingen noch bis März 1975 weiter. Das Ergebnis: Die Meriden Workers Co-Operative führte Triumph weiter, baute Motorräder in Meriden und überlebte so immerhin noch bis 1982.

Nachfolgemodelle legendärer Maschinen wie Bonneville, Tiger und vor allem der Thunderbird konnten zwar einige Jahre lang die Existenz sichern. Aber da es keine Rücklagen für dringend benötigte Neuentwicklungen oder gar die Modernisierung der veralteten Produktionsanlagen gab, war die endgültige Schließung des Werks nur eine Frage der Zeit.

Offenbar war zumindest der Grund und Boden noch von Wert, denn in Windeseile wurde die gesamte Triumph-Anlage dem Erdboden gleichgemacht, um Raum für neue Wohnsiedlungen zu schaffen.

Doch selbst durch diesen bitteren Umstand war die Marke Triumph nicht totzukriegen. Die gesamten Namens- und Markenrechte sollten ebenso wie der Grund und Boden in Meriden auf einer Auktion versteigert werden. Man kann es nur als einen

Den historischen Bezug der **Bonneville** zu ihrer Vorgängerin weiß Triumph geschickt in Szene zu setzen.

unglaublichen Zufall der Geschichte – und herausragenden Glücksfall für Motorradfans – bezeichnen, dass der Bauunternehmer John Bloor diese Auktion besuchte. Der Multimillionär hatte eigentlich geplant, sich das Grundstück für einen Siedlungsneubau zu sichern. Stattdessen verließ er Meriden mit den Überresten eines ehemals ruhmreichen Motorrad-Herstellers: eben sämtlichen Rechten an Triumph.

Natürlich war Bloor klar, dass man nicht von heute auf morgen einen Erfolg versprechenden Motorradproduzenten auf die Beine stellen konnte. Es gab kein Werk, keine Mitarbeiter, eigentlich nichts. Doch er hatte beim Bieterwettstreit um Triumph Les Harris kennengelernt. Dieser hatte sich schon seit Mitte der 1970er-Jahre darauf spezialisiert, die noch gelagerten Ersatzteile der einer nach dem anderen untergehenden Hersteller aufzukaufen und war so zu einem verlässlichen Lieferanten für einer immer noch große Zahl an Besitzern britischer Motorräder geworden.

Nachdem er Bloor beim Aufkauf des gesamten Triumph-Bestands unterlegen war, bot dieser ihm stattdessen an, die Triumph Bonneville T140, den noch immer gefragten einstigen Verkaufsrenner der Marke, in Lizenz weiterzubauen. Harris willigte ein – und so rollten in den folgenden fünf Jahren noch einmal rund 2000 „Bonnies" aus einem kleinen Werk in Newton Abbot in der britischen Grafschaft Devon. Wegen fehlender Unternehmenshaftpflicht konnten die

Wie Phönix aus der Asche – die Marke **Triumph** steht heute wieder auf einer Stufe mit BMW oder Ducati.

Harris-Bonnevilles jedoch nicht in den vorherigen Hauptabsatzmarkt USA exportiert werden.

Bloor sicherte sich in der Zwischenzeit die Mitarbeit der besten Köpfe aus dem Traditionsunternehmen und machte sich mit ihnen an die Entwicklung völlig neuer Modelle. Gleichzeitig informierte sich ein kleines Team über den aktuellen Stand moderner Fertigungstechnik. Der Unternehmer investierte in computerisierte Maschinen, ab 1985 entstanden die ersten Design-Prototypen, 1987 war der erste Motor fertiggestellt. Dann endlich kam der Bauunternehmer wieder zum Zug: 1988 setzte er eine moderne Fabrik auf ein 40 000 Quadratmeter großes Gelände in Hinckley in der Grafschaft Leicestershire – mitten auf die „grüne Wiese".

Der spannendste Aspekt an diesem Teil der Triumph-Geschichte ist jedoch, dass all diese Aktivitäten geheim waren – und es bis auf wenige Gerüchte auch blieben. So kam es dann 1990 zu der völlig überraschenden Präsentation der neuen Generation Triumph-Motorräder auf der IFMA in Köln – dem Paukenschlag!

Bloor und sein Entwicklungsteam setzten von Beginn an auf Drei- und Vierzylinder-Maschinen, wobei möglichst viele Teile baugleich und damit in größeren Mengen einfacher zu produzieren sein sollten. Gleichzeitig bediente er sich bei der Namensgebung in der langen und glorreichen Typengeschichte von Triumph. Vorgestellt wurden die Dreizylinder-Modelle Trident 900 und Trophy 900. Die ersten Kundenfahrzeuge waren dann aber 100 Exemplare einer Sonderserie „First Edition" des Vierzylinder-Modells Trophy 1200. Alle diese Fahrzeuge wurden übrigens mit einer von Bloor selbst unterschriebenen Besitzurkunde ausgeliefert – auf dem deutschen Markt!

Trotz einiger Qualitätsprobleme konnte John Bloor mit den neuen Modellen schnell Fuß fassen bei einer Käufer-

Die ersten ausgelieferten Maschinen der neuen Triumph-Baureihen waren die 1200er-Vierzylinder-Modelle **Trophy**.

Die **Trophy** steht bei Triumph für den sportlichen Tourer schlechthin. Sie kam auch gleich in zwei Hubraumvarianten auf den Markt.

Mit der **Trident 900** legte John Bloor einen weiteren Grundstein fürs rasante Wachstum seines Triumph-Revivals.

Die **Tiger 800XC** kommt mit zahlreichen Off-Road-Details wesentlich abenteuerlicher daher als ihr Straßenpendant. »

Auch in ihrer aktuellen Version zeigt sich die **1050er-Tiger** noch immer als moderne Reise-Enduro, die sich vor allem im Straßeneinsatz wohl fühlt. »

Mit der **900er-Adventurer** setzte Triumph 1996 erneut auf einen zugkräftigen Modellnamen – und auf den Einstieg ins Cruiser-Segment.

schaft, für die sich das Motorrad immer mehr zum Freizeitobjekt wandelte. Es waren vor allem die Dreizylinder-Modelle, die Erfolg hatten, nicht zuletzt, weil ihnen zwischen den klassischen V-Twins von Harley-Davidson, den Boxer-Zweizylindern von BMW und den japanischen Reihen-Vierern so etwas wie ein Exotenstatus gewiss war. Bestand die Produktpalette anfangs aus der Trident, mit den 748 und 885 Kubikzentimeter großen Dreizylindern ausgestattet, und der Trophy, angetrieben vom entweder 885 oder 1180 Kubikzentimeter großen Vierer, so kamen alsbald die sportliche Triple Daytona und der Sporttourer Sprint hinzu.

Bereits 1995 folgte dann der Versuch des Unternehmens, ein erstes Retro-Bike auf die Räder zu stellen. Die Thunderbird 900, bestückt mit einem Dreifach-Vergaser 68 PS, zeigte sich als spurtstarkes und drehfreudiges Modell, dessen erste Bremsanlage aber nicht ganz mit dem Rest der Maschine

mithalten konnte. 1997 folgte die Thunderbird Sport, die bereits 82 PS aus dem Triple kitzelte und diese Leistung über ein fortan auch bei anderen Modellen verwendetes Sechs-gang-Getriebe ans Hinterrad weitergab. An seinem vorderen Pendant verrichteten mittlerweile zwei Bremsscheiben ihren Dienst, die nun auch hinreichend dimensioniert waren, die willige Sportlerin im Zaum zu halten.

1996 wurde mit der Triumph Adventurer 900 ein weiterer historischer Modellname reaktiviert. Es war der zaghafte Einstieg des Unternehmens ins Cruiser-Segment. Obwohl fünf Jahre lang im Modellprogramm, waren es dennoch eher die sportlichen Modelle, die das Markenimage von „New Triumph" prägten. Erfolgsmodell wurde, ist und bleibt die Speed Triple in all ihren Varianten. Aus einer 900er-Daytona entstand durch die hohe Kunst des Weglassens ein Streetfighter, der bis heute kaum nennenswerte Konkurrenz im Markt bekommen hat. Wie jede neue Bau-

reihe der Hinckley-Ära bezieht auch dieses Modell seinen Namen von einem historischen Vorgänger. Bereits 1938 gab es eine Speed Twin von Triumph.

Als ein weiteres Standbein entpuppte sich schnell die erste Enduro aus dem Hause Triumph: die Tiger. 1993 vorgestellt, konnte die erste Serie zwar viele Fans außerhalb des britischen Heimatmarkts für sich gewinnen, litt aber während der gesamten Produktionszeit von fünf Jahren an konzeptionellen Mängeln. Die daher überarbeitete, 1999 eingeführte Nachfolgerin behielt zunächst den 885 Kubikzentimeter messenden Triple mit Vergasern. 2001 folgte schon die dritte Version, jetzt mit dem 995 Kubikzentimeter Einspritzmotor. Nach ebenfalls fünf Jahren Produktion machte sie 2007 dem aktuellen Top-Modell, der Tiger 1050, Platz.

Die **Tiger-800-Baureihe** bedeutete für Triumph den Einstieg in die direkte Konkurrenz zu BMWs erfolgreicher F 800 GS.

Reduziert auf ein Minimum an Augenfällig-keiten erreicht die **Thunderbird Storm** ein Maximum an Aufmerksamkeit. Damit ist das Modell besonders in den USA sehr beliebt. «

Weil das Segment der Straßen-Enduros über die Jahre immer erfolgreicher wurde, war es nur konsequent, der gro-ßen Tiger ein Einstiegsmodell an die Seite zu stellen. So wurde 2010 die Tiger 800 in einer eher straßenorientierten und einer etwas raueren Geländeversion eingeführt. Mit diesem Modell tritt Triumph, mittlerweile durch anhaltende Erfolge als etablierter Motorradhersteller mit neuem Selbst-bewusstsein ausgestattet, in direkte Konkurrenz zu BMW, die in dieser Klasse mit ihrer F 800 GS der Platzhirsch sind.

Ein anderes Erfolgsmodell in der Produktpalette von Tri-umph ist ganz sicher die zehn Jahre nach dem Neustart vor-gestellte Bonneville. Hier ist es nicht nur der Name, der auf einen historischen Vorfahren verweist. Die Maschine prä-sentiert sich bis heute als moderner Klassiker. Das Design orientiert sich dabei eng am Vorgänger aus dem Jahr 1975. Gleichzeitig trägt die „Bonnie" einen optisch ebenso klassi-schen Parallel-Twin mit anfangs 790, später 865 Kubikzenti-metern Hubraum in ihrem Rahmen, der sich aber im Inne-ren als modernes Aggregat entpuppt. Die Kombination aus Luft- und Ölkühlung ermöglichte die Einhaltung der zum Zeitpunkt der Präsentation aktuellen Geräusch- und Emmissionsbestimmungen.

2006 wurde die Bonneville T100 eingeführt. Sie brachte den Abschied von den Vergasern, die gegen eine moderne Einspritzung ausgetauscht wurden, um auch auf zukünftige Abgasbestimmungen eingehen zu können. Aller-dings versteckten die Designer die Einspritzung in

Zeitgeschehen

Anfang der 1990er-Jahre zeichnete sich eine technische Revolution ab: Internet, E-Mails und Handys begannen ihren Siegeszug und schick-ten sich an, die zwischenmenschliche Kommu-nikation nachhaltig zu verändern. Ab August 1991 wird das World Wide Web weltweit für alle Nutzer freigegeben. Innerhalb nur weniger Jahre trat damit das Internet seinen Siegeszug an. Heute ist die Technologie weder aus dem Geschäftsleben noch privat wegzudenken. Ähn-liches gilt für den Mobilfunk.

Im August 1990 marschierten irakische Trup-pen in Kuwait ein und lösten damit einen Krieg aus, in den auch die USA eingriffen und der erst am 5. März 1991 beendet wurde. Auf allen Sei-ten gibt es viele Todesopfer.

Erstmals seit Ende des Zweiten Weltkriegs fan-den ab 1990 wieder Kriegskämpfe innerhalb Europas statt. Die Unabhängigkeitserklärung des slowenischen Teilstaats löste einen Bürger-krieg in Jugoslawien aus, der schließlich zur Auflösung des Staates und Gründung mehrerer Einzelstaaten führte.

Am 1. November 1993 trat der Vertrag von Maastricht in Kraft und bildete die Grundlage für die Europäische Union (EU). Am 1. Januar 1999 wurde der Euro – zunächst als Buchgeld und drei Jahre später auch als offizielles Bar-geld – in den Mitgliedsstaaten eingeführt.

Ein schlichtes Rundinstrument – eingefasst in üppigen Chrom – informiert an dieser **Thunderbird**-Version über die wenigen wirklich zum Motorradfahren benö-tigten Daten.

Nicht erst mit der **Speedmaster** fährt Triumph in der Individualisierungs-Erfolgsspur. Customizing ab Werk lautet die einfache Formel.

Schwimmerkammern ähnlichen Gehäusen, um den Retro-Look nicht zu zerstören.

🏍 War die Adventurer noch ein erstes Herantasten ans Cruiser-Segment, so gingen die Speedmaster-Modelle, jeweils basie-

Dieser Lenker der **Rocket III Roadster** soll die Leistung des Über-Motors bändigen.

rend auf der gerade verwendeten Bonneville-Motorisierung, diesen Weg schon konsequenter. Die 2009 präsentierte Thunderbird 1600 ist dann schon eine vollständig „erwachsene" Ausgabe eines Cruisers. Der 1597 Kubikzentimeter große Parallel-Twin stellt dabei ein völlige Neuentwicklung dar – eine Abkehr vom Baukastenprinzip des John Bloor. Eigentlich sollte eine Zweidrittel-Version des Rocket-Antriebs eingesetzt werden. Am Ende eines fünfjährigen Entwicklungszeitraums sind es aber nur die Ventile, die in beiden Motoren gleich sind.

Und eben jene Rocket ist seit ihrer Vorstellung 2003 das Maß aller Cruiser-Dinge, das größte Serienmotorrad der Welt. Schon 1998 hatte man intern mit dem Projekt eines Über-Cruisers begonnen. Ursprünglich war gegen Konkurrenten wie die Honda Gold Wing oder eine Harley-Davidson Ultraglide ein Hubraum von 1600 Kubikzentimetern angedacht, aus dem aber deutlich mehr Leistung als bei den Mitbewerbern gewonnen werden sollte. Noch während der Entwicklungsphase brachte Yamaha die Road Star mit 1670 Kubikzentimetern auf den Markt, Honda setzte mit der VTX 1800 den bis dato größten V2 entgegen. In Hinckley ging man erneut in Klausur – und am Ende der Entscheidungsprozesse erblickte ein 2294 Kubikzentimeter großer, längs eingebauter Triple das Licht der Motorradwelt!

In der aktuellen Triumph Rocket III Roadster entwickelt dieser Antrieb 148 PS und ein Drehmoment von 221 Newtonmeter. Die „zivilere", weil alltagstauglichere Touring-Version büßt zwar 32 PS, aber kaum an

Ein 2294 Kubikzentimeter großer, längs eingebauter
Triple treibt das größte Serienmotorrad der Welt – die
Triumph Rocket III Roadster – an.

Durchzug ein und überspringt immer noch locker die
Marke von 200 Newtonmetern.

🏍 Es ist einem Bauunternehmer zu verdanken, dass Triumph
heute als älteste kontinuierlich produzierende Motorradmarke der Welt anerkannt ist, werden doch schon seit 1902
motorisierte Zweiräder unter diesem Namen gebaut. Das
hatte man 2002 natürlich in Hinckley vor, ausgiebig zu feiern. Zur Jahrtausendwende hatte man gerade erst einen
zweiten Produktionsstandort errichtet – nur einen halben
Kilometer von der ersten neuen Fabrik entfernt.

Am 15. März 2002 zerstörte dann ein Großbrand die
ursprüngliche Anlage, in der nach wie vor der Hauptanteil
der Produktion stattfand. Bloor fackelte auch jetzt nicht
lange, ließ die verkohlten Reste seines Erstlings abräumen

Mit der **Thunderbird**-Baureihe hat sich Triumph in der Cruiser-Szene festgesetzt
und Terrain auf amerikanischen Highways zurückerobert.

und errichtete in Rekordzeit bis Mitte September 2002 eine der modernsten Motorradfabriken der Welt. Um zum einen der prognostizierten Nachfrage der nächsten Jahre gerecht zu werden, zum anderen aber auch, damit solch ein Unglück nie wieder die Produktion zum Stillstand bringen kann, eröffnete das Unternehmen schon 2003 ein weiteres Werk in Thailand. Bereits 2006 wurde es um die Bereiche Lackierung und Montage erweitert, aktuell kam noch ein Motorenwerk hinzu.

Damit ist die letzte verbliebene britische Marke bestens für die Zukunft gerüstet.

Ducati rettet sich mit der Monster aus der Krise

🏍 Dass aus einem Hersteller von Radiobauteilen einmal eine angesehene und motorsportlich dominante Motorradmarke werden sollte, bei deren Erwähnung die Fans in Ehrfurcht erstarren, konnte die Familie Ducati nicht ahnen, als sie 1926 den Geschäftsbetrieb aufnahm. 20 Jahre vergingen, bevor sich das Unternehmen erstmals mit Motoren befasste. 1953 folgte dann die Aufteilung der Firma in die Elek-

troniksparte und den Motorradbereich. Kurze Zeit später trat Fabio Taglioni seinen Posten als Chefkonstrukteur an – und veränderte die Motorradwelt nachhaltig.

Gleich bei seinem ersten Entwurf für den neuen Arbeitgeber verwendete der Konstrukteur die von ihm selbst entwickelte Desmodromik für die Zwangssteuerung der Ventile – bis in die heutige Zeit unverwechselbares Kennzeichen aller Ducatis. Gleichzeitig wurde die Nockenwelle nicht wie sonst üblich von einer Kette oder einem Zahnriemen angetrieben, sondern relativ aufwendig mittels Königswelle.

Grundlegendes Merkmal der Desmodromik ist der Verzicht auf die Ventilfedern, die üblicherweise das Schließen

Kipphebel statt Federn – das Grundprinzip der **desmodromischen Ventilsteuerung** in jeder Ducati.

Die **Ducati 900 Supersport** – oder kurz SS – zählt zu Taglionis Geniestreichen. »

Vorläuferin der heute erfolgreichen Superbikes aus Bologna war die **Ducati 851**.

Wegen ihrer grazilen Erscheinung gilt die **900 Super-sport** als eines der schönsten Modelle. «

der Ventile wieder übernehmen. Zu Taglionis Zeiten war die Qualität der Federstähle, besonders im Rennsport, oft nicht ausreichend. Zwar machten sich auch andere Hersteller so ihre Gedanken, wie man eine Ventilsteuerung ohne Federn hinbekommen könnte. Doch die meisten dieser Entwürfe waren zu kompliziert, um massentauglich zu sein.

Taglioni verwendet zwei Kipphebel und zwei Nocken an jedem Ventil. Damit wurde also nicht nur das Öffnen, sondern auch das Schließen gesteuert durchgeführt. Und er reduzierte gegenüber anderen Lösungen die Menge der Verschleißteile. Seine einfache Desmodromik ist denn auch die einzige Ventilzwangssteuerung, die sich durchsetzen konnte.

Nachdem jahrelang kleine Einzylinder-Triebwerke die Ducatis beschleunigten, läutete die Ducati 750 GT 1970 die Zeit der Zweizylinder-V-Motoren in Bologna, dem Unternehmenssitz, ein. Der ungewöhnlich große Zylinderwinkel von 90 Grad führte bei der Art und Weise des Einbaus, wie Taglioni ihn entwarf, zu einem liegenden und einem stehenden Zylinder, was den Motoren den Beinamen L-Twin einbrachte.

Ende der 1970er-Jahre kam dann das Aus für die aufwendige Königswelle. Zukünftige Ducatis hatten einen Zahnriemen als Nockenwellenantrieb. Doch trotz anerkanntermaßen hervorragender Technik und teilweise

So gar nicht typisch Ducati und doch ein Riesenerfolg: das Volumen-
modell **Monster**.

beachtlicher Rennsporterfolge blieben die wirtschaftlichen
Rahmenbedingungen schwach. Anfang der 1980er-Jahre
suchte man strategische Partner und fand sich bald darauf
in den Armen von Cagiva wieder. Taglioni ging in den
Ruhestand; es war also eine Zeit des Umbruchs für Ducati.
Und es blieb ein Kampf ums Überleben, weil nun auch
Cagiva ins Schlingern geriet und schließlich in der Zah-
lungsunfähigkeit endete.

Finanzinvestoren stiegen in Bologna ein, die Texas Pacific
Group übernahm zunächst 51 Prozent der „Roten", später
das gesamte Unternehmen. 2005 verkauften die Investoren
ihre Anteile an die italienische Investindustrial – seitdem ist
Ducati wieder italienisch.

🏍 Massimo Bordi brachte als Nachfolger von Taglioni zwei
Modelle an den Start, die Ducati das Überleben sicherten:
die vollverkleidete Ducati Paso und vor allem die Ducati
851, den Vorläufer der heute so erfolgreichen Superbikes aus
Bologna, angetrieben von einem modernen, wassergekühlten Motor mit vier Ventilen pro Zylinder und Benzineinspritzung. Die Fahrleistungen des 1987 eingeführten Modells
konnten beeindrucken: Aus 851 Kubikzentimetern Hubraum

Diese **Ducati 907ie** ist einer der letzten Vertreter der vollverkleideten
Ducati-Ära aus der Paso-Baureihe. ◀◀

gelangten je nach Ausführung (Straße oder Rennen) zwi-
schen 88 und 120 PS ans Hinterrad. Bei nur 216 Kilogramm
Trockengewicht genügte dies für 241 bis 273 Kilometer pro
Stunde Spitzengeschwindigkeit.

🏍 Noch unter der Cagiva-Ägide war am anderen Ende der
Modellpalette ein Motorrad eingeführt worden, dessen Ein-
fachheit es zu großen Verkaufserfolgen führen sollte: Die
Monster war eine völlig untypische Ducati. Unverkleidet,

Eine **Ducati 999** ist Sportlichkeit und Sinnlichkeit gleichermaßen.

Die **Monster** gilt als Ducatis Universalwaffe – selbst ein
Fahrradträger lässt sich montieren.

An einer **Monster** ist aus jeder Perspektive
viel pure Technik zu entdecken. ❯❯

aufs Einfachste reduziert, trug sie ihren filigranen Rahmen
aus dem Superbike-Regal mit mehr Stolz als ihren darin
aufgehängten Antrieb. Der stammte aus der Supersport-
Reihe und hatte genügend Leistung, um nicht nur das Bike,
sondern auch die Fantasie seiner Besitzer zu befeuern.

Die wurde zudem kräftig angeheizt vom Design, das stark
in Richtung Streetfighter tendierte. Musste sich der luftgekühlte Zweiventiler der ersten Monster 600 noch mit knapp
über 50 PS bescheiden, so stiegen Hubraum und Leistung –
und auch Erfolg der Baureihe – kontinuierlich an.

Zur Jahrtausendwende durfte die Monster einige Jahre
lang die wassergekühlten Vierventiler aus der 916er-Reihe tragen. Kurzzeitig wurde in den Modellen S4R und S4Rs sogar
der bärenstarke Testastretta-Motor mit 130 PS verbaut.

Aktuell bringt es das Einstiegsmodell Monster 696 auf 80
PS – und jede Menge Lifestyle. Wie die Zeiten sich geändert
haben, belegt auch die Auswahl an Farben und Designvari-
anten, die heutzutage für die Monster orderbar sind. Selbst
ein wenig dezentes Pink hat sich unter die Auswahlmöglich-
keiten gemischt. Gelb, Schwarz und Weiß sind neben dem
allgegenwärtigen Rot schon fast zu normal – es gibt also
jede Menge Varianten mit farbigen Applikationen, die für
eines der aktuellen Racing-Bikes stehen. MotoGP-Cham-
pion Valentino Rossi steht dabei ebenso Pate wie sein einsti-
ger Lehrling und erneuter Teamkollege Nicky Hayden.

Die Monster 796 weist heutzutage einen 803 Kubikzentimeter großen Zweiventiler auf, dem 87 PS entlockt werden.
Am oberen Ende des regulären Angebots liegt die Monster

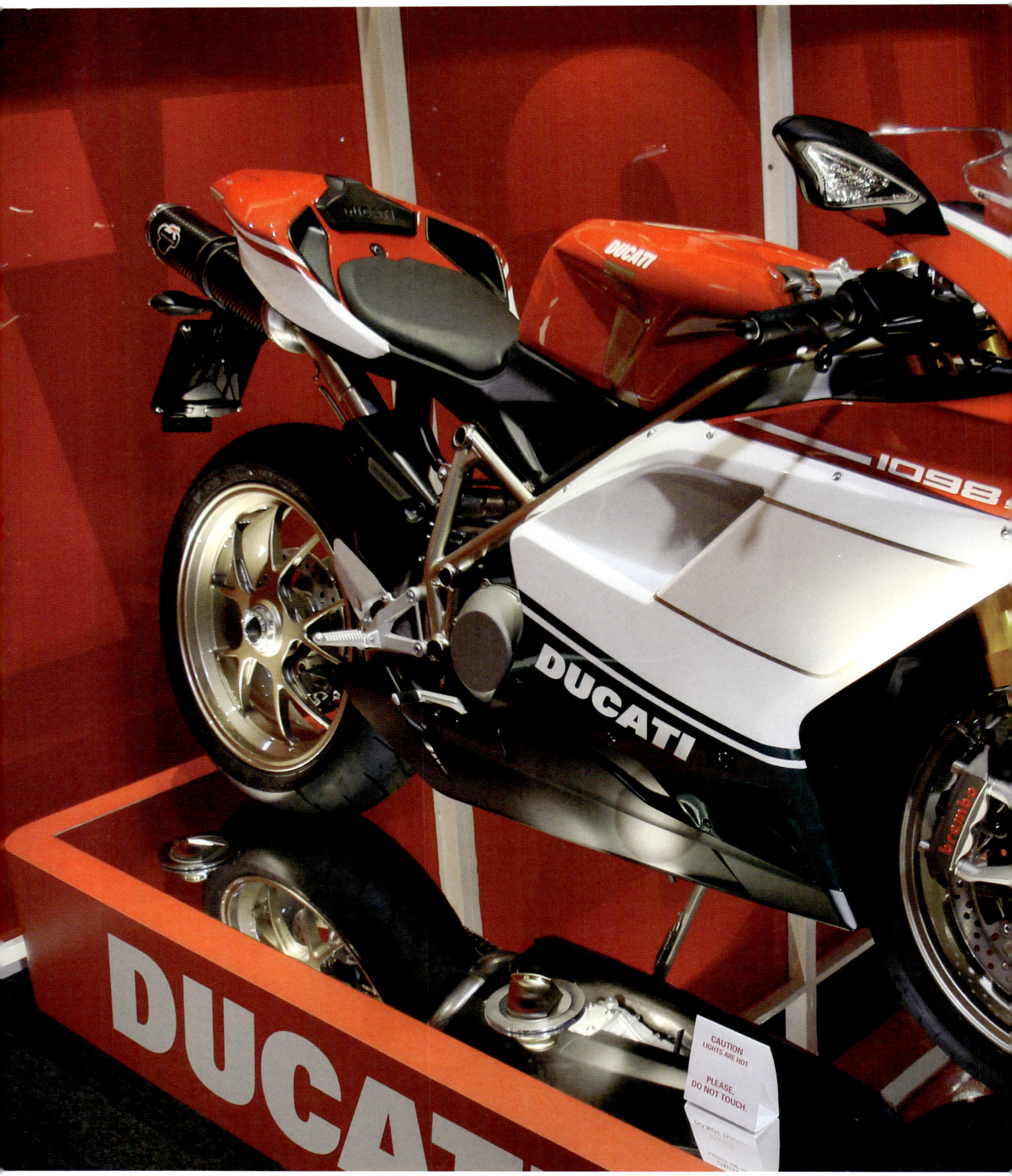

Die **Monster 696** ermöglicht einen vergleichsweise günstigen Einstieg ins Ducati-Universum.

Mit der **Monster 796** deckt Ducati die Mittelklasse ab. Wie alle Bikes der Baureihe besitzt sie ein Sechs-Gang-Getriebe.

1100 Evo: 100 PS aus 1078 Kubikzentimetern sind für ein Naked Bike ordentliche Eckdaten – besonders, wenn es ein V2 ist und Ducati draufsteht. Denn die „roten Renner" aus Bologna waren nie so gefragt wie heute.

🏍 Dass sie auch technisch wieder in der ersten Liga mitspielen, beweist Ducati mit dem Mehrzweckmotorrad Multistrada. Auf Knopfdruck stellt die Elektronik einen Sportler, einen Tourer, ein Citybike oder eine Reise-Enduro bereit. Es gehört schon eine Menge Selbstbewusstsein dazu, sich optisch, technisch und dann auch noch preislich oberhalb einer BMW R1200GS zu positionieren. Ducati hat es.

Filigranes Superbike aus Bologna: die 160 PS starke **Ducati 1098 S**.

Technologieträger und Lifestyleprodukt

Mit der Wiederentdeckung des Motorrads als Lifestyle-Produkt wurde Anfang der 1990er-Jahre eine neue Ära eingeläutet. Die verbliebenen europäischen Motorradhersteller setzen seither verstärkt auf technischen Fortschritt. In den USA liegt der Fokus hingegen auf emotionalem Retro-Schick. Und den Massenmarkt bedienten die Hersteller aus Fernost.

Mit der **Motus MST** steigt ein neuer Hersteller in den amerikanischen Markt ein. Hier wird beim Antrieb nicht auf den klassischen amerikanischen V2 gesetzt, sondern auf einen modernen V4-GDI-Motor. »

Immer mehr Entwicklungen aus dem Automobilbau werden auch bei modernen Motorrädern eingesetzt – so auch das adaptive Kurvenfahrlicht von BMW in der neuen **K 1600 GTL**.

Nach der Atempause der 1960er-Jahre und den folgenden beiden vom Aufstieg der japanischen Hersteller bestimmten Dekaden wendete sich zu Beginn der 1990er-Jahre das Blatt. Das Motorrad wurde als Lifestyle-Produkt wiederentdeckt. Diese Entwicklung galt aber nur in der „alten Motorradwelt" – Europa und Nordamerika.

Drei Grundtendenzen lassen sich festhalten, wenn es um die Entwicklung des Motorrads der Zukunft geht: Erstens kommen technische Highlights heutzutage wieder verstärkt aus den Entwicklungsabteilungen europäischer Motorradbauer. Der Grund dafür ist, dass hier Konzepte erdacht werden, die nicht global massenkompatibel sein müssen. Die Maschinen werden gezielt für die Nachfrage in denjenigen Märkten gebaut, die Fortschritt auch bezahlen können.

Die **V-Rod-Reihe** von Harley-Davidson hat einen revolutionären Motor, der maßgeblich von Porsche entwickelt wurde.

Zweitens scheint in den USA die Zeit des Quasi-Monopolisten Harley-Davidson zu Ende zu gehen. Die Marke bleibt stark, musste sich aber seit Anfang der 1990er-Jahre wieder zunehmend Konkurrenten aus dem eigenen Land stellen. Nach einigen spektakulär gescheiterten Versuchen, legendäre Marken wie Excelsior oder Indian wiederzubeleben, stand der Einstieg des erfolgreichen Freizeitvehikel-Konzerns Polaris ins Motorradgeschäft für einen Wendepunkt. Ausgestattet mit

Die bekannten Designer **Arlen** und **Cory Ness** sorgen bei den Victory-Motorrädern für Customizing ab Werk, also die Anpassung des Motorrads an spezielle Kundenwünsche.

Zeitgeschehen

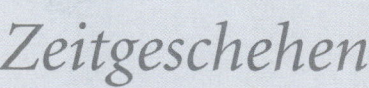

Der Beginn der Nullerjahre war durch die Terroranschläge auf die USA am 11. September 2001 geprägt. Diese Selbstmordanschläge, bei denen unter anderem die Twin Towers in New York City zerstört wurden, sollten die amerikanische Gesellschaft in ihren Grundfesten erschüttern. Die ohnehin bereits konservative Stimmung verstärkte sich, was zur Legitimation zahlreicher Einsätze gegen die Taliban führte, jene Miliz, die für die Zerstörungen verantwortlich zeichnete. In den Jahren darauf kämpfte eine „Koalition der Willigen" gegen die „Achse des Bösen". Positive Überraschungen gab es in den USA in dieser Zeit aber auch. Am 4. November 2008 wurde der 44. Präsident der USA gewählt – und der Kandidat schreibt Geschichte: Erstmals wird ein Afroamerikaner zum mächtigsten Staatsmann der Welt.

In Europa ist das Ende des ersten Jahrzehnts des 21. Jahrhunderts von wirtschaftlichen Krisen bestimmt. Mehrere EU-Mitgliedsstaaten, zunächst Griechenland, später auch Irland, Spanien und Portugal, sind bis 2010 in eine finanzielle Misere geraten. Um die drohende Destabilisierung Europas aufzuhalten, begann man, mit Hochdruck an diversen europäischen Stabilisierungsmechanismen zu arbeiten.

Weltweit ereigneten sich in den zehn Jahren zwischen 2000 und 2010 verheerende Umweltkatastrophen. Rund 200 000 Menschen starben im Jahr 2001 durch einen Tsunami im Indischen Ozean. Im Jahr darauf verwüstete der Hurrikan Katrina große Teile des amerikanischen Südostens. 2010 wurde dann der Karibikstaat Haiti von einem schweren Erdbeben erschüttert. Infolge der Zerstörungen kam es dort gegen Ende des Jahres zu einer Cholera-Epidemie.

großen finanziellen Ressourcen, technischem Know-how und vor allem einer bestehenden, breit angelegten Händlerstruktur ist die Marke Victory zum ersten ernst zu nehmenden Konkurrenten für die Milwaukee-Twins seit dem Ende von Indian in den 1950er-Jahren aufgestiegen.

Drittens wäre da der Massenmarkt. In puncto bezahlbare Produkte für neue Märkte gibt es für die japanischen „Big Four" bis heute keine Konkurrenz. Ihr Pluspunkt ist sicher vor allem ihre Nähe zu den aufstrebenden Märkten mit dem größten Potenzial, den asiatischen Nachbarn, etwa China oder Indien. Honda, Kawasaki, Suzuki und Yamaha bauen große Mengen von in der westlichen Welt unbekannten

Modellen, die dem Bedürfnis der Bewohner der Schwellenländer nach einer Grundmotorisierung entgegenkommen. Damit werden die vier Hersteller auf absehbare Zeit sicher die globalen Marktführer bleiben, jedenfalls wenn man allein die Stückzahlen betrachtet. Es ist aber deutlich zu erkennen, dass ihre Anteile in den höheren Preissegmenten – und damit dort, wo sich auch mit kleinen Stückzahlen Geld verdienen lässt – deutlich rückläufig sind. Honda, Kawasaki, Suzuki und Yamaha mögen selbst hier konkurrenzfähige Produkte im Programm haben. Doch was ihnen oft abgeht, ist eine Emotionalisierung der potenziellen Kundschaft für diese Produkte.

Die BMW-K-Reihe – K für konventionell

Wenn es ein Unternehmen geschafft hat, aus der europäischen Motorradkrise der 1960er- und 1970er-Jahre wie Phönix aus der Asche aufzuerstehen, dann war es BMW. Dabei stand es auch um die weiß-blauen Gefährte, die ironischerweise seit 1967 schon nicht mehr aus Bayern, sondern aus dem Motorradwerk in Berlin rollten, eine Zeit lang eher schlecht. Der traditionelle Boxermotor blieb technisch hinter der modernen Fernost-Konkurrenz zurück. Es gab einen deutlichen Investitions- und Entwicklungsstau, der nicht zuletzt auch den fast zur gleichen Zeit aufgekommenen Problemen in der Automobilsparte des Konzerns geschuldet war.

Fast wäre der Boxermotor darüber aufgegeben worden. Besonders die 1969 vorgestellte R 75/7, mit der BMW in die 750er-Klasse aufstieg, sah sich unvermittelt dem Überflieger von Honda, der CB 750 Four, als direktem Konkurrenten ausgesetzt – und schnitt dabei nicht nur in puncto Design schlecht ab. Also wurde der wohl radikalste Schnitt beschlossen und schließlich auch umgesetzt, den je ein Motorradbauer in seinem Modellprogramm wagte: der Wechsel vom Zweizylinder-Boxerkonzept zu Drei- und Vierzylindern. Genutzt wurden dabei die Erfah-

Die **K-Reihe** von BMW wird von einem liegenden Vierzylinder-Reihenmotor angetrieben. Das brachte ihr den Spitznamen „The Flying Brick" ein.

Die ersten Modelle der BMW-K-Reihe waren die sportliche **K 100 RS** und ihr unverkleidetes Pendant **K 100**.

rungen, die man im Automobilsektor mit alternativen Motorkonzepten gewonnen hatte. Die K-Reihe war geboren – K für konventionell.

1983 kam die K 100 auf den Markt. Die Eckdaten waren von Beginn an überzeugend: ein wassergekühlter Reihenvierzylinder mit 987 Kubikzentimetern Hubraum, einer Leistung von 66 Kilowatt oder 90 PS bei 8000 Umdrehungen pro Minute, ausgestattet mit Bosch LE-Jetronic-Kraftstoffeinspritzung und natürlich – zumindest das blieb aus der Haustradition erhalten – Kardanantrieb. Mit einem Tankinhalt von 22 Litern brachte der ungewöhnlich, nämlich liegend, verbaute Vierzylinder 239 Kilogramm auf die Waage und

erreichte eine Spitzengeschwindigkeit von 215 Kilometern pro Stunde. Parallel zum unverkleideten Grundmodell legte BMW im selben Jahr noch die K 100 RS nach. Der verkleidete Sporttourer wurde sofort zum Erfolg. In sechs Jahren liefen fast 35 000 Exemplare vom Band.

Trotz des Erfolgs war der traditionelle Kundenkreis skeptisch. Immer wieder gab es Gerüchte um die Einstellung der Boxer-Modelle, bis mit der G/S der Retter auch dieses Antriebskonzepts erschien. Der unverhoffte und bis heute anhaltende Erfolg der BMW-Enduro brachte es mit sich, dass endlich auch wieder Ressourcen in die Entwicklung der Zweizylindermotoren flossen und diese mit den Jahren auf das immer noch hohe Niveau der K-Reihe gebracht werden

Wie moderne **ABS-Systeme** in Motorrädern verbaut werden zeigt diese Schnittzeichnung einer neuen K 1600 GT.

Bei der BMW **K 1** von 1988 wurde erstmals ein Antiblockiersystem (ABS) in einem Serienmotorrad eingesetzt – ein erfolgreicher Technologietransfer aus dem Automobilbau.

konnten. Denn BMW entpuppte sich durch die Übernahme richtungsweisender Entwicklungen aus dem Automobilbau und deren Adaption für das Motorrad als Technikpionier auf genau den Feldern, die jetzt und auch in Zukunft relevant sind: Umweltschutz und Sicherheit.

Mit der Einspritzanlage war angesichts der sich in den USA abzeichnenden verschärften Abgasbestimmungen bereits der Grundstein gelegt, denn diese Technik war unabdingbar für den Einsatz einer Abgasreinigung. 1991 waren die Münchener der weltweit einzige Anbieter eines geregelten Katalysators an Serienmotorrädern. Dieser fand an den Vierventilermodellen K 100 RS und K 1 Verwendung. Für die Zweiventiler stand ein Umbausatz auf ungeregelte Katalysatoren zur Verfügung.

Das neue Motorenkonzept schaffte aber auch etwas anderes: Es emotionalisierte die Kundschaft. Die Fehde zwischen den Anhängern der alten Boxertradition und den Verfechtern der Moderne brachte dem Unternehmen einen Vorteil, der mit keinem Marketingbudget der Welt zu erreichen war: die von der Politik so gerne beschworene Hoheit über den Stammtischen.

Schnell hatte die K-Reihe einen passenden Spitznamen weg: „Flying Brick". Was dem einen seine „Gummikuh" – in Anlehnung an das teilweise abenteuerliche Fahrverhalten großvolumiger Kardan-Boxer –, war dem anderen eben sein „fliegender Ziegelstein". Und selten wurde ein Spitzname so konsequent in Szene gesetzt wie bei einem Aufmacher der stets leicht anarchischen österreichischen Motorradzeitschrift *Reitwagen*: Ein Flying Brick überflog im wahrsten Sinne des Wortes einen Bahnübergang!

Neben der K 1 brachte das Jahr 1988 aber noch eine weitere Entwicklung mit sich, die bis heute an Relevanz nichts verloren hat: Erstmals wurde eine Antiblockiersystem (ABS) an einem Serienmotorrad eingesetzt. Es folgten die technischen Schrittmacher Paralever (trägt zur deutlichen Verbesserung der Fahrdynamik von kardangetriebenen Motorrädern bei) und Telelever (Gabelkonstruktion, die das Eintauchen beim Bremsen fast vollständig unterbindet). Aktuell sorgt der erste Sechszylinder-Tourer, der zusätzlich noch optional mit adaptivem Kurvenlicht ausgestattet ist, für Furore.

🏍 BMW setzt also für die Zukunft auf Top-Technik – ebenso wie einige europäische Konkurrenten, etwa Triumph oder Ducati. Andere legendäre Marken wie Moto Guzzi tun sich noch schwer damit. Dabei hätten sie allesamt das, was der fernöstlichen Konkurrenz abgeht: die Emotionen ihrer Fans.

V für Victory – Harley-Konkurrenz aus den USA

🏍 Nachdem auch Harley-Davidson in den 1960er- und 1970er-Jahren durch ein tiefes Tal der Tränen gegangen war, gelang es der Anfang der 1980er-Jahre eingestiegenen Investorengruppe um den Gründer-Enkel Willie G. Davidson,

Mit der **K 1** setzte BMW erstmals auch im Design auf Sportlichkeit. Daran schieden sich die Geister von Traditionalisten und Technik-Fans.

Victory ist mit seiner Modellpalette der erste ernst zu nehmende Harley-Konkurrent aus den USA.

Die Indian-Legende lebt nach der Übernahme der Marke durch den Polaris-Konzern wieder auf. Die Bikes ziert noch heute der traditionelle **Indianerkopf**.

das Unternehmen wieder in die Spur zu bringen. Doch gingen die Verantwortlichen dieser amerikanischen Ikone einen gänzlich anderen Weg als die Europäer. Statt auf Modernisierung der Technik setzte man in Milwaukee auf Emotionalisierung durch Retro-Schick: Die Modelle lehnten sich bewusst an Vorbilder aus guten alten Zeiten an, was sich angesichts einer alternden Kundschaft als richtig entpuppte.

Harley-Davidson schüttelte sein negatives Rocker-Image ab, jedenfalls so weit, dass sich die besser verdienende Klientel noch mit ein wenig Outlaw-Charme schmücken konnte, ohne gleich Weltuntergangsstimmung in der Vorstadtnachbarschaft zu verbreiten. So aufgestellt, rollten die technisch veralteten, aber optisch umso individuelleren Modelle in den 1990er-Jahren auf einer unvergleichlichen Erfolgswelle. Customizing, das Anpassen eines Motorrads an die eigenen Geschmacksvorstellungen, wurde zu einem die Marke prägenden Trend. Willie G. Davidson wird häufig mit dem Spruch zitiert, dass noch so viele Harleys auf einem Parkplatz stehen könnten und man doch keine zwei identischen fände.

Findige Geschäftsleute versuchten immer wieder, dieses Erfolgsrezept zu kopieren. Die Namensrechte an legendären Marken wie Indian und Excelsior wurden genutzt, um auf der Retro-Welle mitzuschwimmen. Bei allen amerikanischen Herstellern gleich war stets das Motorenkonzept mit großvolumigen V2-Zylindern. Doch keiner der Konkurrenten konnte sich dauerhaft am Markt festsetzen.

Das änderte sich erst mit dem Einstieg des für seine erfolgreichen ATVs, Snowmobile und Gartengeräte bekannten Konzerns Polaris Industries mit der Marke Victory. Aus der gut gefüllten Kasse des

Motorrad. Entsprechend lief die erste Maschine, eine V92C, am höchsten amerikanischen Feiertag, dem 4. Juli 1998, vom Band. Der Unterschied zu Harley-Davidson liegt aber ganz klar in der Technik und dem extravaganten Design, denn eine Marke ohne nennenswerte Geschichte braucht ein eigenständiges Gesicht, für Retro-Design fehlen die Vorbilder. Ganz ohne Altes kommen aber auch die Victorys nicht aus. Es finden sich zahlreiche Design-Elemente anderer amerikanischer Ikonen, vor allem aus dem Automobilbereich. So weisen die Hecks einer Vision oder einer Cross Roads Stilelemente großer Straßenkreuzer der Fifties und Sixties auf –

Die aktuelle **Indian Chief** setzt voll und ganz auf Retro-Design und kommt im Stil des großen Vorbilds aus den 1940er-Jahren daher.

Mutterkonzerns floss Geld zunächst in Fremdentwicklungen für das Antriebskonzept. Noch vor Produktionsbegin entschloss man sich dann aber doch für eine Eigenentwicklung.

🏍 Mit wenigen Ausnahmen wurden die wesentlichen Teile einer Victory in den USA hergestellt. Sie stammten aus Polaris-Werken in Minnesota oder dem Victory-Werk in Iowa. Nur bei den Bremsen setzten die Amerikaner auf die in der Biker-Szene gerühmten Stopper von Brembo in Italien. Damit war dann auch der Vermarktungsansatz von Beginn an klar: Victory ist ein durch und durch amerikanisches

was angesichts der Dimensionen dieser Motorräder auch ganz gut passt.

🏍 Bei Produktionsbeginn 1998 war der Victory-Antrieb der größte Serienmotor seiner Zeit. Mit 1510 Kubikzentimetern Hubraum wurde eine Marke gesetzt, an der sich andere Hersteller umgehend orientierten. Das führte zu einem geradezu ausufernden Wettlauf um die Spitzenposition, aus dem sich das Unternehmen selbst aber schon bald verabschiedete. Nur zweimal wurde der Antrieb noch verändert und wuchs zunächst auf 1600 und schließlich auf 1731 Kubik-

Durch das starke Vertriebsnetz und den legendären Namen dürfte **Indian** einer rosigen Zukunft entgegensehen.

Auch bei Indian geht der Trend zur Individualisierung des Motorrads bereits ab Werk – so wie an dieser **Blackhawk Dark** zu sehen.

zentimeter. Letztere Version kommt bis heute in der gesamten Victory-Modellpalette zum Einsatz.

Und die Palette ist beeindruckend. Binnen kürzester Zeit stellte der Hersteller eine ganze Reihe von Cruisern und Tourern vor. Der V2, dem es zum Verkaufsstart noch an Leistung fehlte, liefert aktuell zwischen 89 und 95 PS und das maximale Drehmoment kann für alle Modelle mit „mehr als ausreichend" angegeben werden: Es beträgt 140 Newtonmeter. Eine elektronische Einspritzung war ebenfalls von Beginn an Standard bei den Victory-Motorrädern, die ihre Kraft über ein Sechsganggetriebe sowie einen kohlefaserverstärkten Riemen an das meist große Hinterrad lieferten.

Auch dem wiederum von Harley-Davidson gesetzten Trend zum Customizing ab Werk trägt Victory Rechnung. Seit 2003 entwerfen die amerikanischen Design-Ikonen Arlen und Cory Ness Sondermodelle, die mit Anbauteilen aus der Ness-Werkstatt verfeinert sind, über außergewöhnliche Lackierungen verfügen und teilweise sogar von den berühmten Customizern selbst signiert sind.

Nach einer vergleichsweise zähen Anlaufzeit, in der immer wieder die Vermutung aufkam, auch Victory könne bald wieder in der Versenkung verschwinden, stiegen mit der Leistungssteigerung der Modelle, dem breiteren Angebot und den Sondermodellen auch die Verkaufszahlen auf dem nordamerikanischen Markt. Seit 2002 hat das Unternehmen die Gewinnzone erreicht.

Bis 2009 beschränkte sich Victory auf den nordamerikanischen Markt. 60 000 Einheiten wurden binnen elf Jahren verkauft. War es in den USA und Kanada noch der umfangreiche eigene Polaris-Händlerstamm, über den die Victory-Motorräder zu ihren Kunden kamen, so bedurfte es für die internationale Expansion weiterer Anstrengungen. Zunächst fasste die

Marke in Großbritannien Fuß, bald darauf kam sie auch in Deutschland auf den Markt. Das Interesse an Europa wurde bei Polaris nicht zuletzt dadurch geweckt, dass dieser Markt durch eine Kooperation mit der österreichischen KTM in Sachen ATV in den Fokus der Aufmerksamkeit rückte.

Sicher ist, dass Polaris sich die Tochter nicht als teures Hobby gegönnt hat, sondern durch sinnvolle Investitionen einen immer größeren Anteil des Motorradmarkts ergattern möchte. Gerade wurde Amerikas zweite große Traditionsmarke – Indian Motorcycles – von Polaris übernommen. Damit ging das Unternehmen einen weiteren großen Schritt. Schon bei Verkündung der Übernahme durch die Geschäftsleitung wurde die Marschrichtung für Indian unter Polaris-Ägide vorgegeben: Tradition soll unter diesem nach wie vor bekannten Namen mit Know-how und Hightech aus den Entwicklungsabteilungen des Mutterkonzerns gepaart werden.

Rein technisch dürfte das starke Victory-Herz schon bald in neuen Indian-Modellen schlagen. Auch das Qualitätsmanagement und die durch erneut wachsende Stückzahlen günstigeren Einkaufsbedingungen können sicher nicht schaden. Optisch wird man wohl sehr behutsam mit dem Indian-Erbe umgehen. Und in Kombination lässt all dies

Victory bedient Cruiser- und Tourer-Fans mit einer breiten Modellpalette und moderner Antriebstechnik.

Runde, üppige Formen und Dimensionen machen aus der **Victory Hammer** ein begehrtes Muscle-Bike.

auf spannende Zeiten in Iowa, Minnesota und Milwaukee schließen.

Bei Harley-Davidson hatte man schon kurz nach der Jahrtausendwende auf die wachsende Konkurrenz aus Iowa reagiert. Zwar war die Entscheidung, einen völlig neuen Motor zu bauen, bereits vorher gefallen, mit der Umsetzung aber beeilte man sich ab dem Jahr 2000 – und kaufte Fremdwissen ein. Porsche wurde zum Geburtshelfer des Revolution-Motors, der für Harley-Davidson wirklich eine Revolution darstellte. Beim neuen Konzept verabschiedeten sich die Techniker nach fast 100 Jahren Markenhistorie vom traditionellen V2 mit 45 Grad Zylinderwinkel. Letzterer betrug nun 60 Grad. Doch damit nicht genug: Erstmals in der Unternehmensgeschichte kamen auch oben liegende Nockenwellen und eine Flüssigkeitskühlung der Zylinder zum Einsatz.

Das moderne Harley-Herz benötigte aber auch eine moderne Verpackung. Und so entstand rund um den Revolution-Motor die VRSC-Reihe, umgangssprachlich V-Rod genannt. Sie trat als nacktes Muscle-Bike gegen die europäische und japanische Konkurrenz an. Ab 2008 wurde optional auch ABS angeboten. Der Hubraum wuchs von ursprünglich 1130 Kubikzentimetern auf 1250, die Leistung von 115 auf 123 PS.

Weil Antrieb und Fahrwerk des zweiten Harley-Standbeins auf dem werkseigenen VR-1000 Superbike-Renner basierten, kamen sie, technisch von Porsche modi-

fiziert, bald auch wieder zu sportlichen Ehren. Eine 1300 Kubikzentimeter-Variante, die satte 165 PS ans Hinterrad liefern sollte, steckte in dem Production Racer VRXSE (V-Rod Destroyer), für den es keine Straßenzulassung gab, der aber dafür im Drag-Rennsport für Furore sorgte.

🏍 Eine ganz andere Revolution spielt sich seit 2010 weitab der traditionellen Fertigungsstätten der amerikanischen Motorradindustrie im Süden der USA ab, genauer in Birmingham, Alabama. Hier ist das Unternehmen Motus (lateinisch für „Bewegung") angesiedelt, dass in Zusammenarbeit mit Pratt & Miller Engineering einen völlig neuartigen V4-Motor konstruiert hat. Bei dem KMV4 genannten Herz eines geplanten Sporttourers handelt es sich um einen Vierzylinder-V-Motor mit Direkteinspritzung.

Diese aus dem Automobilbau bekannte GDI-Motorentechnologie lässt mit einfachen Mitteln eine höhere Leistung bei einem geringeren Verbrauch und einem reduzierten Schadstoffausstoß zu. Der derzeitige Entwicklungsstand sind 1645 Kubikzentimeter Hubraum, die für rund 160 PS Leistung und einen satten Drehmoment von 122 Newtonmetern genügen.

Eingesetzt wird der Antrieb derzeit in Prototypen eines völlig neu konstruierten Sporttourers – ein weiterer Hinweis darauf, dass sich dieser junge amerikanische Motorradbauer deutlich vom bisherigen Habitus der US-Branche absetzen möchte. Das gefällig-europäische Design des Prototyps erinnert an die KTM-Linienführung, der Gitterrohrrahmen an Ducatis Bauweise.

250 Kilogramm soll die Motus MST fahrbereit wiegen. Damit liegt sie teilweise deutlich unter der etablierten Konkurrenz von BMW, Honda, Kawasaki oder Moto Guzzi. Erste Bilder lassen auf die Verwendung hochwertiger Bauteile schließen. Eine Upside-Down-Gabel ist zu erkennen, ebenso wie Bremsen, die vermutlich aus einer bekannten italienischen Zulieferschmiede stammen. Da der von einer eleganten Vollverkleidung geschützte MST-Prototyp direkt mit Givi-Koffern bestückt abgebildet ist, wird schnell ersichtlich, worauf das junge Unternehmen abzielt: auf den Markt der reisefreudigen Vielfahrer, die dann wohl auch das nötige Kleingeld für den derzeit auf 15 000 Euro geschätzten Endpreis aufbringen können.

Schon Ende 2011 soll es soweit sein. Dann sollen die ersten Serienmaschinen bei den Händlern in Nordamerika stehen. Über einen Export nach Europa oder in den Rest der Welt ist noch nichts bekannt. Chancen hätte das gefällige Bike aber sicher – wenn die Qualität der Technik stimmt.

Sechszylinder-Trends: Honda Gold Wing, BMW K 1600, Horex Roadster

🏍 Jahrzehntelang hatten Ein- und Zweizylindermaschinen die Motorradwelt dominiert. Zwar gab es immer wieder Versuche mit größerer Zylinderzahl, wirklich durchsetzen konnten sich aber bis weit nach dem Zweiten Weltkrieg nicht einmal Drei- oder Vierzylinder. Plötzlich aber tauchten Ende der 1950er-Jahre die ersten Sechszylindermotoren auf – zunächst ausschließlich für Rennsporteinsätze gedacht.

Seit gut einem Vierteljahrhundert wird die **Honda Gold Wing** vom einzigen Sechszylinder-Boxer im Motorradbau angetrieben.

Es war keine geringere als die italienische Marke MV Augusta, die 1957 einen Sixpack mit 500 Kubikzentimetern entwickelte. Für ein paar Trainingsrunden reichte es noch, dann kam mit dem Rückzug des Unternehmens aus dem Rennsport das unspektakuläre Aus.

In den 1960er-Jahren stieß dann Honda in die Sechszylindersparte vor. Von 1964 bis 1967 kamen Rennmaschinen mit sechs Zylindern in der 250-Kubikzentimeter-Klasse zum Einsatz. Zwei Jahre nach dem Debüt in Monza holte Mike Hailwood 1966 den ersten Weltmeistertitel auf einer solchen Maschine – und im Jahr darauf gleich den nächsten.

Lediglich knapp 42 Kubikzentimeter Hubraum blieben pro Zylinder, gerade einmal Raum für einen doppelten Schnaps. Dafür drehte die Miniorgel über 18 000 Umdrehungen pro Minute und leistete mehr als 60 PS. Bei 112 Kilogramm Gewicht reichte das für Geschwindigkeiten jenseits der 240er-Marke.

1969 versuchte sich MV Augusta erneut an einem Sechszylinder-projekt. Doch irgendwie schienen die Sterne für die Italiener schlecht zu stehen. Der 350er-Renner verschwand sang- und klanglos in der Versenkung, nachdem zuvor das Reglement seiner Klasse zu seinen Ungunsten verändert worden war.

Anfang der 1970er-Jahre wurde immer wieder von einem Sechszylinder der Traditionsmarke Benelli gemunkelt. Zwei große Unterschiede zu den bisherigen Projekten gab es: Zum einen stellte die 750 Sei in Sachen Größe alles Bisherige in den Schatten, zum anderen sollte das Sechszylinderherz in einem Serienmotorrad schlagen.

Doch die Käufer mussten sich gedulden. Erst 1975 stand die 750 Sei bei den Händlern. Rund 3500 Exemplare wurden von diesem Modell gebaut, bevor es 1978 als 900 Sei reüssierte. Die musste auch gleich gegen den nächsten Sechszylinder antreten, einen mehr als gefährlichen Konkurrenten. Die CBX 1000 Super Sport war von Honda auserkoren worden, den Technik-Olymp zurückzuerobern. Das gelang ihr

Mit der **CBX 1000** setzte Honda einen technischen Meilenstein – und stellte ein extrem breit gebautes Bike auf die Räder.

auch; in Deutschland etwa wurde sie trotz weiterer Konkurrenz aus dem Stand „Motorrad des Jahres". Denn das zu dieser Zeit kleinste Mitglied der japanischen Big Four schickte sich im selben Jahr an, Größe zu zeigen.

Auch Benelli setzte bei seinen Sechszylindermodellen wie dieser **750 Sei** auf Reihenmotoren.

Kawasaki baute mit der Z1300 einen Sechszylinder-Tourer, der alle Dimensionen sprengte. Aus 1286 Kubikzentimetern Hubraum schöpfte der starke Sixpack 120 PS. Das maximale Drehmoment durchbrach erstmals in einem Motorradantrieb die Marke von 100 Newtonmetern. Allerdings mussten auch 318 Kilogramm Gewicht vorangetrieben werden. Während Benelli und Honda um die Mitte der 1980er-Jahre ihre Sechszylinderproduktion einstellten, legte Kawasaki 1984 noch einmal mit dem Anbau einer elek-

Mit der nagelneuen, im Oktober 2010 präsentierten
K-1600-Reihe bringt BMW einen sehr schmal gebauten
Reihensechszylinder in hoch-modernem Design in die
Szene zurück.

tronischen Benzineinspritzung nach. Das brachte der
Z 1300 DFI noch einmal zehn PS mehr und einen weiteren
Zuwachs in puncto Drehmoment. Für großartige Verkaufs-
erfolge reichte es leider nicht.

Die heimste umso eindrucksvoller ausgerechnet eines der
bis heute größten Serienmotorräder ein: die Honda Gold

Wing. Bereits 1974 als Vierzylinder entworfen, trug das
mächtige Touren-Bike ab 1987 den ersten Sechszylinder-
Boxermotor. 14 Jahre lange verrichtete er als GL 1500 sanft,
kultiviert und unspektakulär seinen Dienst, wurde zwischen
1997 und 2003 sogar in der F6C, einem Cruiser, eingesetzt
und belegt damit, wie schön ein solches Technikschmankerl
auch unverkleidet sein kann. Seit 2001 rollt die Gold Wing
als GL 1800 mit entsprechendem Hubraumzuwachs über
die Highways und hat längst Kultstatus erreicht.

Mit den aktuellen technischen Daten ist das Flaggschiff des
weltgrößten Motorradherstellers auch für die Zukunft gut

In der aktuellen
Gold Wing arbeitet
ein Sechser-Boxer
mit 1832 Kubikzen-
timetern und
118 PS. «

gerüstet. Zwar werden aus den 1832 Kubikzentimetern Hubraum lediglich 118 PS geschöpft, dafür kann der einzigartige
Sechszylinder-Boxer 167 Newtonmeter Drehmoment leisten. Zwar bringt die Maschine 405 Kilogramm Gewicht mit,
doch die tief liegende Motor- beziehungsweise Getriebeein-
heit und ein über Jahrzehnte verfeinertes Fahrwerk lassen
den Koloss – einmal in Fahrt – so wendig erscheinen wie ein
Kinderfahrrad.

Für die Verzögerung der Maschine sorgt Hondas kombi-
niertes ABS. Dabei wird die Bremskraft gleichmäßig auf
Vorder- und Hinterrad verteilt sowie zeitgleich das ABS
gesteuert. Aktuell ist die GL 1800 zudem das einzige Serienmotorrad der Welt, zu dem optional ein Airbag-System
geordert werden kann.

Dass großvolumige Sechszylinder angesagt sind, belegt vor
allem der aktuelle Vorstoß von BMW in diese Dimensionen.
Mit den Modellen K 1600 GT und GTL kehrt der Reihen-
Sechser in einem modernen Kleid zurück in den Motorradbau. Schmaler denn je trotz deutlich mehr Hubraum als
seine historischen Vorgänger von Honda oder Kawasaki – so
präsentiert sich das Meisterstück von BMW. Es liegt stark
nach vorne geneigt, die sechs Auslässe formieren sich zu
zwei Auspuffendtöpfen, durch welche die Abgase von je
drei Zylindern strömen.

Auf 1649 Kubikzentimeter Hubraum kommt der
Top-Tourer, entlockt diesem aber 160 PS Leistung und
ein maximales Drehmoment von 175 Newtonmetern,
wovon 115 bereits bei 1500 Umdrehungen pro Minute
anliegen. Dass BMW eine jahrzehntelange Erfahrung mit
Sechszylindern (im Automobilbau) hat, ist den 1600ern
deutlich anzumerken. Überhaupt setzt sich in der K-1600-
Reihe der deutliche Trend fort, Innovationen aus dem Automobilbau auch in die Weiterentwicklung des Motorrads
einfließen zu lassen. Nachdem die Münchener bereits in
puncto Abgasreinigung und ABS Vorreiter waren, kommen
heute weitere Elektronik-Features wie Antischlupfregelung
und Fahrdynamikvorwahl zur Anwendung.

Highlight der Entwicklung ist aber das optionale adaptive Kurvenlicht, das erstmals in einem Motorrad verbaut
wurde: Es sorgt mit einem zusätzlichen Stellmotor am

Kontinuierliche Weiterentwicklung und
starke Zusammenarbeit zwischen Gold-Wing-
Fahrern und Werk haben aus dem **Honda-Topmodell**
ein Kultobjekt gemacht.

Reflektorspiegel dafür, dass die Straße in jeder Kurve bestmöglich ausgeleuchtet wird. Dabei gleicht der Stellmotor die Schräglage des Motorrads während der Kurvenfahrt automatisch aus und lässt den Lichtkegel in einem optimalen Winkel auf die Straße treffen. Aus der deutlich verbesserten Ausleuchtung der Fahrbahn bei Kurvenfahrten resultiert ein Zugewinn von aktiver Fahrsicherheit.

Mit fahrfertigen 348 Kilogramm ist die Luxusversion GTL im Vergleich zu einer Honda Gold Wing mehr als 50 Kilogramm leichter. Im Zusammenspiel mit den heutigen elektronischen Steuerungsmöglichkeiten am Motor ergibt sich deshalb ein Normverbrauch von gerade einmal 4,6 Litern bei konstanten 90 Kilometern pro Stunde. Damit wäre bewiesen: Kraft und Komfort eines motorisierten Zweirads müssen mehr als 125 Jahre nach dessen Erfindung also nicht mehr zwangsläufig einer positiven Entwicklung in Sachen Umwelt entgegenstehen.

Das möchte auch der letzte Wettbewerber im Bund beweisen, der aktuell in den Sechszylinderwettkampf eingestiegen ist. Noch ist das Motorrad zwar nicht erhältlich, doch schon im Vorfeld sorgen die Leistungsdaten, das Konzept und vor allem der Name des Herstellers für Aufsehen: Die Marke Horex wird Ende 2011 mit einem Knall in die Szene zurückkehren. Obwohl ihr Eigenleben als Motorradmarke nur kurz währte – von 1923 bis 1956 –, waren es doch vor allem die Nachkriegsmodelle in der beliebten 350-Kubikzentimeter-Klasse, die den Namen geschichtsträchtig werden ließen. Als Horex Regina lief der Zweizylinder überaus erfolgreich von den Bad Homburger Bändern, mit 18 600 Stück war die Regina 1953 sogar die meistverkaufte 350er der Welt.

Umso erstaunlicher ist der schnelle Niedergang der Marke, der 1956 in der Produktionseinstellung resultierte. Was folgte, war die Übernahme durch Daimler-Benz, für den Horex zuvor schon als Zulieferer tätig war. Und schließlich endete die Geschichte in einer 50 Jahre währenden Hin- und Herschieberei der Markenrechte von einem zum nächsten Besitzer.

Diese endete, als die neu gegründete Horex GmbH unter dem Maschinenbauer Clemens Neese die Namensrechte Anfang 2010 erwarb und ein ambitioniertes Projekt vorstellte. Bereits Ende 2011 sollen die ersten Sechszylindermaschinen das gerade in Augsburg entstehende Werk verlassen und zu Stückpreisen jenseits der 20 000 Euro Abnehmer finden.

Die technischen Daten dazu lesen sich nicht schlecht. Erstmals wird in einem Motorrad das bereits erfolgreich im Automobilbau eingesetzte VR-Konzept Anwendung finden. Dabei handelt es sich um eine besonders platz- und gewichtsparende Kombination aus V- und Reihenmotor. Die sechs Zylinder der kommenden Horex sind also eigentlich in Reihe angeordnet, allerdings in einem Winkel von 15 Grad versetzt. Durch das VR-Prinzip der Zylinderanordnung bleibt das Kraftpaket äußerst kompakt: Mit 429 Millimetern Breite im Bereich des Zylinderkopfs liegt der Horex-Sechszylinder auf dem Niveau vergleichbarer Vierzylindermotoren.

Aus 1218 Kubikzentimetern Hubraum sollen mittels Kompressoraufladung gut 200 PS entspringen. Die drei

Die **K 1600** von BMW stellt derzeit alles technisch machbare im Motorradbau zur Schau, darunter auch das neue adaptive Kurvenfahrlicht.

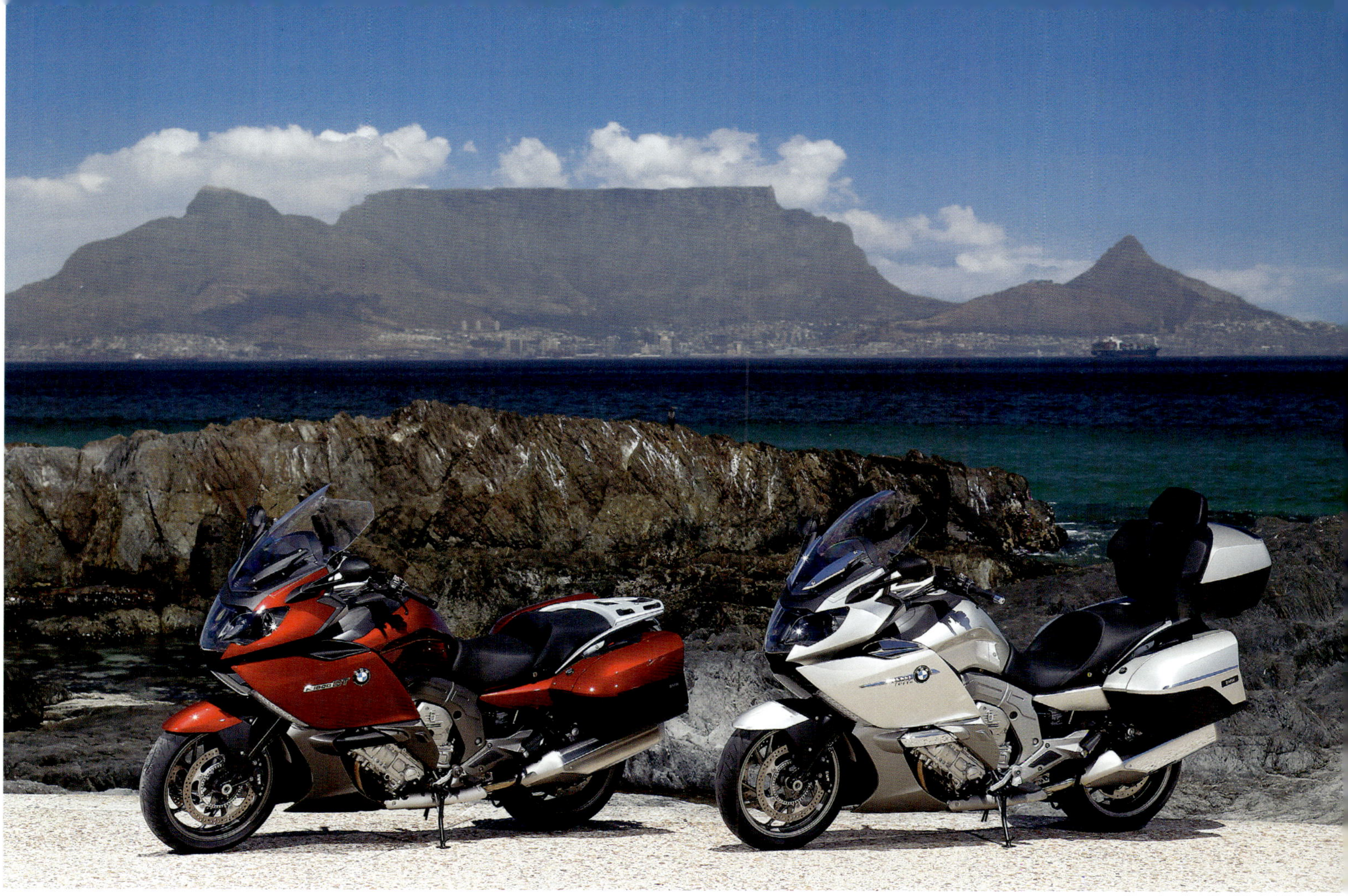

Neben der sportlicheren GT-Variante kommt auch die noch luxuriösere **GTL** in der K-1600-Reihe zum Einsatz.

Ventile pro Zylinder werden von drei oben liegenden Nockenwellen gesteuert, wobei die mittlere Welle Ventile beider Zylinderbänke betätigt. Als Kraftübertragung wurden ein Sechsganggetriebe und Kevlarzahnriemen gewählt.

Das erste Modell der neuen Horex GmbH wird ein unverkleideter Roadster sein, der kompakt gebaut ist und mit dynamisch-bulliger Optik auf die Straßen rollt. Klassische Linienführung, modern interpretiert – so lässt sich das Design-Konzept auf den Punkt bringen. Und ähnlich wie Polaris mit seiner Victory setzt auch Horex auf die Macht eines „Made in …" – in diesem Fall nur eben Germany. Nicht nur die Endmontage, auch die wesentlichen Teile der neuen Horex, wie etwa die komplette Antriebseinheit, werden aus deutscher Fertigung stammen.

So hat der Sechszylinder im Motorradbau eine steile Karriere hinter sich. In einem Zeitraum von nur einem halben Jahrhundert ist er vom motorsportlichen Versuchsobjekt zum Image- und Technologieträger mutiert. Und gerade die Vielfalt der aktuellen Konzepte – Boxer, Reihe, VR-Prinzip – zeigt, welches Zukunftspotenzial noch in den Sechszylindern steckt.

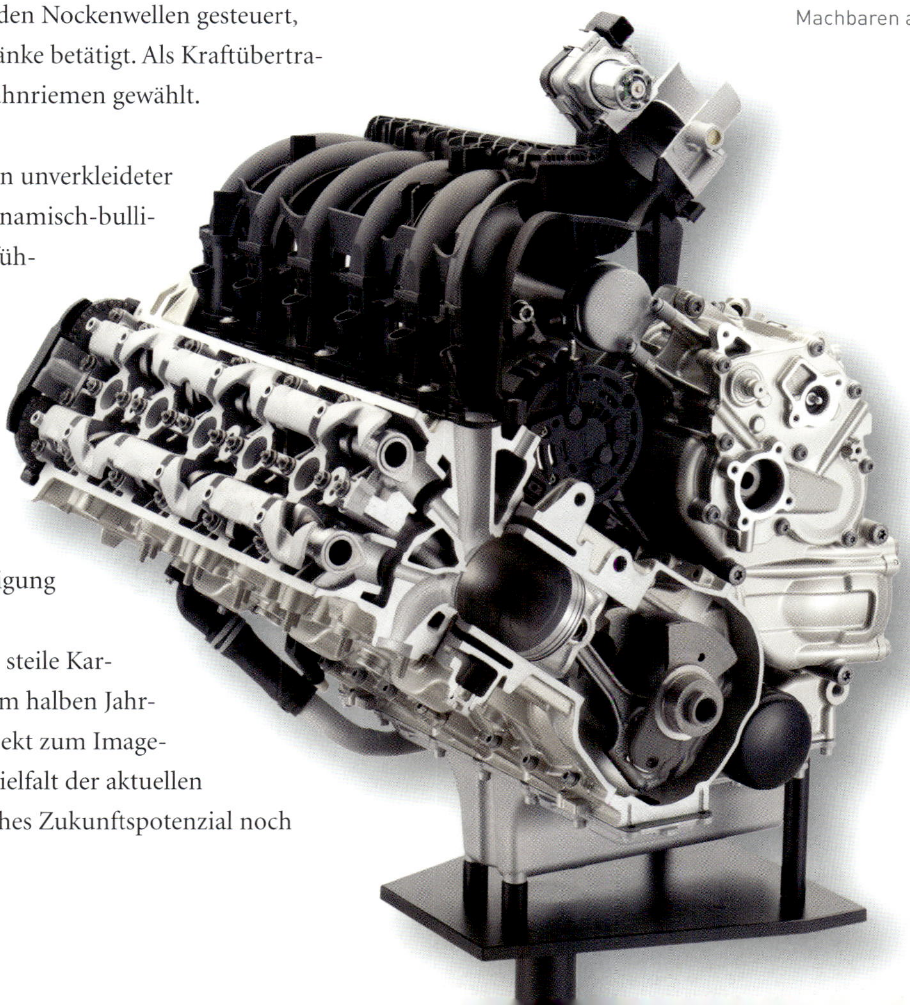

Der **K-1600-Motor** zeigt als komplette Neuentwicklung den derzeitigen Stand des technisch Machbaren auf.

Der **Horex VR6 Roadster** lässt einen berühmten Markennamen wieder aufleben – und das gleich mit einem neuen Antriebskonzept, dem aus dem Automobilbau bekannten VR-Motor.

Null Emissionen versprechen die Motorräder von Zero aus den USA. Das Manko der **E-Bikes** bleibt jedoch die geringe Reichweite – mit der Verbesserung der Akkus wird sich das aber hoffentlich bald ändern. «

Motorrad und Umwelt: Wie grün kann das Zweirad werden?

Ähnlich wie beim Automobil hat man sich auch beim Motorrad jahrzehntelang keine Gedanken über den Verbrauch, den Abgasausstoß oder den Umweltschutz machen müssen. Die Folgen der Ölkrise Anfang der 1970er-Jahre, die immer mehr ins Blickfeld rückende Umweltdebatte, Schlagworte wie Ozonloch, Schonung der Ressourcen, ein absehbares Ende des Verbrennungsmotors – all das betraf die Motorradindustrie natürlich auch, wenngleich nicht im selben Umfang wie die Automobilindustrie. Erst die immer weiter verschärften Umweltgesetze, zunächst in Teilen der USA, dann vor allem in Europa, zwangen die Hersteller dazu zu handeln.

Heute gelten für Motorräder im Prinzip die gleichen Normen wie für Autos, hier und da ein wenig modifiziert gemäß den produktspezifischen Anforderungen. Neuentwicklungen kommen um eine Verbrauchsminderung und die Abgasreinigung nicht mehr herum. Die Übernahme wesentlicher Technologien aus dem Automobilbau war da ein konsequenter Schritt.

Das grundsätzliche Problem ist und bleibt aber, dass Motorräder nun einmal mit Verbrennungsmotoren ausgestattet sind. Diese verbrauchen wertvolle Rohstoffe und stoßen Abgase aus. Das im technischen Konzept wurzelnde Dilemma bleibt also erhalten. Und es zeichnen sich keine realistischen Alternativen dazu ab, schon gar nicht vor dem Hintergrund der jüngeren Entwicklung des Motorrads vom Massentransportmittel zum Lifestyle-Produkt. Denn Motorräder ohne die derzeit typischen Charakteristika und die daraus resultierenden Unterschiede will kaum jemand haben, sie sind in der jetzigen Szene einfach undenkbar. Was wären eine Harley ohne den typischen V2-Klang, ein Vierzylinder ohne sein turbinenhaftes Pfeifen?

Es gibt jedoch kleine Randgruppen der Motorradszene, denen schon heute nichts mehr anderes übrig bleibt, als sich nach geräusch- und schadstoffarmen Alternativen umzusehen. Vor allem die Anhänger des Geländesports sehen sich immer stärkeren Restriktionen ausgesetzt. Grundlage ihres Hobbys sind kleine und leichte Maschinen. Die dafür infrage kommenden Verbrennungsmotoren zählten aber seit jeher zu den lautesten und „schmutzigsten" der Branche.

Um überhaupt noch in Wald und Flur unterwegs sein zu dürfen, steigt die Szene vermehrt auf E-Motorräder um – und treibt so die Entwicklung dieses Konzepts entscheidend voran. Derzeit gibt es aber nicht einmal eine Handvoll Hersteller mit überzeugenden Produkten. Allen voran sind das die Elektro-Motocrossräder Quantya Track und Quantya Strada der Firma Quantya S. A. mit Sitz im schweizerischen Lugano sowie der US-Hersteller Zero Motorcycles, der auch über erste Modelle mit Straßenzulassung verfügt.

Zero Motorcycles hat bei der Auswahl der Antriebstechnik auf einen umweltschonenden High-Energy-Lithium-Ionen-Akku gesetzt. Im Gegensatz zu anderen Elektrobatterien enthält der patentierte Z-Force-Akku keine Schwermetalle und ist vollständig wiederverwertbar. Dieser Akku treibt Elektromotoren, unter anderem geliefert vom deutschen Unternehmen Perm Motor GmbH, an. Die gesamte Antriebseinheit sitzt in einem extrem leichten Aluminium-Chassis. Als reine Geländeversion kommt eine Zero X gerade einmal auf ein Gesamtgewicht von 73 Kilogramm, wovon etwas über 20 Kilogramm auf den Akku entfallen. Die Straßenversionen hingegen bringen 135 Kilogramm auf die Waage, sind aber auch deutlich besser ausgestattet.

Größtes Manko des Elektroantriebs ist und bleibt die Reichweite. Trotz fortschrittlichster Antriebstechnologie ist auch bei den aktuellen Zero-Modellen, von der Supermoto über die Dualsport, von der Motocross- und Gelände-Variante bis hin zum Straßenmodell für den urbanen Einsatz, bei unter 100 Kilometern Schluss. Zwar ist der Akku in nur zwei Stunden wieder vollständig aufgeladen, für längere Ausfahrten, wie sie unter Bikern beliebt sind, bleibt diese Technik aber ungeeignet.

🏍 Gleiches gilt für ein ebenfalls seit einigen Jahren vorangetriebenes Alternativprojekt: das Brennstoffzellen-Motorrad. Die mit Wasser gespeiste, emissionsfreie Brennstoffzelle ist auch in der Automobilindustrie ein möglicher Hoffnungsträger für die Zukunft. Britische Tüftler haben ein Zweirad entwickelt, das in seiner funktionalen Gestaltung zwar keine großen Emotionen wecken kann und dem eindeutig das Fahrgeräusch fehlt. Dafür läuft es aber schon ganz anständig im Verkehr mit und kommt auf rund 160 Kilometer Reichweite, bis Wasserstoff nachgefüllt werden muss. Die einzige Emission des Fahrzeugs ist Wasser, nach Angaben der Entwickler sogar trinkbares!

Quo Vadis Motorrad: Wohin geht die Reise?

🏍 Was auch immer die Zukunft bringen mag – motorisierte Zweiräder irgendeiner Art wird es stets geben. Die dramatisch wachsende Bevölkerungsdichte unseres Planeten, die schon heute vor einem Verkehrsinfarkt stehenden – oder ihn bereits erleidenden – Ballungszentren der Welt werden die Nachfrage nach einer intelligenten Weiterentwicklung jenes Fortbewegungsmittels, das auch fast 200 Jahre nach seiner grundsätzlichen Erfindung durch Karl Drais und über 100 Jahre nach seiner ersten Motorisierung jung geblieben ist, sogar noch stärken. Das Motorrad lebt – aber mit welchem Antrieb? Das müssen kommende Generationen beantworten.

Trotz modernster Batterietechnik mit kurzen Ladezeiten beträgt die Reichweite der **E-Bikes** derzeit noch weniger als 100 Kilometer.

Kultobjekt Motorrad

Von der Fortbewegung zum Lifestyle

Buntes aus der Welt des Motorrads

 Höher, schneller, weiter – Rekorde waren schon immer das beste Mittel, eine Marke oder ein spezifisches Motorrad global bekannt und damit auch begehrt zu machen. Doch bei der Jagd danach schwang immer auch ein Hauch von Todesmut mit.

Männer und ihre Spielzeuge: Kaum war der Verbrennungsmotor erfunden und die ersten Motorräder auf den Markt gebracht, mussten diese natürlich ausgiebig getestet werden. So manch einem Zeitgenossen genügte es allerdings nicht, den neuen fahrbaren Untersatz lediglich als Fortbewegungsmittel zu nutzen. Der Reiz der Geschwindigkeit war ebenso verlockend, wie das Austesten der technischen Möglichkeiten, sodass schon zu Beginn des 20. Jahrhunderts die Jagd nach Geschwindigkeitsrekorden ausbrach.

Im Geschwindigkeitsrausch

Den ersten vom Motorradweltverband, der Féderation Internationale de Motocyclisme, offiziell anerkannte Rekord stellte

Ernst Jakob Henne stammte aus dem Allgäu und holte für BMW zahlreiche Rekorde. Sein Markenzeichen war der markante Stromlinienhelm.

Henne ließ sogar nach seinen Vorstellungen einen eigenen **Henne-Lenker** anbauen, der ihm zu einer eher liegenden Haltung – und damit höheren Geschwindigkeiten – verhalf.

1920 der US-Amerikaner Ernest Walker auf. Am 14. April gelang es ihm in Daytona, seine 1000er-Indian auf damals sehr beachtliche 166,67 Stundenkilometer zu beschleunigen. Bereits acht Jahre später wurde erstmals die 200-Stundenkilometer-Barriere durchbrochen: Diesmal schaffte es der Engländer Oliver Baldwin auf einer Zenith-JAP.

Einen sicheren Platz in den Annalen der Geschwindigkeitsrekorde hat der „schnelle Henne". Diesen Spitznamen „erfuhr" sich der gebürtige Allgäuer Ernst Jakob Henne, der sich mit 19 Jahren zunächst als Motorradmechaniker in München selbstständig machte und seinen Betrieb bis 1923 zu einem Unternehmen mit 500 Mitarbeitern ausbaute. Im gleichen Jahr nahm er erstmals an einem Rennen teil und wurde mit einer ausgeliehen Megola-Maschine prompt Dritter. Drei Jahre später heuerte er bei BMW als Werksfahrer an und prägte in den folgenden Jahren als Motorradrennfahrer auf der Straße wie auch im Gelände die Szene in Deutschland. So wurde er als Einzelkämpfer 1926 Deutscher Meister in der 500-Kubikzentimeter-Klasse, 1927 errang er denselben Titel in der 750-Kubikzentimeter-Klasse.

Der „schnelle Henne" gilt als einer der erfolgreichsten Motorradsportler und war nicht nur in der Branche eine Berühmtheit. In den 1930er-Jahren erreichte er ähnliche Popularitätswerte wie etwa Max Schmeling, er war sozial engagiert und wirtschaftlich erfolgreich. So etablierte er ab 1949 die Daimler-Benz-Niederlassung in München und wurde zu einem der größten Händler in der Bundesrepublik. Aus dem aktiven Motorradrennsport zog er sich nach seinem letzten Weltrekord zurück. Am 22. Mai 2005 starb er im Alter von 101 Jahren in seinem Refugium auf Gran Canaria.

Wilhelm Herz knackte 1956 mit der NSU Delphin III die 300-Stundenkilometer-Marke auf dem Bonneville-Salzsee in Utah.

Sein Sohn **Heinz Herz** ließ die NSU Delphin zum 50. Jahrestag der Rekordfahrt seines Vaters nachbauen.

14 Jahre lang waren Ernst Jakob Hennes 279,5 Stundenkilometer das Maß aller Dinge. Gebrochen wurde es wiederum von einem Deutschen – dem NSU-Fahrer Wilhelm Herz. 1951 verfehlte er zwar auf einem gesperrten Autobahnabschnitt zwischen München und Ingolstadt (noch) sein Ziel, die 300-Stundenkilometer-Marke zu knacken, um zehn Kilometer pro Stunde. Doch seinem Ehrgeiz tat dies keinen Abbruch: In den kommenden Jahre begab er sich immer wieder in die USA, um dort in der Great Salt Lake Desert im Norden Utahs zu trainieren. Die Salzwüste, infolge des Austrocknens eines prähistorischen Sees entstanden, ist nur an ihren Rändern besiedelt und damit für Geschwindigkeitsrekorde auf dem Motorrad prädestiniert – bis heute gilt sie als ein Mekka für Motorradrennsportler aus der ganzen Welt.

Am 4. August 1956 kitzelte Herz aus der Delphin III von NSU, die mit einem 110 PS starken 500er-Zweizylinder-Kompressormotor ausgestattet war, ganze 338,092 Kilometer pro Stunde heraus. Der neue Weltrekord stand fest, allerdings war das Risiko für Leib und Leben nicht nur wegen der Geschwindigkeit alles andere als gering. So wurde der Rekord auf etwa 25 Meter breiten Fahrspuren aufgestellt, die auch nötig waren, da die Reifen auf der Salzkruste wesentlich weniger Griff fanden als auf klassischem Asphalt.

Zweifellos ist es dem fahrerischen Können von Wilhelm Herz geschuldet, dass er diesen Rekord nicht mit seinem Leben bezahlte. Aber auch die Konstruktion der NSU-

Aber auch als Teamfahrer konnte er Trophäen sammeln: Von 1933 bis 1935 führte er die deutsche Nationalmannschaft bei den Internationalen Sechstagefahrten, den Wettbewerben im Gelände, jeweils zum Sieg.

Seinen ersten weltweit anerkannten Geschwindigkeitsrekord stellte Henne am 19. September 1929 auf einer 750-Kubikzentimeter-BMW mit 216,75 Kilometern pro Stunde über eine Meile auf. Bis 1937 konnte er insgesamt 76 weitere aufstellen (einige davon bei Autorennen). Sein letzter gelang ihm wieder auf dem Motorrad: Am 28. November 1934 beschleunigte er eine vollverkleidete 500-Kubikzentimeter-Kompressor-BMW auf 279,5 Kilometer pro Stunde.

Mit dem Nachbau
trat **Heinz Herz** 2006 bei
der Speedweek in Utah zu Schaurennen an.

Maschine war Teil des Erfolgsgeheimnisses – sie war bahnbrechend und sollte einen Trend für die Zukunft setzen. Das Geheimnis der 3,70 Meter langen und 1,10 Meter hohen Maschine war die große Heckflosse, die einem großen Fisch entlehnt war. Konstrukteure aus aller Welt sollten sie in den folgenden Jahren nachahmen. Die Maschinen entfernten sich optisch immer mehr vom klassischen Motorrad und glichen immer mehr einer überdimensionalen, rasenden Zigarre. Für diese in Stromlinienform erbauten Spezialfahrzeuge wurde folgerichtig dann auch eine eigene Klasse mit maximal drei Liter Hubraum eingeführt.

Zu Ehren seines 1998 verstorbenen Vaters, der zur Zeit seines Weltrekords schon seit zwei Jahren als Geschäftsführer des Hockenheimrings tätig war und diesem in dieser Funktion bis 1992 zu internationalem Ruf verhalf, ließ sein Sohn Heinz Herz die legendäre NSU Delphin III nachbauen. 2006 – also zum 50-jährigen Jubiläum des Weltrekords – erinnerte er an des Vaters „Herz Attacke" und

Der **Bonneville-Salzsee** in Utah ist das Mekka der Landgeschwindigkeitsrekorde. Hier wurden fast alle wichtigen und bestehenden Marken aufgestellt.

Die berühmteste Rekordfahrt ist wohl die **Rollie Frees** auf seiner Vincent. Zum Weltrekord reichte es nicht – aber zu einem legendären Foto, das bis heute begeistert. ◀◀

Motorrad-Artist **Evel Knievel** versuchte möglichst spektakuläre Sprünge sicher zu landen ... was ihm jedoch nicht immer gelang.

zeigte während der Speedweek am Originalschauplatz in Utah eine Demonstrationsfahrt. Der Nachbau befindet sich seitdem im Technik Museum Speyer und wartet auf Schaulustige.

Für die meisten der typischen Hobby-Motorradfahrer war vermutlich spätestens mit dem Rekord von Wilhelm Herz jeglicher Nachahmungsreiz verflogen. Und so wundert es kaum, dass sich die nachfolgenden Rekorde absolut abseits jeglicher Dimension für Otto-Normalfahrer abspielten. Nachdem der 300-Stundenkilometer-Rekord gebrochen war, tummelten sich die tollkühnen Männer in ihren zweirädrigen Kisten fast nur noch in den USA. Don Vesco hatte 1978 die Ehre, als erster Mensch die 500-Stundenkilometer-Marke zu durchbrechen. Sein Gefährt war ein Streamliner Lightning Bold, der von zwei 1000er-Kawasaki-Vierzylindern ganz offensichtlich genügend Dampf bekam.

Der Inhaber des zurzeit gültigen Geschwindigkeits-Weltrekords auf dem Motorrad ist der US-Amerikaner Rocky Robinson: Sage und schreibe 605,697 Kilometer pro Stunde „kitzelte" er am 25. September 2010 aus seiner Streamliner! Angetrieben wurde diese von zwei modifizierten Hayabusa-Motoren mit insgesamt 2600 Kubikzentimetern.

Verrückt, verrückter, am verrücktesten

In die Annalen der skurrilen Rekorde ging am 13. September 1948 Rollie Free ein. Er knackte mit seinen 240 Stundenkilometern zwar nicht den Weltrekord von Ernst Henne aus dem Jahr 1937 (279,503 km/h), allerdings den amerikanischen Rekord – und zwar mehr als spektakulär, trat er doch beinahe nackt an. Schauplatz war wieder einmal die Salzwüste Utahs. Frees seltsam anmutende Aktion war mit seiner Sorge begründet, unnötige Bekleidung könne ihn bremsen. So verblüffte er die Zuschauer, in dem er sich kurzerhand entkleidete und seine Vincent HRD Black Lightning lediglich mit Badehose, Badekappe und Badeschlappen bekleidet bestieg. Zudem setzte er sich nicht auf den Sattel, sondern legte sich bäuchlings hin – ein Bild, das Sportgeschichte schrieb!

Den Weltrekord in einer besonderen Variante des Schnellfahrens hält bis heute der Schwede Patrick Furstenhoff: Lediglich auf dem Hinterrad seiner Honda 1100 beschleunigte er 1999 auf 307,860 Stundenkilometer. Am weitesten auf einem Hinterrad hielt sich der Japaner Yasuyuki Kudo: Er hielt den Vorderreifen seiner Honda TLM 220 R am 5. Mai 1991 331 Kilometer lang in die Höhe.

Auf und mit dem Motorrad wurden in den vergangenen Jahrzehnten nicht nur Rekorde in puncto Schnelligkeit, sondern auch bei Sprüngen aufgestellt. Roger Riddel übersprang auf seiner 650er-Honda 1987 im US-Bundesstaat Indiana gleich sieben Autos. Seinen späteren Künstlernamen „Mr Backwards" verdankt er seiner ungewöhnlichen Technik: Die Honda fuhr er rückwärtssitzend.

Der längste Motorradsprung mit Rampe – und vorwärts fahrend – glückte 2008 in Melbourne. Der Australier Robbie Maddison schaffte 106,98 Meter. Nur ein Jahr später versuchte er eine Variante in luftiger Höhe: Auf seinem Motorrad sprang er in Las Vegas auf den 30 Meter hohen Nachbau des Pariser Triumphbogens, hüpfte wieder runter und landete unverletzt auf einer 25 Meter tiefer angelegten Rampe.

Vermutlich sehr schmerzhaft war die Disziplin, mit der Evel Knievel zu Ruhm und Ehre kam. Der 2007 im Alter von 69 Jahren verstorbene Motorradweitspringer liebte es, mit seinem Motorrad Autos und sogar Autobusse zu überfliegen – was ihm nicht immer ohne Blessuren gelang. Er notierte seine Verletzungen allerdings immer äußerst gewissenhaft. 1976 schickte er sich an, über ein Becken voller Haie zu springen, und brach sich beim Versuch beide Arme. Diese Verletzung zeichnete er als letzte auf, kam er doch zu

Wem Autos oder Busse als Hindernisse zu langweilig sind, der hüpft eben mal über den 85 Meter breiten Kanal von Korinth – der Australier **Robbie Maddison** erlangte durch seine atemberaubenden Sprünge Weltruhm..

Das schwerste Motorrad der Welt entstand im Harz. Tüftler **Tilo Niebel** hat den fast 4,8 Tonnen
schweren Koloss erbaut, der von einem russischen Panzermotor angetrieben wird.

Zur Nachahmung
nicht empfohlen:
Ein Dutzend roter
Doppeldeckerbusse
waren nur für einen
Meister seines
Fachs wie **Evel
Knievel** kein wirkli-
ches Hindernis. »

dem Entschluss, sein Hobby, das mittlerweile zu einem ein-
träglichen Beruf geworden war, aufzugeben. In das Guinness
Book of World Records schaffte er es allerdings locker in der
Disziplin Knochenbrüche: mit 433!

Nicht minder verrückt ist die Kategorie „Überlebter Motor-
radunfall bei höchster Geschwindigkeit". Mehr Glück als
Verstand hatte der US-Amerikaner Ron Cook, der am 12.
Juli 1998 bei 322 Stundenkilometer sein Motorrad nicht
mehr halten konnte – und dies nicht mit dem Leben
bezahlte.

Einen Eintrag in einer anderen Disziplin sicherte sich der
damals erst 23-jährige Axel Winterhoff aus Hannover im
November 2007 – und das live in einer Fernsehshow des
deutschen Senders RTL. Angetreten war er in der Sparte

„Die meisten Motorrad-Donuts in einer Minute", also Voll-
gaskreise um die eigene Achse. Er schaffte es, seine Kawasaki
ZK-6R mit Dunlop-Reifen vom Typ GP Racer D209 und
Endurance-Mischung 21-mal in 60 Sekunden komplett zu
drehen.

57 Grad ist die bisher größte Schräglage, die einem
Motorradfahrer gelang. Den Rekord in dieser Disziplin
konnte sich der Franzose Jean-Philippe Rougia sichern.

Das bisher schwerste Motorrad konstruierte der Tüftler
Tilo Niebel aus dem Harz. Das Gefährt ist 5,28 Meter lang,
2,29 Meter hoch, wird von einem russischen Panzermotor
betrieben und wiegt stolze 4,749 Tonnen. Das Team aus der
Harzer Bike-Schmiede benötigte rund ein Jahr, um es
zusammenzuschweißen. Die stattliche Karosse wurde 2007 –
ebenfalls live im Fernsehen – der Öffentlichkeit vorgestellt.

Mit dieser modifizierten **Harley-Davidson XR 750** gelangen Evel Knievel einige seiner waghalsigen Sprünge.

Motorräder für jeden Zweck

Mit der Entwicklung des Motorrads schritt auch seine Individualisierung voran. Was früher Tüftler mit allerlei Werkzeug und Spezialzubehör in liebevoller Detailarbeit fertigten, wird heute schon weitgehend ab Werk geliefert: Motorräder für fast jeden Einsatzzweck.

Ein Motorrad ist zunächst einmal ein von einem Motor angetriebenes Zweirad. Über diese recht simple Definition hinaus gibt es aber natürlich viele Unterscheidungskriterien, sei es zwischen Straßenmotorrädern und den vielfältigen Geländevariationen oder zwischen Sonderformen wie Gespanne, Custom-, Drag- oder Rat-Bikes.

Geschaffen für die Straße

Der gängigste Motorradtyp ist ohne Zweifel immer noch das Straßenmotorrad. Wie der Name schon vermuten lässt, ist es vornehmlich für Fahrten auf befestigten Straßen konzipiert. Besonders viele Anhänger findet der Typ Allrounder,

Allrounder wie die **Kawasaki Versys** sind sportliche Tourer, die sowohl auf der Straße als auch im leichten Gelände Einsatz finden.

Die **Kawasaki 1400 GTR** ist ein reinrassiger Sporttourer mit Langstreckenqualitäten und einem bärenstarken Motor.

verbindet er doch die Vorzüge eines Touren- mit denen eines Sportmotorrads und ermöglicht lange Touren in Kombination mit Fahrspaß. Die wichtigsten Kriterien sind eine einfache Zulademöglichkeit, der ergonomische Sitz, ein robuster Motor mit ausrei-chend Drehmoment und eine wendige Fahrwerksauslegung. Klassische Allrounder bieten

Kawasaki mit der Versys oder auch Yamaha mit der TDM 900 A.

Bei den reinen Sporttourern wie einer VFR 1200 F von Honda, der 1400 GTR von Kawasaki, der 600 bzw. 1200 Bandit von Suzuki oder der Sprint ST von Triumph handelt es sich dagegen um Motorräder, die Tourentauglichkeit mit sportlicher Fahrleistung kombinieren. Die Motorleistungen ähneln fast immer denen der Supersportler, bieten im Gegensatz zu ihnen aber eine weichere, auf Komfort abge-stimmte Federung und eine wesentlich bequemere Sitzpo-sition für Fahrer und Sozius. Der Großteil der Sporttourer wird bereits ab Werk mit Vollverkleidung angeboten.

Die bereits erwähnten Supersportler sind nicht für den Alltag, geschweige denn für Liebhaber längerer Tou-ren, sondern für Fans einer eher sportlichen

Die **Suzuki Bandit 1200** ist ein Sporttourer, der in verkleide-ter und unverkleideter Vari-ante erhältlich ist.

BMW hat mit seiner **S 1000 RR** die Messlatte für Supersportler ordentlich hoch gehängt. Das Modell ist nicht nur auf dem Asphalt, sondern auch in puncto Verkaufszahlen ein echter Renner.

Fahrweise entwickelt worden. Hier steht das Verhältnis von Masse und Leistung im Zusammenspiel mit maximaler Motorleistung im Vordergrund. Die BMW S 1000 RR oder Ducatis 996 beziehungsweise 998 sind Beispiele für Supersportler, die für den Straßenverkehr zugelassen sind, es aber durchaus mit reinen Rennmotorrädern aufnehmen können und daher bei diversen Wettkämpfen in der Szene zu finden sind.

Das konzeptionelle Gegenteil dazu ist der Tourer: ein Fahrzeug, dass für längere Reisen ideal ist. Der Motor ist nicht auf Höchstleistung, sondern Durchzugskraft getrimmt. Dies führt weniger zu Langsamkeit, denn zu einer ruhigen Fahrweise. Zudem sitzt man viel bequemer, da der Lenker leicht erhöht positioniert ist und man das Motorrad dadurch insgesamt besser im Griff hat. Zudem bieten gerne gekaufte Beispiele wie die R 1200 RT von BMW

Komfort steht bei den Tourern im Vordergrund. Die Lust der Biker am Reisen macht sie zu einem der beliebtesten Segmente im Markt. Hondas **Pan European** ist ein typischer Vertreter.

oder die Pan European von Honda eine ausladende Verkleidung, die den Fahrer vor fast jeglichem Wetterunbill schützt.

Bei den Naked Bikes ist der Name Programm: Sie kommen „nackt", sprich ohne Verkleidung in den Handel. Klassische Beispiele dieses Motorradtyps sind Ducatis Monster-Reihe oder die Speed Triple von Triumph. Sie sind für den Einsatz auf der Straße gebaut und meist sehr handlich. Die Motorleistung liegt für gewöhnlich zwischen 50 und 100 Kilowatt, der Hubraum zwischen 700 und 1200 Kubikzentimetern. Im Grunde genommen handelt es sich heutzutage bei der Begrifflichkeit Naked Bike aber um ein Marketinginstrument der Hersteller, da gerne die Tatsache verschwiegen wird, dass bis in die 1980er-Jahre beinahe jedes Motorrad ohne Verkleidung vom Band lief. Dieser Trend hat sich erst in den vergangenen Jahren radikal ins Gegenteil verkehrt, sodass man mit den nackten Modellen wieder eine begeisterte Käuferschicht an sich binden kann.

Ducatis erfolgreiche **Monster**-Reihe rollt als Vertreter der Naked Bikes daher, unverkleidete Motorräder für den Straßeneinsatz, die mit hoher Handlichkeit überzeugen.

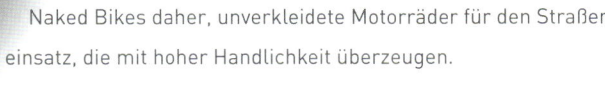

In gewisser Art und Weise handelt es sich auch bei dem ursprünglich aus den USA
stammenden Chopper um eine „nackte" Variante, allerdings haben nicht die Hersteller, sondern die späteren Eigentümer dafür gesorgt. So wurde es ab den späten 1940er-
Jahren in Kalifornien modern, von Motorrädern der Marke Harley-Davidson alles
abzumontieren, was überflüssig erschien. Und das war so einiges: Schutzbleche etwa,
aber auch der Soziussitz. Berühmt wurden die Chopper dann durch den Film „Easy
Rider" – und charakteristisch ist bis heute die lange und flach installierte Vordergabel.
Dadurch wurde das Geradeausfahren stabiler, allerdings zu Lasten der Kurventaug-
lichkeit, was aber auf amerikanischen Landstraßen nur wenig ins Gewicht fällt.

Da es sich bei den ersten Choppern vornehmlich um Harley-Umbauten han-
delte, war man am Firmensitz in Milwaukee wenig begeistert über ein derartiges
Treiben. Doch spätestens ab den 1980er-Jahren wandte sich das Blatt, weil diese
Motorrad-Gattung auf eine breite Nachfrage stieß. Also entstanden die ersten

Suzuki hat mit seinen großvolumigen **Intruder**-Modellen ein gutes Standbein im
Chopper- und Cruisermarkt. Gekonnt vereinen sie altbekannte Stilelemente des
Genres mit einer neuen Optik.

Nicht zuletzt dem Film „Easy Rider" verdanken Chopper ihren Status als Kultmotorräder. Auf der **Captain America** rollte Peter Fonda über die Straßen der USA.

„Factory Custom"-Chopper ab Werk. Stilelemente wie das Softail-Heck, bei dem ein ungefederter Starrrahmen imitiert wird, oder die Springer-Gabel, die seit 1948 nicht mehr im Einsatz war, flossen in Serienmodelle ein.

Parallel zeitigten derartige Entwicklungen plötzlich massenhaft Kopien – vor allem aus dem Fernen Osten. Die Japaner hatten die Chopper als Erfolg verprechende Gattung für sich entdeckt und stellten Dutzendweise Softchopper auf die Räder. Gabeln und Radstand waren mal kürzer, mal länger, Hinterräder mal schmaler, mal breiter gehalten. Der traditionelle V2 blieb zwar auch in den kleineren Hubräumen dominant, bekam aber Gesellschaft von Vierzylindern, in V-Form wie in Reihe angeordnet. Alles in allem waren und sind Modelle wie etwa Yamahas XV 535 oder die Suzuki-Intruder-Baureihe sehr erfolgreich.

An diese Chopper angelehnt entstanden die heute gängigen Cruiser, wie die Valkyrie von Honda oder Rocket III beziehungsweise Thunderbird von Triumph. Dieser Motorradtyp, etwa seit den 1990er-Jahren serienmäßig produziert, gilt als moderne und alltagstaugliche Chopper-Variante. Dies gelingt den Herstellern durch eine breitere Bereifung, langen Radstand und breiteren Lenker. Im Gegensatz zum Vorbild ist der Cruiser beispielsweise auch mit einer Windschutzscheibe, Sturzbügeln und Packtaschen ausgestattet. Meist wird ein äußerst großvolumiger Motor verbaut, der zum Dahingleiten auf der Straße prädestiniert ist. Stilistisch

greifen die modernen Cruiser vor allem Elemente der amerikanischen Motorräder aus den 1930er- und 1940er-Jahren auf. Kawasakis Vulcan-Serie etwa gilt als eine der perfektesten Indian-Kopien überhaupt.

Bei den Straßenmotorrädern gibt es zusätzlich noch einige ausgefallene Varianten, die heute weniger in der breiten Masse als bei Liebhabern Zuspruch finden. Dazu gehört etwa der Café Racer. Dabei handelt es sich eigentlich um ein englisches Serienmotorrad aus den 1960er-Jahren, das zur Rennmaschine umgebaut wurde. Charakteristisch für den Streetfighter ist sein steil in die Höhe gerichtetes und meist eingekürztes Heck und der Verzicht auf den Soziusplatz. Beim Superbike hingegen ist per Definition ein Hubraum von mindestens 1000 Kubikzentimetern notwendig. Kennzeichen für den Scrambler sind die grobstolligen Reifen, ein hoch gelegter Auspuff und breite Schutzbleche. Er ist fast schon eine Mischform und markiert damit den Übergang zum Geländetyp. Obwohl in den 1950er- und 1960er-Jahren überaus beliebt, sind heutzutage nur noch wenige

Die in den 1950er- und 1960er-Jahren beliebten Scrambler feiern in der aktuellen gleichnamigen **900er Triumph** Wiederauferstehung.

Die Voyager-Variante der **Kawasaki Vulcan** erhebt den ursprünglich als perfekte Indian-Kopie geltenden Cruiser dank Verkleidung und Koffern ins Tourer-Segment.

Die **Triumph Rocket III** stellt das derzeitige Maß in der Cruiser-Welt dar. Befeuert wird das Bike vom größten Motor in einem Serienmotorrad.

Vertreter dieser Kategorie zu finden. Der bekannteste dürfte derzeit die Triumph Scrambler sein, die in ihrem Fall die Bezeichnung schon im Namen trägt.

Ähnliches gilt für den Motorradtyp Supermoto. In deren Anfangszeiten wurden Bikes vom Schlage einer Yamaha TDR 250 oder einer Gilera Nordwest vor allem für Rennen auf Rundkursen genutzt und waren dementsprechend vornehmlich in der Rennsportserie begehrt. Im Unterschied zur Enduro, die bereits zu den Geländemotorrädern gezählt wird, verwenden Supermotos Straßenreifen auf kleineren, dafür aber auch breiteren Felgen. Heutzutage bedienen vor allem KTM,

etwa mit der 690 SM, oder der italienische Hersteller Aprilia dieses Segment.

Ab ins Gelände

Die Enduro ist das klassische und meistverkaufte Geländemotorrad, hat im Normalfall aber eine Straßenzulassung. Der Fahrer

sitzt auf ihr recht bequem, da aufrecht und mit einem angenehmen Kniewinkel. Der Motor ist auf Ausdauer und nicht Geschwindigkeit ausgelegt, die Fahrwerksgeometrie ähnelt der einer Motocrossmaschine. Einem breiten Publikum bekannt gemacht hat dieses Segment der Verkaufserfolg der Yamaha XT 500, die längst schon zahlreiche Nachahmer inspiriert hat.

Enduros haben ihren Weg auf die Straße gefunden, vor allem auf der Langstrecke in der schönsten Zeit des Jahres. Als Reise-Enduros sind sie mit großem Tank ausgestattet, bieten längere Getriebeübersetzungen, kürzere Federwege und vor

Die **Yamaha WR250** zählt zu den Sport-Enduros, die zwar eine Straßenzulassung haben, sich aber lieber in freier Wildbahn tummeln. »

Die **Yamaha TDR250** gilt als eine der ersten Supermotos und legte damit den Grundstein für ein weiteres neues Motorradsegment.

allem diverse Montagemöglichkeiten für Windschutz und Seitenkoffer. Klassische Reise-Enduros sind die BMW R 1200 GS – das derzeit erfolgreichste Serienmotorrad –, die Suzuki DL 650 V-Strom oder die Honda Varadero.

Alltagstauglich waren auch schon die Sport- oder gerne auch Hardenduro genannten Maschinen, die beispielsweise mit Elektrostarter oder Lichtanlage versehen sind. Als klassi-sche Beispiele gelten die WR 450 F von Yamaha oder die XR 650 R von Honda.

Als Steigerung für Profis sind die Rallye-Enduros anzuse-hen, die speziell an Langstrecken-Wettbewerbe im Gelände wie der berühmten Rallye Paris-Dakar angepasst wurden. So ist deren Tankvolumen deutlich größer und das Fahrwerk ob der zu erwartenden Herausforderungen verstärkt.

Unterwegs in der Welt

 Schon immer wurde mit dem Motorrad nicht nur gefahren, sondern auch gereist. Das gilt heute mehr denn je, denn mit zunehmenden Alter der Biker sind auch ihre Ansprüche gewachsen. Und so entdeckt auch die Tourismusbranche die Motorradreisenden endlich als Zielgruppe für Angebote in einem gehobenen Umfeld.

Immer mehr
Frauen entdecken
das Motorradfahren
– und damit auch
das Motorrad-
reisen – für sich.
Hier ist eine **KTM
990 Adventure** die
Begleiterin

Die **Großglockner-
Hochalpenstraße**
zählt zu den belieb-
testen Alpenstraßen
bei Motorradfah-
rern. Und der
Betreiber hält
bereits seit Jahren
eine Vielzahl von
Services speziell
für Motorradfahrer
bereit.

Kaum rollten die ersten Motorräder über die zu jener Zeit nur vereinzelt vorhandenen Straßen, gab es auch schon Zeitgenossen, die sich derart mobilisiert auf
mehr als nur den kurzen Weg von A nach B machten. Gerade in den Anfangsjahren
individueller Mobilität nutzten sie schnell die neuen Möglichkeiten, um sich und
der Welt zu beweisen, welche Entfernungen nun plötzlich überwindbar wurden.
Gefördert wurde dieser Umstand natürlich auch dadurch, dass der nordamerikanische Markt schnell einer der größten und wichtigsten wurde – und dass amerikanische Hersteller ihre Motorräder der Anforderungen entsprechend auf Komfort
und Laufleistung auslegten.

Bei den alleine innerhalb der USA zurückzulegenden Entfernungen war es also
kein Wunder, dass sich alsbald eine Tradition des Reisens etablierte. Hinzu kam,
dass erste Abenteurer auf zwei Rädern gleich mal die ganze Welt umrundeten –
ähnlich den Entdeckern auf den Weltmeeren. Diesmal waren sie aber nicht auf der
Suche nach neuen Ländern oder Kontinenten, sondern lebten von den und für die
Erfahrungen, die sie auf ihren ausgedehnten Reisen machten. Es waren neue
Herausforderungen, denen sich die Motorradreisenden der frühen Jahre stellten,
ermöglicht durch neue Technologien.

Frühe Pioniere

Diese Technologien waren jedoch weit von dem entfernt, was uns das Leben heute
leicht macht. Schließlich bestanden sie lediglich aus der Möglichkeit, motorisiert
größere Entfernungen zu überbrücken. Der erste, der sich diesen Umstand allen
anderen Widrigkeiten zum Trotz zunutze machte, war der Amerikaner Carl Stearns
Clancy. 1912 brach er, gerade 22 Jahre alt, zu einer Weltumrundung auf – noch
ohne das Medienecho, das ihm heute in vergleichbarer Ausgangsposition zu Teil
würde. Auf seiner zehn Monate währenden Reise durchquerte er Europa, Nordafrika und Asien, abschließend noch den nordamerikanischen Kontinent. Als

Beweis für seine Taten brachte er Fotos aus Ecken der Welt mit, die keinerlei Infrastruktur aufwiesen.

Die Medien stürzten sich nach seiner Rückkehr auf diese geradezu unglaubliche Geschichte. Und der Motorradhersteller Henderson hatte innerhalb kürzester Zeit ohne eigenes Zutun einen fantastischen Ruf weg. Damit war eine Entwicklung auf den Weg gebracht, die bis heute eine ganze Industrie am Leben erhält.

Zunächst war es der Wunsch nach der Entdeckung des eigenen Kontinents, der in Amerika den Traum vom individuellen Reisen anfachte. Der Westen war immer noch wild, als ihn Abenteurer auf zwei Rädern durchstreiften, stets auf den noch sichtbaren Spuren der Pioniere unterwegs. Und als die Weltwirtschaftskrise dieser Entwicklung in den USA Einhalt gebot, sprang der Funke gerade erst nach Europa über.

Hier waren es ganz andere Emotionen, die zum Reisen auf zwei Rädern führten. Nicht zuletzt die Nationalsozialisten propagierten es Anfang der 1930er-Jahre. Da ist es kaum verwunderlich, dass eine der bis heute schönsten und beliebtesten Alpenquerungen, die Großglockner-Hochalpenstraße, 1935 ihren Betrieb aufnahm. Auch wenn sie machtpolitisch Teil der gigantischen Arbeitsbeschaffung war – über 3000 Menschen bauten an dem ambitionierten Projekt –, verkehrspolitisch hatte sie keine wesentliche Bedeutung. Sie war von Beginn an als hauptsächlich touristische Route gedacht – und ist das bis heute geblieben.

Der Zweite Weltkrieg setzte dem Reisefieber der Motorradfahrer ein jähes Ende. Erst mit der wachsenden Motorisierung zu Wirtschaftswunderzeiten, vornehmlich aus Zweirä-

Das **Stilfser Joch** überquert die Grenze zwischen Südtirol und der Lombardei in einer schier unendlichen Ansammlung von Kehren. Es zählt zu den herausragenden Reisezielen in den Alpen.

dern bestehend, kehrte auch der Wunsch in die Köpfe der
Menschen zurück, den Rest der Welt – oder zumindest die
unmittelbaren Nachbarländer – zu entdecken. So wurde in
den 1950er-Jahren „Bella Italia" zum beliebten Reiseziel.

Den Weg dorthin versperrten aber nach wie vor die Alpen.
Fast unüberwindbar müssen die Pässe jenen vorgekommen
sein, die mit minimaler Motorkraft an die Adria gelangen
wollten. Besonders beliebt bei den Reisenden jener Zeit waren
die Roller. Mit der Vespa an den Gardasee war die romanti-
sche Vorstellung eines besonders gelungenen Urlaubs.

Wer sich schon etwas mehr leisten konnte, durfte bereits
in jenen Jahren die Vorzüge komfortabel ausgelegter
Motorräder aus bayerischen Gefilden genießen. Der
wartungsarme Kardanantrieb und ihre sprichwörtliche Zuverlässigkeit machten die Boxer-Modelle
von BMW zur ersten Wahl unter den Tourern.
Daran hat sich bis heute nichts – oder nur
wenig – geändert.

Dieser Maschinentyp blieb stets das
Vorbild für alle Hersteller, die sich in
diesem Segment versuchen wollten.
Und gleichzeitig auch die Messlatte.
Da verwundert es kaum, dass die
heute erfolgreichsten Bikes, die zum
Reisen genutzt werden, Enduros vom
Schlage einer BMW R 1200 GS sind.
Das Wort bezeichnet übrigens Ma-
schinen mit guten Qualitäten in allen
Lebenslagen, mit Zuverlässigkeit und
Ausdauer – „endurance" eben, so der
aus dem Englischen entlehnte Begriff.

Die Wellenbewegungen, die den Motorradmarkt einige Male in den vergangenen über
100 Jahren erfassten, hatten natürlich auch Aus-
wirkungen auf das Tourer-Segment. Nach den
negativen Einflüssen von Krise und Krieg war es jetzt
der Wohlstand, der die Industrie an den Rand des Ruins

Zum Cruisen muss es nicht immer gleich gen Amerika gehen. Auch **Kroatien** mit seiner Küstenstraße und den Inseln bietet perfekte Strecken für entspanntes Reisen.

brachte. Denn mit ihm wuchsen auch die Komfortansprü-che der Reisenden. Da waren zwei Räder, auf denen man auch noch Wind und Wetter trotzen musste, plötzlich nicht mehr genug. Das Auto lief dem Motorrad ab Mitte der 1950er-Jahre schnell den Rang ab. Plötzlich blickte man nicht mehr neidvoll auf Motorradreisende, sondern mit leichter Verachtung auf die „Armen" – im wahrsten Sinne des Wortes.

Vom Genuss, der heute das Reisen prägt, war zu jenen Zeiten noch keine Rede. Wer es nicht auf vier Räder brachte, bekam ja wohl auch sonst nichts zustande. Gesellschaftliche Ächtung von Motorradfahrern als Folge lag gewiss auch in solchen Ansichten begründet. Zu allem Überfluss – aus Sicht der Tourerfraktion – entdeckte eine rebellische Jugend

das Motorrad als kultiges Werkzeug, ihren Freigeist gegen den bürgerlichen Mief aufzurüsten. Spätestens seit diesen Zeiten, zu Beginn der 1960er-Jahre, war die Akzeptanz von Motorradfahrern beispielsweise in der Hotellerie vollends dahin. Dabei zählten die mobilen Individualisten zuvor bereits zu den geschätzten Gästen. Schließlich kamen sie oft von weit her angereist und waren entscheidend an der Ent-wicklung des Individualtourismus beteiligt.

Das Revival der Motorradreisen

Dass Tourende heute wieder über eine gewisse Akzeptanz verfügen, war ein harter Kampf über Jahrzehnte. Auch hier spielten die USA erneut eine Vorreiterrolle. In den 1980er-

Seit einigen Jahren sind **Motorradreisende** wieder gern gesehene Gäste, egal, ob es sich um einen Kaffee an den Quellen der Loire oder eine Übernachtung in einem Top-Hotel handelt.

Faszinierende Landschaften wie etwa die **Gorges de la Bourne** in der französischen Region Rhône-Alpes zu entdecken, macht auf zwei Rädern doppelt Spaß.

Jahren wurde es schick, sich mit dem Motorrad aufzumachen, die alten Highways abzureisen, die zunehmend den modernen Interstates Platz machen mussten. Jetzt waren es vor allem Europäer, denen der Sinn danach stand, das weite Land zu entdecken. Ein starkes Jahrzehnt lang boomte dieser Sentimentalitäts-Tourismus zwischen Alaska und Florida, wurde das Motorrad motorisierter Ersatz für die Pferde, mit denen die Pioniere einst das Land durchquerten. Für ein paar Wochen konnte man dem Alltag entfliehen, sich – auf den Spuren von Easy Rider – wie eine Mischung aus gutem Cowboy und bösem Outlaw fühlen. Auf den Punkt bringt dieses Lebensgefühl ein Song von Bon Jovi: „I'm a cowboy, on a steel horse I ride. But I'm wanted,

Amerikas **Motels** sind legendär. Geschaffen für den mobilen Menschen, sind sie bis heute wichtiger Bestandteil der Roadside-Kultur. »

Die USA galten lange Zeit als Traumziel für Motorradreisende – nicht zuletzt wegen solcher Sonnenuntergänge am **Pazifik**.

dead or alive …" (Ich bin ein Cowboy, der auf einem Stahlross reitet. Aber ich werde gesucht, lebendig oder tot …).

Freiheit, Abenteuer, noch ein wenig vom Spirit der Jugendrebellion der ausgehenden 1950er-Jahre, sich treiben lassen, die Welt in sich aufsaugen – das und vieles mehr suchten und suchen die Motorreisenden der heutigen Generationen. Motorradfahren und -reisen hatte für viele Biker etwas von einem stets temporär angelegten Ausbruch aus den allzu eingrenzenden Lebensumständen. Gleichzeitig hatte sich das Biken zu einem Freizeitsport entwickelt. Es war nicht mehr bloße Notwendigkeit, um sich Mobilität zu verschaffen, es wurde zum Teil eines Lebensstils.

Der Übergang ins neue Millenium brachte dann wieder eine Zäsur – eine sehr einschneidende. Mit dem 11. September 2001 fallen die USA als mythisches Reiseziel für Motorradfans aus. Jedenfalls für Reisende aus anderen Kontinenten. Die entdecken bei zunehmender Terrorangst lieber die Länder in der Nachbarschaft oder gleich das Land vor der eigenen Haustüre. Damit wurde im vergangenen Jahrzehnt ein Boom ausgelöst, der bis heute anhält.

Im Fokus dieses Booms stehen Nahreiseziele wie die Alpen ganz oben an. Für über 90 Prozent aller Motorradreisenden aus deutsch-

sprachigen Ländern sind und bleiben Europas „Zauber-
berge" das Wunschziel Nummer eins. Der Motorradtouri-
mus ist in Mitteleuropa zu einem wichtigen Wirtschaftsfak-
tor geworden. Und es sind nicht allein Hotellerie und Gas-
tronomie, die von diesem Trend profitieren.

So hat sich etwa mit dem Transport von Motorrädern ans
Reiseziel ein prächtiger Wachstumsmarkt entwickelt. Statt
Stunden oder Tage auf verstopften Autobahnen zu verbrin-
gen, fahren die Bikes Huckepack auf Hängern, per Spedition
oder im Autozug ans Reiseziel. Zumindest im letzten Fall
rollen die Reisenden gleich mit. Entspannt am Urlaubsort
ankommen – das ist auch für Motorradreisende immer
wichtiger geworden.

Nicht weniger wichtig sind eine gute Unterkunft, gutes
Essen mit regionalen Spezialitäten, Wellnessangebote gar.
Auch die Männerdomäne „Motorrad" ist in der Touristik
durchbrochen. Über 70 Prozent der Touren werden mit

Frau, Freundin, Partnerin durchgeführt. Und wie immer in
solchen Fällen hat die Sozia ein gehöriges Wort bei der
Reiseplanung mitzureden. Und zwar nirgends so berechtigt
wie hier, denn sie hat ja auch mitzuleiden, bei schlechtem
Wetter etwa.

Motorradreisende sind also mehr und mehr zu Genuss-
menschen mutiert. Das kann angesichts der vielfältigen Eindrücke, die man so hautnah nur im Sattel eines Motorrads
wirklich genießen kann, kaum verwundern. Erstaunlich ist
lediglich, wie lange es gedauert hat, bis auch die Ansprüche
von Tourenfahrern endlich auf dem Niveau ihrer auf vier
Rädern rollenden Mitstreiter angekommen sind.

Verlassene Tankstellen bleiben, wenngleich
verwittert, Zeitzeugen der Massenmobilität,
die Amerika im 20. Jahrhundert erfasste. ➤➤

Einsame Highways und unwirkliche Landschaften tragen viel zur ungebrochenen Faszination bei, die
Amerika auf Biker ausübt.

Filmreif – Hollywood und Motorräder

Weil das Motorrad in den USA auch gesellschaftlich eine große Rolle spielte und schon früh aus dem Straßenbild nicht mehr wegzudenken war, hielt es alsbald auch Einzug in die Hollywood-Filmproduktion. Zunächst nur als kleineres Requisit, später aber auch als der eigentliche Star einer ganzen Filmgattung.

„Easy Rider", das US-amerikanische Motorrad-Road-Movie rund um Billy (Dennis Hopper) und Wyatt (Peter Fonda) aus dem Jahr 1969, prägte eine ganze Generation von Motorradfahrern und wird bis heute als „der" Film rund um das Cruisen genannt. Kein Wunder, schließlich spielen Harley-Davidsons die eigentliche Hauptrolle in dem Film.

Billy und Wyatt haben einen Traum – und zwar einmal quer durch die Vereinigten Staaten zu reisen, um beim Mardi-Gras-Karneval in New Orleans mitzufeiern. Da solch ein Unterfangen mit Kosten verbunden ist, werden sie einfallsreich: Sie finanzieren sich den Trip durch den Verkauf von Kokain und deponieren das dadurch eingenommene Geld in den Tanks ihrer umgebauten Chopper. Allerdings bezahlen sie ihren Traum letztendlich mit dem Tod.

Der Reiz dieses Films basiert weniger auf der kaum existenten Handlung als auf dem Lebensgefühl, das die Helden über die Leinwand vermitteln: Es ist die Zeit der

Peter Fonda und Dennis Hopper erlangten mit ihren Rollen im Kultfilm **Easy Rider** Weltruhm.

Flower-Power-Bewegung, der Hippies und damit auch der Drogen, aber auch des Wunschs nach Freiheit in allen Lebenslagen. Ein „Easy Rider" bezeichnete in den 1960er-Jahren in den amerikanischen Südstaaten einen Mann, der mit einer Prostituierten zusammenlebt – es also einfach hat, sein Sexualleben zu genießen.

Auch aufgrund seiner provokanten Botschaft wurde der Streifen zum Kultfilm für Motorradfans. Geholfen hat sicherlich auch der Soundtrack, in den zehn Lieblingssongs von Hauptdarsteller Peter Fonda Einzug fanden – unter ande-

Und auch für die große Karriere des Jack Nicholson war der Outlaw-Streifen **Easy Rider** der Startschuss .

rem Steppenwolfs „Born to be wild", das bis heute bei keinem ordentlichen Biker-Event fehlen darf.

Die gezeigten Chopper waren damals so auf dem Markt noch nicht zu haben. Es handelte sich bei ihnen ursprünglich um Polizeifahrzeuge, die extra für den Streifen umgebaut wurden. Dies lag nicht daran, dass Harley-Davidson keine entsprechenden Motorräder zur Verfügung stellen wollte, sondern schlicht daran, dass es solche Chopper noch nicht gab – auch weil die entsprechende Käuferschicht fehlte. Dies hat sich inzwischen geändert, allerdings benötigte der amerikanische Hersteller trotzdem noch fast zwei Jahrzehnte nach Drehschluss, um die Chopper fabrikneu anbieten zu können. Inzwischen ist es sein tagtägliches Geschäft und nahezu jeder andere Motorradhersteller tut es ihm inzwischen gleich.

Ein holpriger Start

Hauptsächlich negativ wurde das Thema Motorrad in den Jahren zuvor auf der Hollywood-Leinwand dargestellt – weil es vom Großteil der Gesellschaft auch ebenso

Die mit kleinem Budget gedrehte Produktion – **Easy Rider** kostete geschätzte 340 000 US-Dollar – erhielt zahlreiche Auszeichnungen, darunter auch eine beim Filmfestival in Cannes, und spielte fast 42 Millionen US-Dollar ein.

wahrgenommen wurden. So fand beispielsweise der 4. Juli 1947 Eingang in die Geschichtsbücher der USA. Am Unabhängigkeitstag feierte eine „wilde Horde" von Motorradfahrern in einem kleinen Örtchen bei San Francisco sehr viel mehr, als es die übrigen, „normalen" Bürger ertragen konnten.

Nur wenige Jahre später, 1953, und damit mitten in der Zeit des beginnenden Kalten Krieges und des extremen

Konservatismus, kam Hollywoods Pendant „The Wild One" (deutsch: „Der Wilde") mit Marlon Brando in der Hauptrolle in die Kinos. Es war der erste amerikanische Film, bei dem Motorradfahrer im Mittelpunkt der Story standen, weshalb er oft als „erster Motorradfilm" bezeichnet wird.

Brando mimt Johnny Strabler, den Anführer eine Motorrad-Rocker-Gang, der mit Lederjacke und Jeans bekleidet,

Cool, lässig, verwegen, umgeben von einem Hauch Ruchlosigkeit – so inszenierte sich Brando im Klassiker **The Wild One**.

Das Motorrad aus dem Streifen **The Wild One** war eine Triumph Thunderbird. Doch auch wenn ein Bike aus Großbritannien im Rampenlicht stand, blieb er in Triumphs Heimat bis 1968 verboten.

Während **The Wild One** in den USA eher auf einen coolen Marlon Brando setzte, wurde der Film beispielsweise in Deutschland mit untypischen Szenenfotos angekündigt.

mit seinen Kumpeln eine Kleinstadt auf einer Triumph Thunderbird durcheinander bringt. Der Schauspieler wird mit dieser Rolle zum Idol einer kulturellen Gegenbewegung und dabei vor allem von jungen Männern, die zunächst eher verächtlich als Halbstarke bezeichnet werden.

USA-Premiere des Films war am 30. Dezember 1953, in die deutschen Kinos kam er am 14. Januar 1955. Allerdings war „The Wild One" alles andere als unumstritten. Konservative und religiöse Gruppen machten ihn für reale Krawalle und die angeblich steigende Kriminalität verantwortlich. In Großbritannien war die Kritik am heftigsten und konsequentesten, denn dort war der Film bis 1968 ganz verboten.

Dabei wurde in Großbritannien das Thema Motorrad im Film durchaus aufgegriffen – und das sogar ein paar Jahre vorher. So stammt „No Limit" (deutsch: „George bricht alle Rekorde") aus dem Jahr 1935: Der junge Hauptdarsteller

Georg Formby jr. – damals einer der beliebtesten Filmkomiker der Britischen Inseln – setzt sich, alias George Shuttleworth, in den Kopf, ein Motorrad-Rennfahrer zu werden. Sein Ziel: ein Sieg beim Rennen auf der Isle of Man.

Ein Motorrad wurde in Hollywood allerdings schon sehr viel früher in Filme eingebaut. Das erste Mal war ein solches Fortbewegungsmittel in den 1920er Jahren im Kino zu sehen. Genauer: im Stummfilmklassiker „Sherlock Holmes jr." von und mit Buster Keaton aus dem Jahr 1924. Das Bike spielt allerdings noch keine tragende Rolle, sondern stand für einen von vielen humoristischen Einfällen des neben Charly Chaplin bekanntesten Komiker jener Zeit.

So gibt es in „Sherlock Holmes jr" eine Verfolgungsjagd in der der gleichnamige Protagonist, gespielt von Buster Keaton, auf der Lenkgabel sitzt und dabei nicht bemerkt, dass der Fahrer während der Fahrt vom Sitz fällt, sodass er ganz steuerlos weiter durch den dichten Verkehr rast. Natürlich bleibt der Sturz nicht aus.

Die frühen 1960er-Jahre war die Epoche der experimentellen Motorradfilme, in der das Genre langsam erwachsen wurde. Erwähnenswert ist beispielsweise „The Wild Angels" (deutsch: „Die wilden Engel") von 1966, in dem Peter Fonda als Hauptdarsteller zum ersten Mal in Motorradkluft steigt. Fonda spielt Heavenly Blues, den Anführer einer Rockergang. Verfolgungsjagden, Massenschlägereien, Sex- und Drogenorgien und auch eine Trauerfeier – der Film lässt kaum etwas aus. Allerdings wird Blues am Ende unglücklich und alleine zurückbleiben.

1968 und damit ein Jahr vor „Easy Rider" kam „Hells's Angels on Wheels" (deutsch: „Die wilden Schläger von San Francisco") in die Kinos. Wieder geht es – wie der Name unschwer suggeriert – um die vermeintlich negative agierenden Motorradgangs. Diesmal hat Poet, verkörpert von Jack Nicholson, eine Lebenskrise, gibt seinen Job als Tankstellenwärter auf und schließt sich mit seiner Chopper den berühmt-berüchtigten Hells Angels an. Dummerweise verliebt er sich ausgerechnet in die Freundin des Anführers … und ein packender Show-Down auf Rädern ist garantiert.

B-Movies, Science Fiction und mehr

So erfolgreich der Low-Budget-Film „Easy Rider" auch gewesen war, so erschreckend und wenig geistreich ist das, was in den Jahren nach seiner Premiere von Filmemachern ersonnen und auch tatsächlich produziert wurde. Hinzukam, dass die B-Movie-Szene das Thema für sich entdeckte. So entstanden Anfang und Mitte der 1970er-Jahre Trash-Filme wie der mittlerweile verbotene Horror-Streifen

Diese Szene einer ungewöhnlichen Beerdigung mit Biker-Begleitung stammt aus dem Film **The Wild Angels**. ▸▸

Peter Fonda konnte an der Seite von Nancy Sinatra in **The Wild Angels** schon mal für seine spätere Rolle in Easy Rider üben.

In **No Limit** will der britische Komiker George Formby die Tourist Trophy auf der Isle of Man gewinnen.

IHR GLAUBE IST GEWALT ✠ IHR GOTT IST HASS
THE WILD ANGELS

DER LEGENDÄRE BIKER FILM
ERSTMALS UNGESCHNITTEN

PETER FONDA
NANCY SINATRA

Die apokalyptische **Mad-Max**-Filmreihe verhalf dem bis dahin unbekannten Australier Mel Gibson zu Weltruhm und einer großen Hollywood-Karriere.

„The Northville Cemetery Massacre" von 1976 oder Zombie Town, in dem eine weibliche Motorradgang, die Chopper Chicks, sich gegen Zombies zu behaupten hat.

Sehenswert wird es cineastisch dann wieder ab 1979 mit der Trilogie „Mad Max". In der Zukunft Australiens beherrschen mit Motorrädern ausgestattete Banden die Gesellschaft. Der Polizist Max Rockantansky, dargestellt von Mel Gibson, nimmt den Kampf um das Gute auf. Doch im Lauf des Films wird sein Kind getötet, sodass er gar nicht anders kann als Rache zu schwören. Der Film wurde prompt zum Kassenschlager und war so erfolgreich, dass es 1981 und 1985 gleich zwei Nachfolge-Filme gab. Gerüchten zufolge ist zurzeit sogar ein vierter Teil in Arbeit, allerdings wohl ohne Gibson.

Ein Jahr vor dem dritten „Mad Max"-Teil wurde in 1984 ein anderer Leinwandheld auf dem Motorrad geboren, der es auch zu einigen Sequels brachte: „Terminator". Im Premierenfilm verkörpert der österreich-amerikanische Schauspieler Arnold Schwarzenegger noch einen Cyborg aus der

In **Mad Max III – Beyond Thunderdome** (deutsch: Mad Max – Jenseits der Donnerkuppel) spielt Soul-Star Tina Turner die weibliche Hauptrolle – und singt den Titelsong! »

Zukunft, dessen einziger Befehl lautet, Menschen zu töten. Im zweiten (1991) und ebenso im dritten Teil (2003) wird Schwarzenegger alias der böse Cyborg dann zum Guten umprogrammiert und versucht auf seiner Harley-Davidson – im ersten „Terminator"-Film war eine der ersten Fatboys zu sehen – die Menschheit zu retten. Motorräder spielen im vierten und vorerst letzten Teil – im Gegensatz zu Arnold Schwarzenegger – auch wieder eine tragende Rolle. Dieser hatte mit dem Ende der Dreharbeiten zu „Terminator 3" zeitgleich seine Filmkarriere auf Eis gelegt, um seine politischen Ambitionen auszubauen und stand 2009 als Gouverneur von Kalifornien nicht für die Hauptrolle zur Verfügung. Seine Amtszeit ist mittlerweile beendet, ein weiterer Teil der „Terminator"-Reihe in Planung – und seine Beteiligung gilt als wahrscheinlich.

Motorräder taugten nicht nur in der Stummfilmzeit auch gut für humoristische Formate, erkennbar beispielsweise an der Actionkomödie „Harley Davidson and the Marlboro Man" von 1991. Harley Davidson ist in diesem Falle nicht nur das Gefährt, sondern auch einer der Protagonisten (dargestellt von Mickey Rourke). Mit seinem Kumpel, dem Marlboro Man alias Don Johnson, versucht er einem dritten aus der Patsche zu helfen, indem sie eine vermeintliche Bank ausrauben. Dabei stellt sich heraus, dass sie kein Geld, sondern Drogen haben mitgehen lassen, was natürlich zu einer Reihe unglücklicher Situationen führt.

Sehr viel härter geht es dagegen in „Made of Steel" (deutsch: „Hart wie Stahl") von 1993 zu. Hier versucht der von Charlie Sheen verkörperte Hauptdarsteller Daniel Saxon sein Doppelleben als Polizist und Undercover-

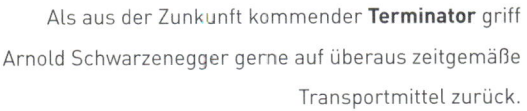

Als aus der Zunkunft kommender **Terminator** griff Arnold Schwarzenegger gerne auf überaus zeitgemäße Transportmittel zurück.

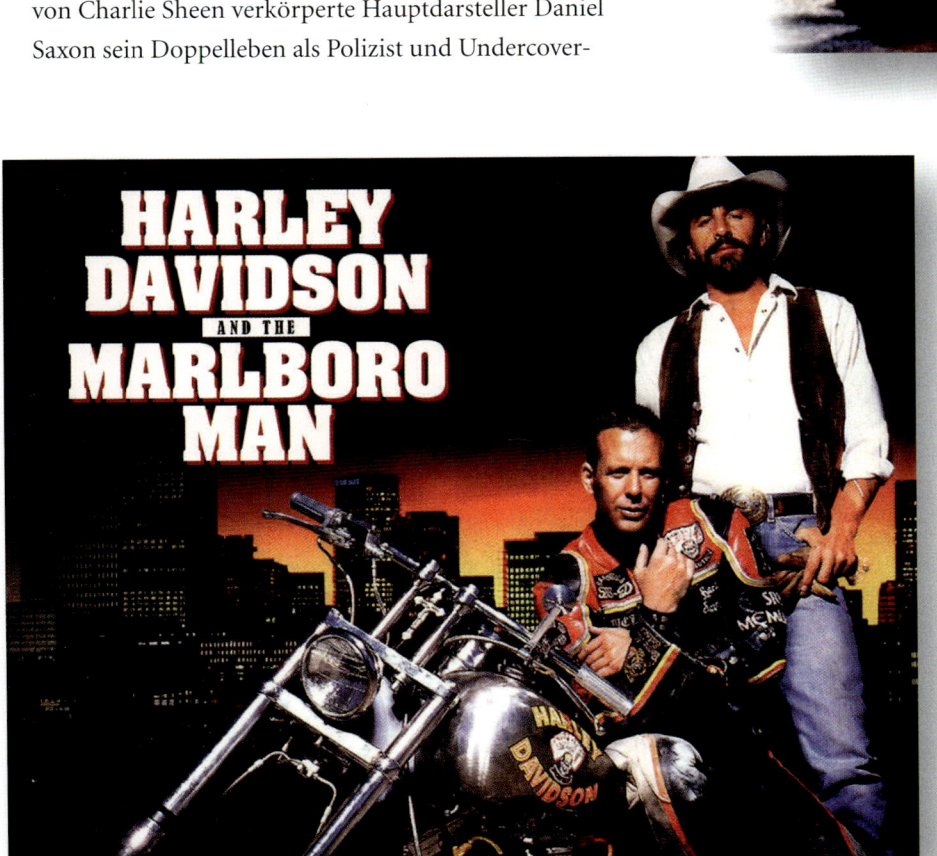

Mickey Rourke und Don Johnson gelang mit **Harley Davidson and the Marlboro Man** eine witzige Action-Komödie – eine willkommene Abwechslung vom ansonsten eher dramatisch aufbereiteten Motorradthema in Hollywood.

CHARLIE SHEEN   LINDA FIORENTINO   MICHAEL MADSEN

MADE OF STEEL

HART WIE STAHL

EINE POLAR ENTERTAINMENT PRODUKTION IN ZUSAMMENARBEIT MIT CAPITOL FILMS EIN FILM VON LARRY FERGUSON
CHARLIE SHEEN LINDA FIORENTINO MICHAEL MADSEN "MADE OF STEEL" HART WIE STAHL "FIXING THE SHADOW"
COURTNEY B. VANCE LEON RIPPY UND RIP TORN KAMERA ROBERT STEVENS MUSIK CORY LERIOS UND JOHN D'ANDREA
PRODUKTION JOHN FIEDLER UND MARK TARLOV DREHBUCH UND REGIE LARRY FERGUSON
© 1992 POLAR ENTERTAINMENT NORTH INC. ALLE RECHTE VORBEHALTEN

CAPITOL

Made of Steel ist ein knallharter Action-Streifen, in dem
Charlie Sheen als Undercover-Cop in eine Motorrad-
Gang einsteigt.

wurde, handelt es sich um eine US-Produktion, die sich an
die Spuren des damals noch jungen Ernesto Guevara heftet.
Dieser beschließt 23-jährig sein Medizinstudium abzubre-
chen, um mehr von der Welt zu sehen. Im Lauf des Films
geht es über neun Monate quer durch den südamerikanischen Kontinent. Eine der Hauptrollen spielt eine alte 500-
Kubikzentimeter-Norton, die liebevoll die Allmächtige
genannt wird. Leider versagt sie irgendwann ihren Dienst,
sodass der junge Mann seine Reise anders fortsetzen muss
und dabei so viel Leid und Elend in der Bevölkerung fest-
stellt, dass er beschließt sich für sie einzusetzen und seinen
legendären Guerillakampf gegen die seiner Meinung nach
korrupte politische Kaste aufzunehmen. Der Film basiert
tatsächlich auf den Tagebuchaufzeichnungen des 1967
ermordeten Revolutionärs, was den Streifen besonders
authentisch macht.

Noch einen Schritt weiter ging eine Produk-
tionsfirma in Großbritannien mit
der zehnteiligen Dokumentarserie „Long Way Round",

Ermittler als Mitglied einer Motorradgang ins Gleichge-
wicht zu bringen. Dies gelingt ihm durch die immer stärker
werdende Freundschaft zum Anführer der Motorradbande
und zweifelsfrei kriminellen Zeitgenossen mehr als schlecht.

Sehr poetisch präsentiert sich dagegen das mehrfach preis-
gekrönte Road-Movie „The Motorcycle Diaries" (deutsch:
„Die Reise des jungen Che") von 2004. Obwohl er in spani-
scher Sprache mit hauptsächlich südamerikanischen Dar-
stellern und von einem brasilianischen Regisseur gedreht

The Motorcylce Diaries basiert auf den Tagebuchaufzeichnungen
des jungen Ernesto „Che" Guevara, der sein Medizinstudium abbricht
und neun Monate lang auf einer Norton durch Südamerika tourt.

Die Erlebnisse seiner Reise – festgehalten in
The Motorcycle Diaries – machen aus
Ernesto Guevara den Revoluzzer Che.

die mittlerweile auch als DVD erhältlich ist. Sie dokumentiert eine 115 Tage und 30 395 Kilometer lange Reise quer durch die Welt. Weltweit erfolgreich war sie auch deshalb, weil sich mit Ewan McGregor, ein populärer Filmschauspieler, auf den Weg macht. Gemeinsam mit Charley Boorman geht es von London über Belgien, Tschechien und die Ukraine weiter über Russland, Kasachstan und die Mongolei bis nach Alaska und Kanada zum Ziel nach New York. 2007 erschien mit „Long

Nach ihrer West-Ost-Umrundung der Erde machten sich Ewan McGregor und Charly Boorman in the **Long Way Down** von Schottland nach Kapstadt auf.

Die DVDs zu The Long Way Round und The **Long Way Down** dokumentieren die faszinierenden Motorradabenteuer der beiden Protagonisten McGregor und Boorman.

Way Down" eine Fortsetzung, die die Protagonisten von Schottland nach Kapstadt führte.

Die Wahl der Motorräder gestaltete sich für McGregor und Boorman alles andere als einfach. Mehrere Sponsoren wie BMW, KTM oder auch Honda signalisierten Interesse, allerdings konnten die beiden sich nicht einigen. Der berühmte Schauspieler war BMW-Anhänger, sein Mitstreiter eher ein Fan der österreichischen KTM-Maschinen, auf die die Wahl dann zunächst auch fiel. Allerdings verlangte KTM eine Prüfung der Tour durch einen Experten, der sie für nicht realisierbar hielt, sodass letztendlich drei R 1150 GS von BMW mit der Serie ins Rampenlicht eines Massenpublikums gezogen wurden.

Einer skandinavischen Produktion gebührt die Ehre, erstmals in der Filmgeschichte eine weibliche Motorradfahrerin als Heldin darzustellen. Dies ist dem mittlerweile verstorbenen Stieg Larsson zu verdanken, dessen „Millenium"-Trilogie ab 2009 in die Kinos kam. Lisbeth Salander (Noomi Rapace) ist eine findige Computerexpertin, die dem Journalisten Mikael Blomkvist (gespielt von Michael Nyqvist) im ersten Teil bei der Lösung eines Mordfalls hilft – und ihn sogar in einer Szene als Sozius auf schwedischen Straßen kutschiert.

Auf dem spektakulären Lichtrenner in **Tron Legacy** liegt der Fahrer eher, als dass er sitzt.

Der zurzeit aktuellste Hollywood-Streifen, in dem Motorräder nicht nur Beiwerk sind, ist „Tron Legacy", die 2010 veröffentlichte Fortsetzung des legendären Erstlings „Tron" von 1982. Dabei handelt es sich um die erste Walt-Disney-Produktion, die in irgendeinerweise ein Bike ins Rampenlicht stellte. Im ersten Streifen wird der Programmierer Kevin Flynn (Jeff Bridges) – noch lange vor den „Matrix"-Zeiten – in eine virtuelle Realität hineingezogen, in der er sich schon bald als digitale Version seiner selbst behaupten muss. Es handelt sich um einen der ersten Filme, in denen vollständig am Computer programmierte Szene eingearbeitet wurden.

In der Fortsetzung folgt Kevins Sohn Sam (Garrett Hedlund) seinem Vater, vom dem er glaubt, er habe ihn im Stich gelassen, in die virtuelle Welt. Erst sehr viel später stellt er fest, dass dessen digitaler Doppelgänger ihn nicht nur dort festhält, sondern auch Angst und Schrecken verbreitet. Um die Welt zu retten, müssen sich Vater und Sohn in der realen Welt finden und versöhnen. Motorräder werden in beiden Welten eingesetzt – in der virtuellen ist es ein futuristisches Fantasieobjekt, in der realen die gute alte Ducati Sport Classic 1000 in Neuauflage.

Wie schon in Tron spielt auch in **Tron Legacy** ein Motorrad in der virtuellen Welt eine besondere Rolle. Das Fantasieobjekt denkt viele Entwicklungsansätze weiter, die bereits heute von den Herstellern als Zukunft des Motorrads vorangetrieben werden.

Umschlagabbildung vorn: Auf das Wesentliche reduziert: die Triumph Speedmaster.

S. 2: Zurzeit eines der Top-Motorräder der Szene: die von einem Sechszylinder-Reihenmotor angetriebene BMW K1600GT.

S. 3: Seit jeher ist das Erscheinungsbild vieler Motorrad-Modelle von Sportlichkeit geprägt. Eine der führenden Marken in diesem Segment ist Kawasaki.

S. 8/9: Mit einem zweirädrigen Laufrad wollte der Erfinder Karl Drais seinen Zeitgenossen die Fortbewegung erleichtern. Es war die Basis für die Entwicklung des Motorrads. Und an seinem Grundkonzept hat sich bis heute wenig geändert. Das Foto aus dem Jahr 1927 zeigt die letzte Laufmaschine aus dem Nachlass von Karl Drais (1851).

S. 56/57: Mit der Mobilisierung der Massen per Motorrad setzte auch der Hang zu dessen Individualisierung ein. Besonders unter Harley-Besitzer treibt dieser Kult manch seltsame Blüten …

S.116/117: NSU wurde nach dem Zweiten Weltkrieg mit einer breiten Modellpalette auf zwei und vier Rädern zum Weltmarktführer. Davon zeugt noch heute das Museum in Neckarsulm.

S. 194/195: Die Kult-Motorräder der italienischen Marke Ducati vereinen seit jeher Top-Design mit Spitzleistungen.

S. 258/259: Ob Protest gegen das Establishment oder Ausdruck individueller Freiheit: das Motorrad wurde in den 1960er-Jahren zum Synonym eines Aufbruchs in der Jugendkultur – und damit selbst zum Kultobjekt.